微积分及其应用教程

（下册）

主　编　徐苏焦　潘　军

副主编　冉素真　贵竹青

ZHEJIANG UNIVERSITY PRESS

浙江大学出版社

图书在版编目（CIP）数据

微积分及其应用教程. 下册 / 徐苏焦，潘军主编.
—杭州：浙江大学出版社，2018.2(2021.1 重印)
ISBN 978-7-308-18000-9

Ⅰ.①微… Ⅱ.①徐… ②潘… Ⅲ.①微积分—高等
学校—教材 Ⅳ.①O172

中国版本图书馆 CIP 数据核字(2018)第 030939 号

内容简介

微积分学是现代科学的理论基础，该课程是培养学生理性思维的重要载体，是训练学生熟练掌握数学工具的主要手段.本书以微积分理论为核心内容，以函数为基本研究对象，以极限作为贯穿该书理论始终的基本思想.

本书针对应用型本科院校教学需要编写，编写时注意贯彻如下思想：在肩负加强对学生数学思想的培养的同时，更以应用为目的，重视数学建模思想的应用，强化了将实际问题转化为数学问题的过程.全书分上、下两册.下册的内容包括：第五章，多元函数微分学；第六章，多元函数积分学；第七章，无穷级数.

本书通俗易懂，例题搭配合理，可供应用型本科院校、高职高专各专业教学使用，也可作为成人高校数学教材.

微积分及其应用教程(下册)
徐苏焦　潘　军　主编

责任编辑　王　波
责任校对　陈　宇　刘　郡
封面设计　续设计
出版发行　浙江大学出版社
(杭州市天目山路 148 号　邮政编码 310007)
(网址：http://www.zjupress.com)
排　　版　杭州中大图文设计有限公司
印　　刷　浙江省邮电印刷股份有限公司
开　　本　787mm×1092mm　1/16
印　　张　11.75
字　　数　271 千
版 印 次　2018 年 2 月第 1 版　2021 年 1 月第 2 次印刷
书　　号　ISBN 978-7-308-18000-9
定　　价　38.00 元

浙江大学出版社市场运营中心联系方式：0571－88925591；http://zjdxcbs.tmall.com

前　言

进入21世纪后，世界各国的高等教育界逐渐形成了一种新的认识，即培养大学生实践能力和创新能力是提高大学生社会职业素养和就业竞争力的重要途径．“应用型本科”是对新型的本科教育和新层次的高职教育相结合的教育模式的探索，是新一轮高等教育发展的历史性选择．应用型本科需要以应用型为办学定位，其发展同时也需要其他各方面协同发展，这当然也包括应用型本科教材这个相当重要的环节．

“微积分”作为应用型本科院校各相关专业学生必修的一门重要的公共基础课程，不仅肩负着为其他后继课程提供强大的运算工具和逻辑基础的职能，还主要承担着培养学生的逻辑推理、抽象思维、分析和解决问题能力的重任，在高素质应用型人才的培养过程中具有不可替代的作用．目前，国内面向本科生的微积分教材种类繁多，但专门面向应用型本科院校的微积分教材为数尚少．事实上，许多应用型本科院校仍在使用国内流行的普通高校的微积分教材，这也为我们加快应用型本科配套教材的建设提供了天然的动力．本书正是在适应新形势发展、夯实应用型本科院校课程教学质量与改革工程的背景下编写的．

浙江海洋大学东海科学技术学院十分重视微积分教材的编写工作，对教材的编写提出了“厚基础、宽应用、分层次”的指导性要求，2014年组织潘军、徐苏焦、冉素真、贵竹青等教师编写了《微积分及其应用教程》和《微积分及其应用导学》教材．这两本教材在学院内试用一年后，现由浙江大学出版社正式出版．

这两本教材的主要特点是以为经济社会发展培养具有较强的实践能力和创新能力的应用型高级人才服务为宗旨，内容设计注重强化知识基础、降低理论难度、体现分层次教学优化模式、面向学科应用的特点．内容体系设计有弹性，它将微积分相对直观的核心内容安排在本科第一学年进行学习，而将难度相对较大的选学部分（打“*”的内容）放在本科第二学年，通过开展“通识选修课”的形式让学生选学．实践证明，这种分层次教学改革比较适合应用型本科院校的学生求学特征，师生反映良好．

《微积分及其应用教程》分上、下两册，本书为下册，主要内容包括多元函数微分学、多元函数积分学、无穷级数．全书由潘军、徐苏焦主编，冉素真、贵竹青等教师参与了部分编写工作．

借本书出版之机，向关心与支持本书的广大师生与读者表示衷心的感谢！由于水平有限，书中不妥或者错误之处在所难免，恳请广大专家、师生和读者批评指正．

编　者

2017年10月于舟山

目　录

第5章　多元函数微分学

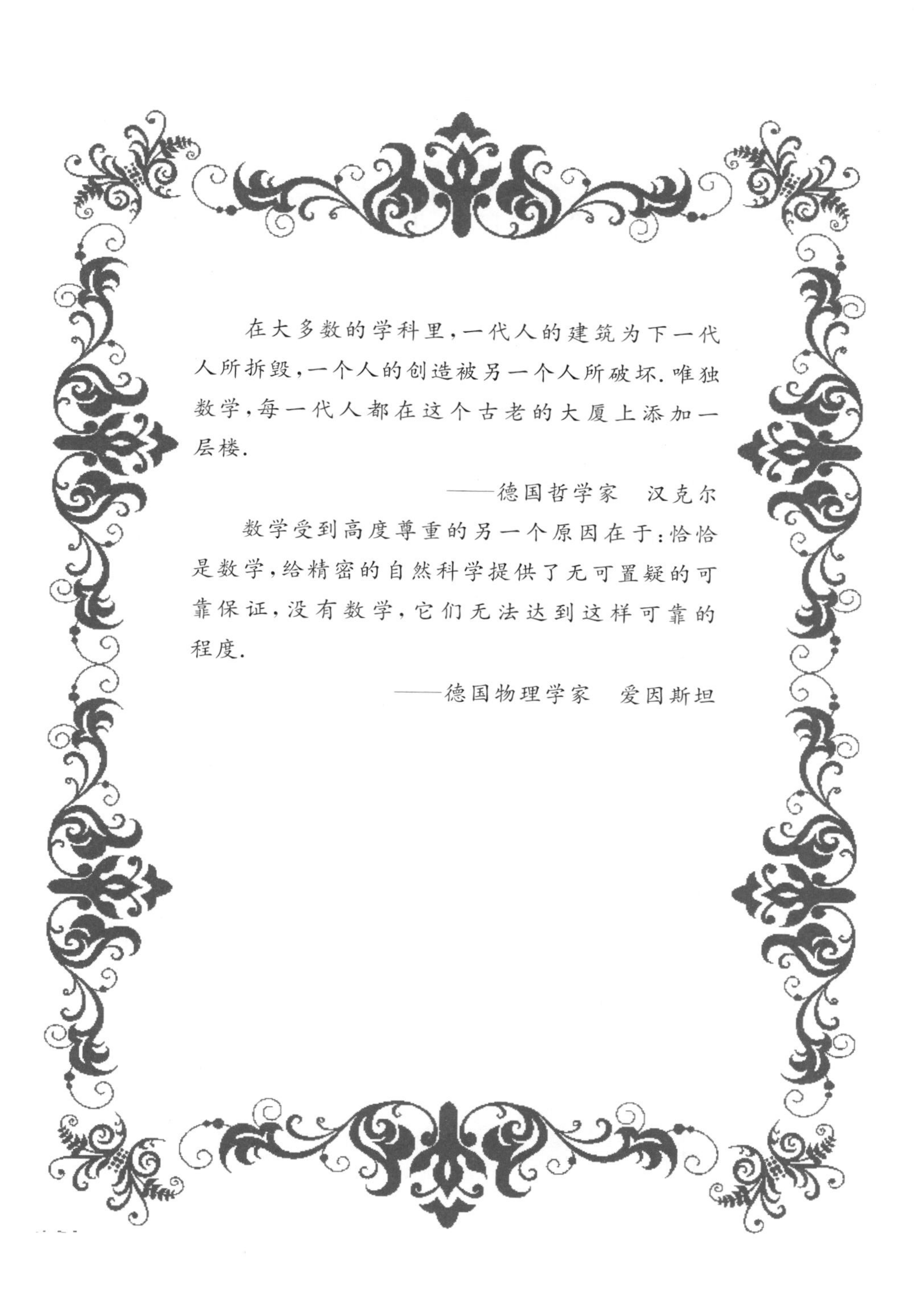

在大多数的学科里，一代人的建筑为下一代人所拆毁，一个人的创造被另一个人所破坏．唯独数学，每一代人都在这个古老的大厦上添加一层楼．

——德国哲学家　汉克尔

数学受到高度尊重的另一个原因在于：恰恰是数学，给精密的自然科学提供了无可置疑的可靠保证，没有数学，它们无法达到这样可靠的程度．

——德国物理学家　爱因斯坦

本章主要讨论多元函数微分学，它是多元函数微积分学的重要组成部分，是一元函数微分法推广到多元函数的结果. 具体内容包括空间解析几何的基本知识、多元函数的极限与连续、偏导数、全微分及其运算法则和多元函数微分法的应用. 多元函数的微分学是在一元函数微分学的基础上发展起来的，两者虽有许多相似之处，但从一元函数微分学推广到多元函数微分学会产生许多新的问题，而造成这些问题的根本原因是函数中自变量个数由一个增加为多个. 一般而言，一元函数与二元函数之间存在一些本质的区别，而二元函数与二元以上的函数之间则鲜有实质上的差别. 为简单起见，本章的大部分内容用来讨论二元函数，但其概念、性质与相关问题的研究方法都可以移植到一般的多元函数.

5.1 空间解析几何的基本知识

空间解析几何学是多元函数微积分学的基础组成部分，它通过引入点和坐标的对应关系，把数学研究的两个基本对象"数"和"形"有机地统一起来，使得人们既可以用代数方法研究解决几何问题，也可以用几何方法解决代数问题.

5.1.1 空间直角坐标系与空间向量

取定空间一定点 O 作为原点，过 O 作三条具有相同的单位长度、两两互相垂直且符合右手法则的数轴，分别记为 x 轴（横轴）、y 轴（纵轴）、z 轴（竖轴），统称**坐标轴**（见图 5-1）. 这样的三条坐标轴构成一个空间直角坐标系，称为 $O\text{-}xyz$ **坐标系**，点 O 称为**坐标原点**.

如图 5-2 所示，三条坐标轴中的任意两条确定一个平面，称为**坐标面**. 三个坐标面把空间分成八个部分，每一部分叫作卦限，含有 x 轴、y 轴及 z 轴正半轴的那个卦限叫作第一卦限，其他第二、第三、第四卦限在 xOy 面的上方，按逆时针方向确定. 在 xOy 面下方与第一至第四卦限相对应的是第五至第八卦限. 这八个卦限分别用字母 Ⅰ，Ⅱ，Ⅲ，Ⅳ，Ⅴ，Ⅵ，Ⅶ，Ⅷ表示.

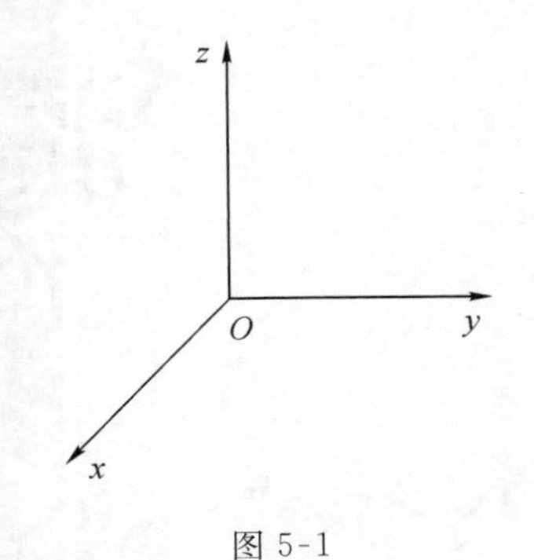

图 5-1

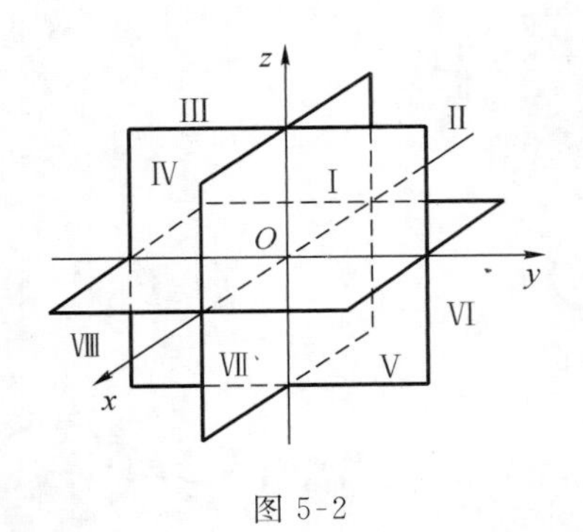

图 5-2

设 $\boldsymbol{a}$ 为空间直角坐标系 $O\text{-}xyz$ 中任一向量，不妨假设 $\boldsymbol{a}$ 的起点即为坐标原点 O，其终点为 $M(x,y,z)$. 过点 M 的垂直于 x 轴、y 轴、z 轴的三个平面分别与坐标轴的交点为 A、B、C，如图 5-3 所示，则有

$$\boldsymbol{a}=\overrightarrow{OM}=\overrightarrow{OA}+\overrightarrow{OB}+\overrightarrow{OC}.$$

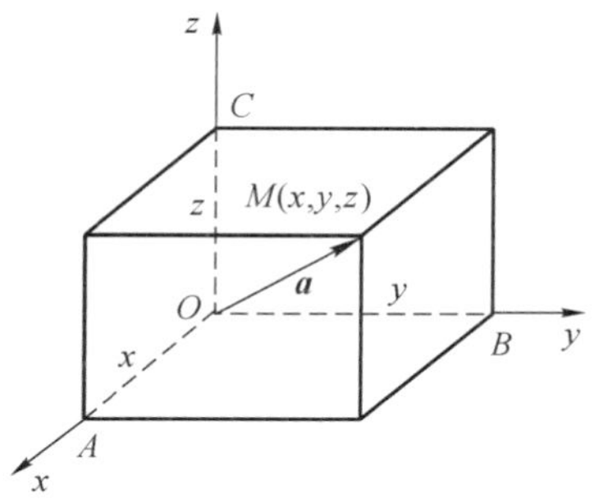

假设$\overrightarrow{OA}=x\boldsymbol{i}$，$\overrightarrow{OB}=y\boldsymbol{j}$，$\overrightarrow{OC}=z\boldsymbol{k}$，其中 $\boldsymbol{i}$、$\boldsymbol{j}$、$\boldsymbol{k}$ 分别为 x 轴、y 轴、z 轴的正向上的单位向量，则进一步有

$$\boldsymbol{a}=\overrightarrow{OM}=x\boldsymbol{i}+y\boldsymbol{j}+z\boldsymbol{k}.$$

图 5-3

上式称为向量 $\boldsymbol{a}$ 的坐标分解式. 显然，空间任意向量 $\boldsymbol{a}$ 与三个有序数 x、y、z 之间存在着一一对应关系. 我们称有序数 x、y、z 为向量 $\boldsymbol{a}$ 的坐标，记为 $\boldsymbol{a}=\{x,y,z\}$.

若非零向量 $\boldsymbol{a}$ 与 x 轴、y 轴、z 轴正向之间的夹角为 α、β、γ（见图 5-4），我们称 α、β、γ 为向量 $\boldsymbol{a}$ 的方向角，$\cos\alpha$、$\cos\beta$、$\cos\gamma$ 叫作向量 $\boldsymbol{a}$ 的方向余弦. 设 $\boldsymbol{a}=\{x,y,z\}$，则有

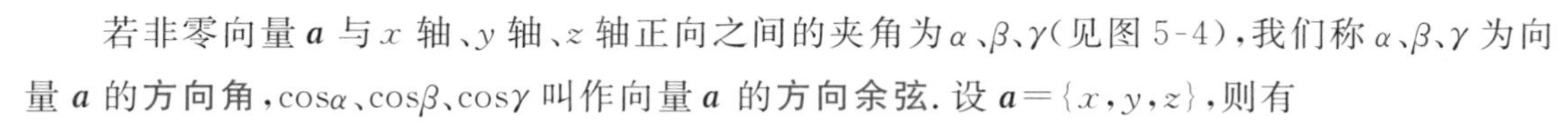

$$\cos\alpha=\frac{x}{|\boldsymbol{a}|}=\frac{x}{\sqrt{x^2+y^2+z^2}},$$

$$\cos\beta=\frac{y}{|\boldsymbol{a}|}=\frac{y}{\sqrt{x^2+y^2+z^2}},$$

$$\cos\gamma=\frac{z}{|\boldsymbol{a}|}=\frac{z}{\sqrt{x^2+y^2+z^2}}.$$

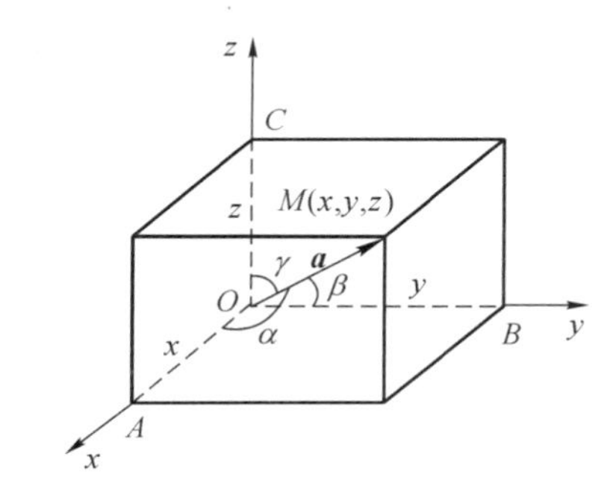

图 5-4

不难发现，向量 $\boldsymbol{a}$ 的方向余弦满足关系式

$$\cos^2\alpha+\cos^2\beta+\cos^2\gamma=1,$$

且

$$\boldsymbol{e}_a=\frac{\boldsymbol{a}}{|\boldsymbol{a}|}=\{\cos\alpha,\cos\beta,\cos\gamma\}.$$

与 $\boldsymbol{a}$ 同方向的单位向量就是以向量 $\boldsymbol{a}$ 的方向余弦为坐标的向量.

例 5.1　已知两点 $M_1(2,2,\sqrt{2})$ 与 $M_2(1,3,0)$，求向量$\overrightarrow{M_1M_2}$的模、方向余弦和方向角.

解　向量$\overrightarrow{M_1M_2}=\{1-2,3-2,0-\sqrt{2}\}=\{-1,1,-\sqrt{2}\}$，故

$$|\overrightarrow{M_1M_2}|=\sqrt{(-1)^2+1^2+(-\sqrt{2})^2}=2;$$

方向余弦　　$\cos\alpha=-\frac{1}{2},\cos\beta=\frac{1}{2},\cos\gamma=-\frac{\sqrt{2}}{2};$

方向角　　$\alpha=\frac{2\pi}{3},\beta=\frac{\pi}{3},\gamma=\frac{3\pi}{4}.$

下面，我们简单介绍在许多实际问题中经常遇到的两种向量运算：数量积与向量积.

向量 $\boldsymbol{a}$ 和 $\boldsymbol{b}$ 的模与它们的夹角 $\theta(0\leqslant\theta\leqslant\pi)$ 的余弦的乘积，称为两个向量 $\boldsymbol{a}$ 与 $\boldsymbol{b}$ 的数量

积，记作 $\boldsymbol{a}\cdot\boldsymbol{b}$，即

$$\boldsymbol{a}\cdot\boldsymbol{b}=|\boldsymbol{a}||\boldsymbol{b}|\cos\theta.$$

向量 $\boldsymbol{a}\perp\boldsymbol{b}$ 的充分必要条件是 $\boldsymbol{a}\cdot\boldsymbol{b}=0$.

若向量 $\boldsymbol{a}=a_x\boldsymbol{i}+a_y\boldsymbol{j}+a_z\boldsymbol{k}$，$\boldsymbol{b}=b_x\boldsymbol{i}+b_y\boldsymbol{j}+b_z\boldsymbol{k}$，求出它们的对应坐标乘积之和即得到两向量数量积的坐标表达式为

$$\boldsymbol{a}\cdot\boldsymbol{b}=a_xb_x+a_yb_y+a_zb_z.$$

由于 $\boldsymbol{a}\cdot\boldsymbol{b}=|\boldsymbol{a}||\boldsymbol{b}|\cos\theta$，故两个非零向量 $\boldsymbol{a}$ 和 $\boldsymbol{b}$ 的夹角余弦的表达式为

$$\cos\theta=\frac{\boldsymbol{a}\cdot\boldsymbol{b}}{|\boldsymbol{a}||\boldsymbol{b}|}=\frac{a_xb_x+a_yb_y+a_zb_z}{\sqrt{a_x^2+a_y^2+a_z^2}\sqrt{b_x^2+b_y^2+b_z^2}}.$$

例 5.2 已知三点 $M(1,1,1)$、$A(2,2,1)$ 和 $B(2,1,2)$，求 $\angle AMB$.

解 作向量 $\overrightarrow{MA}$ 及 $\overrightarrow{MB}$，$\angle AMB$ 就是向量 $\overrightarrow{MA}$ 与 $\overrightarrow{MB}$ 的夹角，因为

$$\overrightarrow{MA}=\{1,1,0\},\overrightarrow{MB}=\{1,0,1\},$$

故

$$|\overrightarrow{MA}|=\sqrt{1^2+1^2+0^2}=\sqrt{2},|\overrightarrow{MB}|=\sqrt{1^2+0^2+1^2}=\sqrt{2},$$

且

$$\overrightarrow{MA}\cdot\overrightarrow{MB}=1\times1+1\times0+0\times1=1,$$

得 $\cos\angle AMB=\dfrac{\overrightarrow{MA}\cdot\overrightarrow{MB}}{|\overrightarrow{MA}||\overrightarrow{MB}|}=\dfrac{1}{\sqrt{2}\cdot\sqrt{2}}=\dfrac{1}{2}$. 所以 $\angle AMB=\dfrac{\pi}{3}$.

两个向量 $\boldsymbol{a}$ 与 $\boldsymbol{b}$ 的向量积是一个向量，它的模为 $|\boldsymbol{a}||\boldsymbol{b}|\sin\theta$（其中 θ 是 $\boldsymbol{a}$ 和 $\boldsymbol{b}$ 的夹角）；它的方向垂直于向量 $\boldsymbol{a}$ 和 $\boldsymbol{b}$ 所决定的平面（既垂直于 $\boldsymbol{a}$，又垂直于 $\boldsymbol{b}$），其指向按右手法则从 $\boldsymbol{a}$ 转向 $\boldsymbol{b}$ 来确定（见图 5-5），向量 $\boldsymbol{a}$ 与 $\boldsymbol{b}$ 的向量积记作 $\boldsymbol{a}\times\boldsymbol{b}$.

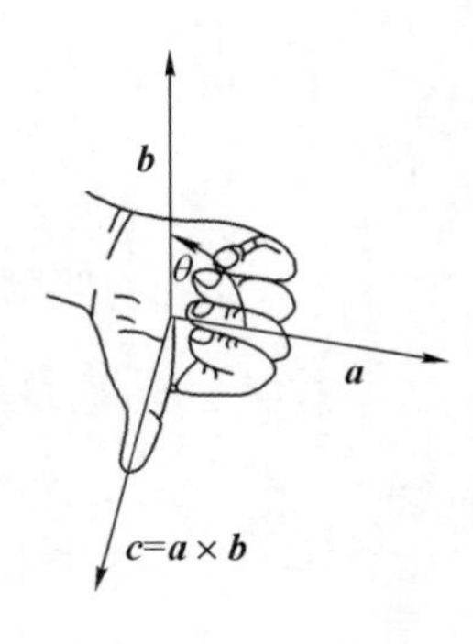

图 5-5

你知道 $\boldsymbol{a}\times\boldsymbol{b}$ 的模的几何意义吗？

向量积满足下列运算律：

(1)反交换律　$\boldsymbol{a}\times\boldsymbol{b}=-\boldsymbol{b}\times\boldsymbol{a}$；

(2)分配律　$\boldsymbol{a}\times(\boldsymbol{b}+\boldsymbol{c})=\boldsymbol{a}\times\boldsymbol{b}+\boldsymbol{a}\times\boldsymbol{c}$；

(3)结合律　$(\lambda\boldsymbol{a})\times\boldsymbol{b}=\lambda(\boldsymbol{a}\times\boldsymbol{b})=\boldsymbol{a}\times(\lambda\boldsymbol{b})$（$\lambda$ 是任意自然数）.

这三个运算规律可由向量积定义导出，证明从略.

若向量 $\boldsymbol{a}=a_x\boldsymbol{i}+a_y\boldsymbol{j}+a_z\boldsymbol{k}$，$\boldsymbol{b}=b_x\boldsymbol{i}+b_y\boldsymbol{j}+b_z\boldsymbol{k}$，我们可以得到这两个向量的向量积的坐标表达式为

$$\boldsymbol{a}\times\boldsymbol{b}=(a_yb_z-a_zb_y)\boldsymbol{i}+(a_zb_x-a_xb_z)\boldsymbol{j}+(a_xb_y-a_yb_x)\boldsymbol{k}.$$

上式也可写成如下行列式的形式

$$\boldsymbol{a}\times\boldsymbol{b}=\begin{vmatrix} \boldsymbol{i} & \boldsymbol{j} & \boldsymbol{k} \\ a_x & a_y & a_z \\ b_x & b_y & b_z \end{vmatrix}.$$

例 5.3　设 $\boldsymbol{a}=\{1,3,-1\}$，$\boldsymbol{b}=\{2,-1,3\}$，计算 $\boldsymbol{a}\times\boldsymbol{b}$.

解　$\boldsymbol{a}\times\boldsymbol{b}=\begin{vmatrix} \boldsymbol{i} & \boldsymbol{j} & \boldsymbol{k} \\ 1 & 3 & -1 \\ 2 & -1 & 3 \end{vmatrix}=8\boldsymbol{i}-5\boldsymbol{j}-7\boldsymbol{k}.$

5.1.2　空间曲面与方程

设在空间直角坐标系中曲面 Σ 与方程 $F(x,y,z)=0$ 满足下述关系：

(1) 曲面 Σ 上任一点的坐标都满足方程 $F(x,y,z)=0$；

(2) 不在曲面 Σ 上的点的坐标都不满足方程 $F(x,y,z)=0$.

那么，方程 $F(x,y,z)=0$ 就称为曲面 Σ 的方程，而曲面 Σ 称为方程 $\boldsymbol{F(x,y,z)=0}$ 的图形(见图 5-6).

下面我们主要介绍多元微积分学中常用到的几种空间曲面：球面、平面和二次曲面.

例 5.4　求球心在点 $M_0(x_0,y_0,z_0)$，半径为 R 的球面方程(见图 5-7).

解　在球面上任意取一点 $M(x,y,z)$，则有 $|\overrightarrow{M_0M}|=R$. 由两点间的距离公式，得

$$\sqrt{(x-x_0)^2+(y-y_0)^2+(z-z_0)^2}=R,$$

即

$$(x-x_0)^2+(y-y_0)^2+(z-z_0)^2=R^2. \tag{5-1}$$

方程(5-1)就是球心在 $M_0(x_0,y_0,z_0)$，半径为 R 的球面方程. 特别地，若球心在坐标原点，则球面方程为 $x^2+y^2+z^2=R^2$.

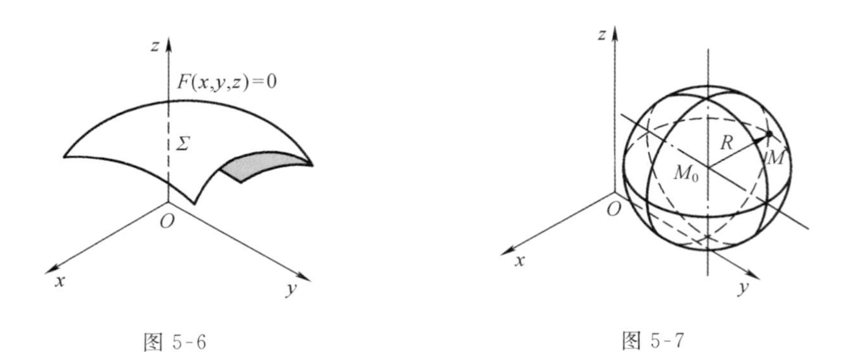

图 5-6　　　　图 5-7

我们知道，当平面 π 过定点 $M_0(x_0,y_0,z_0)$，且已知该平面的一个法向量 $\boldsymbol{n}=\{A,B,C\}$ 时，平面 π 的位置就完全确定了. 于是，设 $M(x,y,z)$ 是平面 π 上的任一点，因为 $\boldsymbol{n}\perp\overrightarrow{M_0M}$，即 $\boldsymbol{n}\cdot\overrightarrow{M_0M}=0$，所以

$$A(x-x_0)+B(y-y_0)+C(z-z_0)=0. \tag{5-2}$$

方程(5-2)为**平面的点法式方程**. 由于平面的点法式方程(5-2)可以化为如下三元一次方程

$$Ax+By+Cz+D=0, \tag{5-3}$$

其中 $D=-(Ax_0+By_0+Cz_0)$. 我们把方程(5-3)称为平面的一般式方程.

例 5.5 求过点$(-1,0,3)$,且以 $\boldsymbol{n}=\{2,-1,4\}$为法向量的平面的方程.

解 根据平面的点法式方程(5-2),所求平面的方程为

$$2(x+1)-(y-0)+4(z-3)=0,$$

即

$$2x-y+4z-10=0.$$

例 5.6 已知平面上的三点 $M_1(1,1,1)$、$M_2(3,-2,1)$及 $M_3(5,3,2)$,求此平面的方程.

解 取平面的一个法向量

$$\boldsymbol{n}=\overrightarrow{M_1M_2}\times\overrightarrow{M_1M_3}=\begin{vmatrix}\boldsymbol{i} & \boldsymbol{j} & \boldsymbol{k}\\ 2 & -3 & 0\\ 4 & 2 & 1\end{vmatrix}=-3\boldsymbol{i}-2\boldsymbol{j}+16\boldsymbol{k},$$

根据平面的点法式方程(5-2),所求平面的方程为

$$-3(x-1)-2(y-1)+16(z-1)=0,$$

即

$$3x+2y-16z+11=0.$$

在空间直角坐标系中,我们把三元二次方程所表示的曲面叫作二次曲面.下面我们介绍几种主要的二次曲面的几何形状.

1.椭球面

方程

$$\frac{x^2}{a^2}+\frac{y^2}{b^2}+\frac{z^2}{c^2}=1(a>0,b>0,c>0) \tag{5-4}$$

所表示的曲面叫作椭球面(见图 5-8),其中 a、b、c 叫作椭球面的半轴.

2.椭圆锥面

方程

$$z^2=\frac{x^2}{a^2}+\frac{y^2}{b^2}(a>0,b>0) \tag{5-5}$$

所表示的曲面叫作椭圆锥面(见图 5-9).

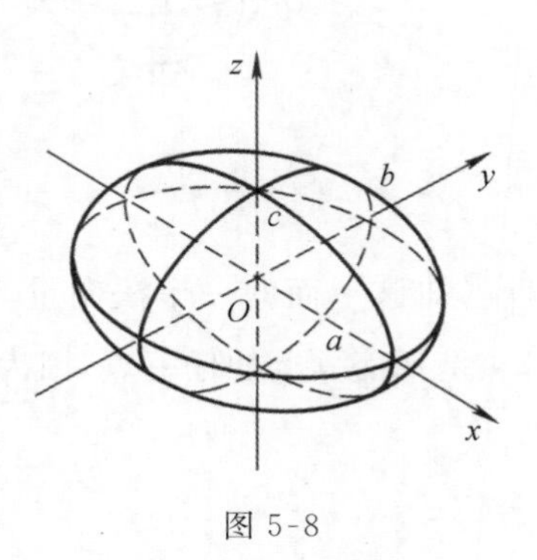

图 5-8

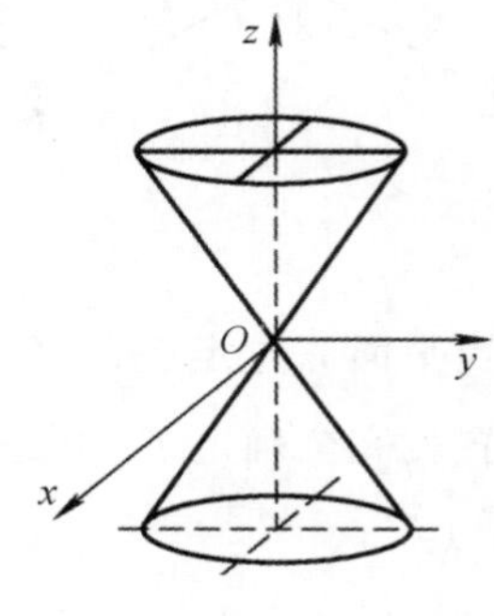

图 5-9

3. 双曲面

方程

$$\frac{x^2}{a^2}+\frac{y^2}{b^2}-\frac{z^2}{c^2}=1(a>0,b>0,c>0) \tag{5-6}$$

所表示的曲面叫作单叶双曲面(见图 5-10).

方程

$$\frac{x^2}{a^2}+\frac{y^2}{b^2}-\frac{z^2}{c^2}=-1(a>0,b>0,c>0) \tag{5-7}$$

所表示的曲面叫作双叶双曲面(见图 5-11).

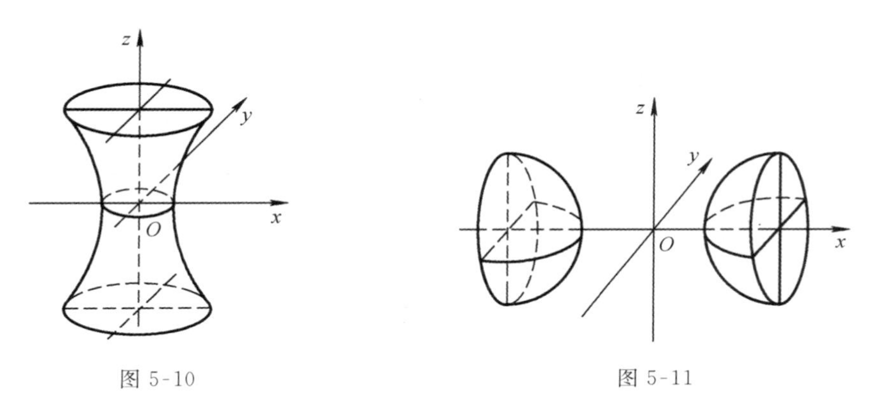

图 5-10　　图 5-11

4. 抛物面

$$\frac{x^2}{2p}+\frac{y^2}{2q}=z(p、q\text{ 同号}) \tag{5-8}$$

所表示的曲面叫作椭圆抛物面(见图 5-12).

5. 双曲抛物面

方程

$$-\frac{x^2}{2p}+\frac{y^2}{2q}=z(p、q\text{ 同号}) \tag{5-9}$$

所表示的曲面叫作双曲抛物面或马鞍面(见图 5-13).

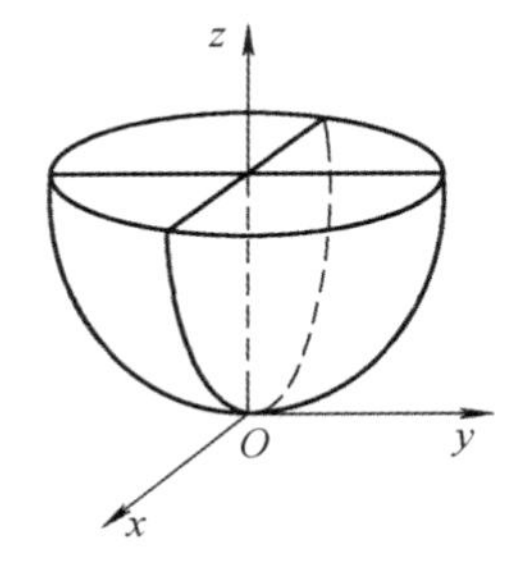

图 5-12

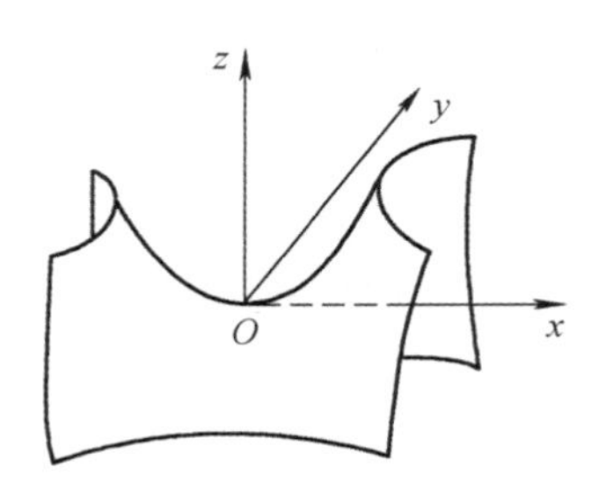

图 5-13

我们可以利用截痕法讨论上述二次曲面的几何形状(参见《微积分及其应用导学》第5.1节).

5.1.3 空间曲线与方程

下面我们主要介绍多元微积分学中常用到的几种空间曲线:直线、投影曲线和螺旋线.

我们知道,空间任一直线 L 都可看作两平面的交线(见图5-14).设平面 π_1、π_2 的方程分别为 $A_1x+B_1y+C_1z+D_1=0$ 和 $A_2x+B_2y+C_2z+D_2=0$,则直线 L 上任一点的坐标应满足方程组

$$\begin{cases}A_1x+B_1y+C_1z+D_1=0,\\A_2x+B_2y+C_2z+D_2=0.\end{cases} \tag{5-10}$$

方程组(5-10)叫作**空间直线的一般式方程**.

又若一个非零向量 $\boldsymbol{s}=\{m,n,p\}$ 与一条已知直线平行,我们把这个向量叫作这条直线的**方向向量**.设 $M_0(x_0,y_0,z_0)$ 为直线 l 上的一已知点,不妨设点 $M(x,y,z)$ 是直线 l 上的任一点,则向量 $\overrightarrow{M_0M}=\{x-x_0,y-y_0,z-z_0\}$ 与直线 l 的方向向量 $\boldsymbol{s}=\{m,n,p\}$ 平行(见图5-15),于是有

$$\frac{x-x_0}{m}=\frac{y-y_0}{n}=\frac{z-z_0}{p}. \tag{5-11}$$

我们把方程(5-11)叫作**空间直线的对称式或点向式方程**.

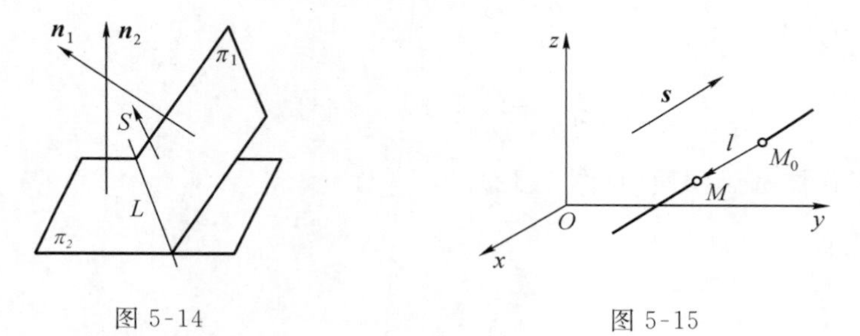

图5-14　　　　图5-15

例5.7　将直线 $\begin{cases}x-2y+3z-4=0,\\3x+2y-5z-4=0\end{cases}$ 化为对称式方程.

解　先求出直线上的一点 (x_0,y_0,z_0).不妨取 $z_0=0$,代入直线方程得

$$\begin{cases}x-2y-4=0,\\3x+2y-4=0.\end{cases}$$

解得 $x_0=2,y_0=-1$,即 $(2,-1,0)$ 是所给直线上的一点.

下面再求直线的方向向量.由于两平面的交线与这两平面的法向量 $\boldsymbol{n}_1=\{1,-2,3\}$,$\boldsymbol{n}_2=\{3,2,-5\}$ 都垂直,所以可取直线的方向向量为

$$\boldsymbol{s}=\boldsymbol{n}_1\times\boldsymbol{n}_2=\begin{vmatrix}\boldsymbol{i}&\boldsymbol{j}&\boldsymbol{k}\\1&-2&3\\3&2&-5\end{vmatrix}=2(2\boldsymbol{i}+7\boldsymbol{j}+4\boldsymbol{k}).$$

因此，所给直线的对称式方程为

$$\frac{x-2}{2}=\frac{y+1}{7}=\frac{z}{4}.$$

我们仿照空间直线的一般式方程的原理，空间曲线可看作两个相交曲面的交线. 设

$$F(x,y,z)=0 \text{ 和 } G(x,y,z)=0$$

是两个相交曲面的方程，它们相交于曲线 C(见图 5-16)，则点 $M(x,y,z)$ 在曲线 C 上当且仅当点 M 的坐标满足方程组

$$\begin{cases}F(x,y,z)=0,\\G(x,y,z)=0,\end{cases} \tag{5-12}$$

因此，曲线可以用上述方程组来表示. 方程组(5-12)叫作空间曲线 C 的一般式方程.

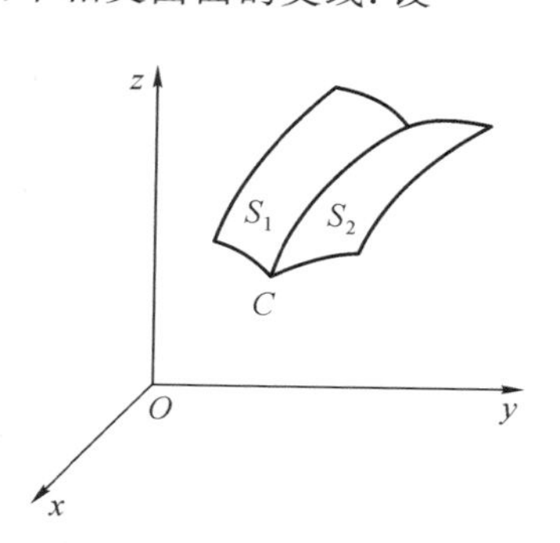

图 5-16

例 5.8　如图 5-17 所示，求半球面 $z=\sqrt{4-x^2-y^2}$ 和锥面 $z^2=3(x^2+y^2)$ 的交线在 xOy 面上的投影曲线的方程.

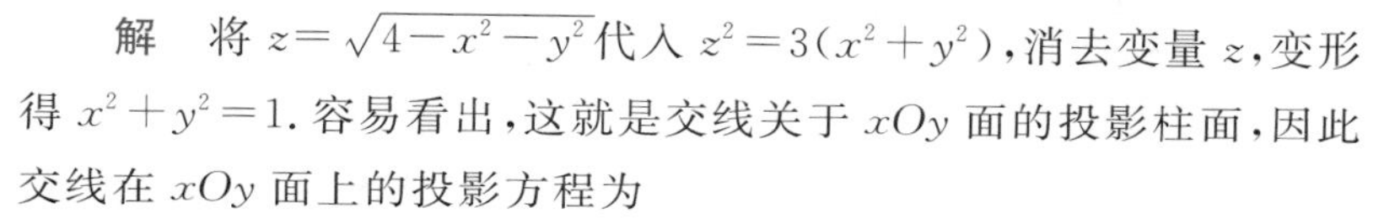

解　将 $z=\sqrt{4-x^2-y^2}$ 代入 $z^2=3(x^2+y^2)$，消去变量 z，变形得 $x^2+y^2=1$. 容易看出，这就是交线关于 xOy 面的投影柱面，因此交线在 xOy 面上的投影方程为

$$\begin{cases}x^2+y^2=1,\\z=0.\end{cases}$$

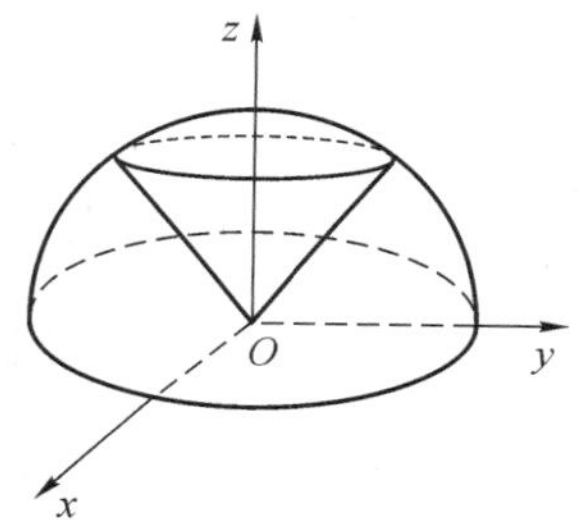

图 5-17

例 5.9　空间一动点 M 在圆柱面 $x^2+y^2=a^2$ 上以角速度 ω 绕 z 轴旋转，同时又以线速度 v 沿平行于 z 轴的正方向上升(其中 ω、v 都是常数)，则动点 M 的轨迹称为螺旋线，试建立其参数方程.

解　取时间 t 为参数. 设当 $t=0$ 时，动点位于 x 轴上的点 $A(a,0,0)$ 处. 经过时间 t，动点由 A 运动到 $M(x,y,z)$，如图 5-18 所示. 显然，点 M 在 xOy 平面上的投影为 $M'(x,y,0)$. 由于动点在圆柱面上以角速度 ω 绕 z 轴旋转，所以经过时间 t，$\angle AOM'=\omega t$，从而

$$x=|\overrightarrow{OM'}|\cos\angle AOM'=a\cos(\omega t),$$

$$y=|\overrightarrow{OM'}|\sin\angle AOM'=a\sin(\omega t).$$

又因动点同时以线速度 v 沿平行于 z 轴的正方向上升，所以

$$z=|\overrightarrow{M'M}|=vt.$$

因此，螺旋线的参数方程为

$$\begin{cases}x=a\cos(\omega t),\\y=a\sin(\omega t),\\z=vt.\end{cases} \tag{5-13}$$

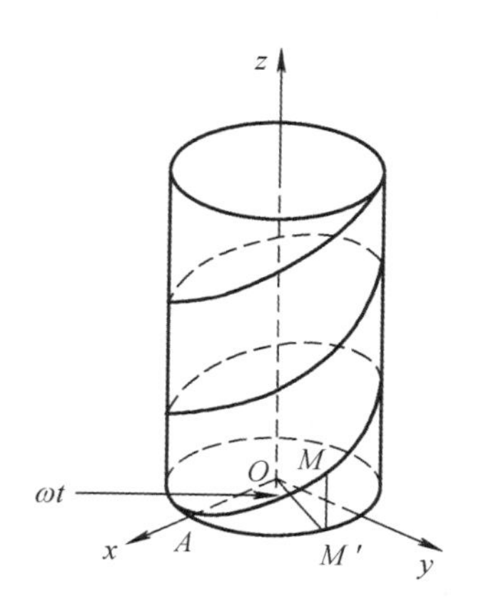

图 5-18

除了时间 t 之外，也可以用其他变量作参数. 例如令 $\theta=\omega t$ 为参数，并记 $b=\frac{v}{\omega}$，则螺旋线的参数方程也可写为

$$\begin{cases}x=a\cos\theta,\\ y=a\sin\theta,\\ z=b\theta.\end{cases}\tag{5-14}$$

螺旋线是实践中常用的曲线，如螺栓的螺纹就是这种曲线.

习　题　5.1

1. 试指出下列空间曲面的名称：

(1) $y=3x^2$；

(2) $x^2+3y^2+z^2=2$；

(3) $2x^2-y^2-2z^2=1$.

2. 设向量 $\overrightarrow{P_1P_2}$ 与 x 轴和 y 轴的夹角分别为 $\frac{\pi}{3}$、$\frac{\pi}{4}$，且 $|\overrightarrow{P_1P_2}|=2$，如果点 P_1 的坐标为 $(1,0,3)$，求点 P_2 的坐标.

3. 方程组 $\begin{cases}z=\sqrt{4a^2-x^2-y^2},\\ (x-a)^2+y^2=a^2\end{cases}$ 表示怎样的曲线？

4. 画出下列曲线在第一卦限内的图形：

(1) $\begin{cases}x=2,\\ y=1;\end{cases}$　(2) $\begin{cases}z=\sqrt{a^2-x^2-y^2},\\ x=y;\end{cases}$　(3) $\begin{cases}x^2+z^2=R^2,\\ x^2+y^2=R^2.\end{cases}$

5. 求两平面 $x-y+2z-3=0$ 和 $2x+y+z-4=0$ 的夹角.

6. 求直线 L_1：$\frac{x-1}{1}=\frac{y}{-4}=\frac{z+3}{1}$ 和 L_2：$\frac{x}{2}=\frac{y+2}{-2}=\frac{z}{-1}$ 的夹角.

7. 求直线 $\frac{x-3}{2}=\frac{y+1}{-5}=\frac{z}{3}$ 与平面 $2x-y-2z+1=0$ 的交点.

8. 设平面方程为 $Ax+By+Cz+D=0$，$P_0(x_0,y_0,z_0)$ 是平面外的一点，求点 P_0 到该平面的距离 d.

习题 5.1 详解

5.2　多元函数的极限与连续

多元函数的分析性质与一元函数的相应性质既有紧密联系，又有较大差别．首先我们将数轴上涉及点集的一些基本概念推广到坐标平面，由此着重讨论二元函数的情形．而一般的 n 维空间上涉及点集的某些基本概念与 n 元函数，将在《微积分及其应用导学》中讨论．

5.2.1　平面点集

1．平面点集的有关概念

在平面中引入直角坐标系后，平面上的点与有序实数组 (x,y) 之间建立一一对应．于是，可把平面上的点 P 与它的坐标 (x,y) 等同，即集合 $\mathbf{R}^2=\mathbf{R}\times\mathbf{R}=\{(x,y)\mid x,y\in\mathbf{R}\}$ 表示坐标平面 xOy．

平面点集是指平面上满足某种条件 T 的点 (x,y) 的集合，记为

$$E=\{(x,y)\mid(x,y)\text{满足条件 }T\}.$$

例如 $\{(x,y)\mid 0\leqslant x\leqslant 1,0\leqslant y\leqslant 1\}$ 表示以点 $(0,0)$、$(1,0)$、$(0,1)$、$(1,1)$ 为顶点的正方形的边上点与所有内部点的全体．

与数轴上的点的邻域类似，以点 $P_0(x_0,y_0)$ 为圆心，$\delta(\delta>0)$ 为半径的圆内所有点的全体，称为平面上点 $P_0(x_0,y_0)$ 的 **δ 邻域**，记为 $U(P_0,\delta)$，即

$$U(P_0,\delta)=\{(x,y)\mid(x-x_0)^2+(y-y_0)^2<\delta^2\}.$$

$U(P_0,\delta)$ 中去掉点 P_0 后所剩部分称为点 P_0 的**去心邻域**，记为 $\mathring{U}(P_0,\delta)$，即

$$\mathring{U}(P_0,\delta)=\{(x,y)\mid 0<(x-x_0)^2+(y-y_0)^2<\delta^2\}.$$

当不需要强调邻域的半径 δ 时，用 $U(P_0)$ 与 $\mathring{U}(P_0)$ 分别表示点 P_0 的某个邻域与去心邻域．

设点集 $E\subset\mathbf{R}^2$，E 在 $\mathbf{R}^2$ 的补集记为 E^c，即 $E^c=\mathbf{R}^2\setminus E$．如图 5-19 所示，对于任一点 $P\in\mathbf{R}^2$，点 P 的邻域与 E 的关系必为下列三种情形之一：

(1)若存在点 P 的一个邻域 $U(P)$，使得 $U(P)\subset E$，则称点 P 为 E 的内点．E 的内点的全体称为 E 的内部，记为 E^o．

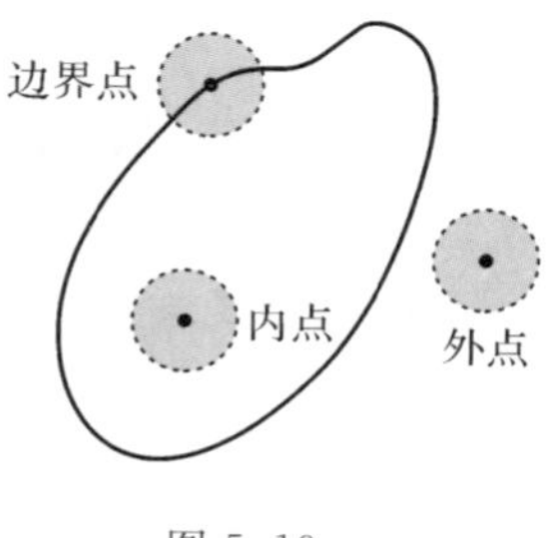

图 5-19

(2)若存在点 P 的一个邻域 $U(P)$，使得 $U(P)\cap E=\varnothing$，即 $U(P)\subset E^c$，则称点 P 为 E 的外点．

(3)若点 P 的任意邻域既包含 E 中的点，又包含不属于 E 的点，则称点 P 为 E 的边界点．E 的边界点的全体为 E 的边界，记为 ∂E．

显然，E 的内点必属于 E；E 的外点必不属于 E；E 的边界点可

能属于E,也可能不属于E.特别地,若存在点P的一个邻域,其中只有点P属于E,则称点P为E的孤立点.孤立点必是边界点.

若对于任意给定的正数δ,点P的去心邻域$\mathring{U}(P,\delta)$内总有E中的点,则称点P为E的聚点,即点P的任意去心邻域内总有E中的无限个点.显然,E的内点必是E的聚点;E的边界点只要不是孤立点,必定是聚点.因此,E的聚点可能属于E,也可能不属于E.E的聚点的全体称为E的导集,记为E'.

2.几个重要的平面点集

(1)若点集E的每一个点都是E的内点,即$E^{o}=E$,则称E为开集;若点集E的边界$\partial E\subset E$,则称E为闭集.等价地,若E包含了它的所有聚点,则称E为闭集.

(2)若E内的任意两点都可用折线连接起来,且该折线上的点都属于E,则称E为连通集;连通的开集称为区域(或开区域);开区域连同它的边界一起所构成的点集称为闭区域.

(3)对于点集E,若存在某一正数r,使$E\subset U(O,r)$,其中O是坐标原点,则称E为有界集;若一个点集不是有界集,则称它为无界集.

例如,设点集$E=\{(x,y)\mid 1<x^2+y^2<2\}$,则$E$是有界集,不是开集,也不是闭集;并且

E的内部$E^{o}=\{(x,y)\mid 1<x^2+y^2<2\}$是有界区域;

E的边界$\partial E=\{(x,y)\mid x^2+y^2=1$或$x^2+y^2=2\}$是闭集;

E的闭包$\bar{E}=E\cup\partial E=\{(x,y)\mid 1\leqslant x^2+y^2\leqslant 2\}$是有界闭区域;

E的导集$E'=\bar{E}$.

又如设点集$E=\{(x,y)\mid x>0,y\neq 0\}$,则$E$是无界开集,但不是区域;并且

为什么E不是区域?

$$E^{o}=E,\partial E=\{(x,y)\mid x=0\text{ 或 }x>0,y=0\},\bar{E}=\{(x,y)\mid x\geqslant 0\},$$

其中$\bar{E}$为无界闭区域.

为什么$\bar{E}$是闭区域?

5.2.2 二元函数的概念

1.二元函数的定义

在实际问题中,往往会遇到因变量随多个自变量的变化而变化的情况.例如,圆柱体的体积V与它的底半径r、高h之间的关系为$V=\pi r^2 h$,且r、h的取值范围是平面点集$D=\{(r,h)\mid r>0,h>0\}$,即体积V的变化同时依赖于r和h.因此有必要把一元函数的概念推广到二元函数.

定义 5.1 设 D 是坐标面 xOy 上的一个非空点集，如果存在一个对应法则 f，使得对于每个点 $P(x,y)\in D$，都有唯一确定的实值 z 与之对应，则称 f 为定义在 D 上的点 P 的函数，习惯上也称 z 是变量 x、y 的**二元函数**（或是点 P 的函数），记为 $z=f(x,y)$（或 $z=f(P)$）. 其中 x、y 称为**自变量**，z 称为**因变量**，点集 D 称为函数 f 的**定义域**，数集 $\{z\mid z=f(x,y),(x,y)\in D\}$ 称为函数 f 的**值域**.

上述二元函数的定义可以推广到二元以上的函数. 例如，设 Ω 是坐标空间 $O\text{-}xyz$ 上的一个非空点集，如果存在一个对应法则 f，使得对于每个点 $(x,y,z)\in\Omega$，都有唯一确定的实值 u 与之对应，则称 f 为定义在 Ω 上的关于 x、y、z 的三元函数，记为 $u=f(x,y,z)$.

对一个二元函数 $z=f(x,y)$ 来说，如果没有指出其定义域，则它的定义域是指使 $f(x,y)$ 有意义的一切 (x,y) 的全体，它是坐标面 xOy 上的一个点集.

例 5.10 求下列函数的定义域，并在坐标平面上画出定义域的图形.

(1) $z=\ln(x+y)$；　　(2) $z=\arcsin\dfrac{y}{x^2}$；

(3) $z=\ln(9-x^2-y^2)+\sqrt{x^2+y^2-1}$.

解 (1) 要使该函数有意义，x、y 必须满足 $x+y>0$，因此该函数的定义域为 $D=\{(x,y)\mid x+y>0\}$，其图形如图 5-20 所示.

(2) 要使该函数有意义，x、y 必须满足 $\left|\dfrac{y}{x^2}\right|\leqslant 1$ 且 $x\neq 0$，即 $-x^2\leqslant y\leqslant x^2$ 且 $x\neq 0$，因此该函数的定义域为 $D=\{(x,y)\mid -x^2\leqslant y\leqslant x^2,x\neq 0\}$，其图形如图 5-21 所示.

(3) 要使该函数有意义，x、y 必须满足 $9-x^2-y^2>0$，$x^2+y^2-1\geqslant 0$，因此该函数的定义域为 $D=\{(x,y)\mid 1\leqslant x^2+y^2<9\}$，其图形如图 5-22 所示.

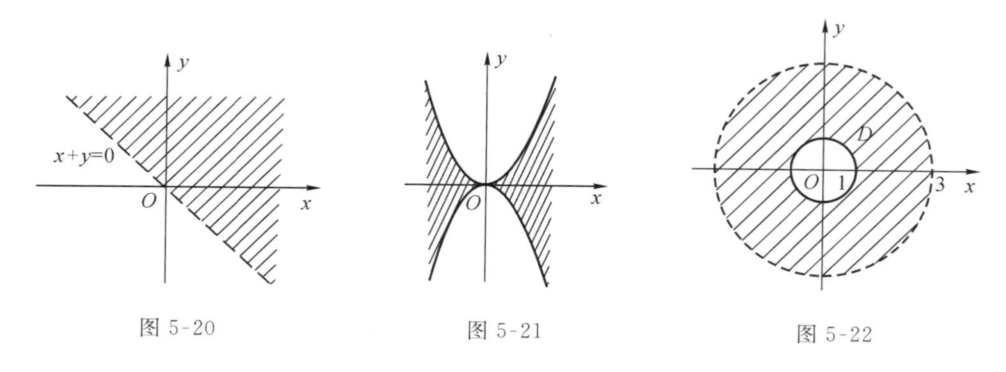

图 5-20　　图 5-21　　图 5-22

2. 二元函数的图形

我们知道，一元函数 $y=f(x)$ 的图形一般是一条平面曲线，对于二元函数 $z=f(x,y)$，在坐标空间 $O\text{-}xyz$ 上，将 $z=f(x,y)$ 的定义域 D 画在坐标面 xOy 上，对任一点 $P(x,y)\in D$，在空间由 $z=f(x,y)$ 可以确定点 $M(x,y,f(x,y))$，当点 $P(x,y)$ 在 D 内变动时，点 M 就在空间变动，点 M 的轨迹，即空间点集

$$\{(x,y,z)\mid z=f(x,y),(x,y)\in D\}$$

就是函数 $z=f(x,y)$ 的图形. 一般来说,它是一张曲面,如图 5-23 所示.

例如,函数 $z=\sqrt{R^2-x^2-y^2}$ 的图形是以原点为球心,以 R 为半径的球面在坐标面 xOy 上方的部分,如图 5-24 所示.

又如,函数 $z=x^2+y^2$ 的图形是顶点在原点,以 z 轴为旋转轴的旋转抛物面,如图 5-25 所示.

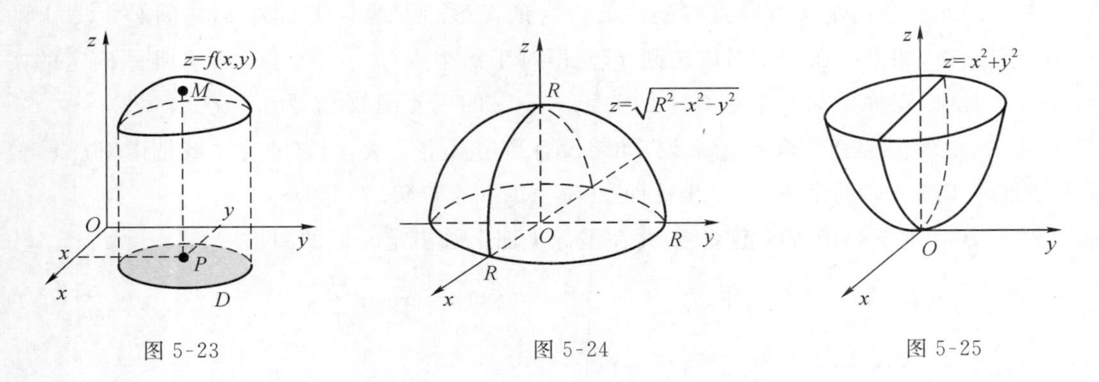

图 5-23　　图 5-24　　图 5-25

5.2.3　二元函数的极限

我们已经知道,一元函数 $y=f(x)$ 的极限是刻画函数 $f(x)$ 随自变量 x 的变化而变化的趋势. 在这点上,多元函数的极限与一元函数类似,但由于自变量的个数增加,其自变量的变化过程较一个自变量的情形要复杂得多.

对于一元函数 $y=f(x)$,由极限存在的充分必要条件可知,极限 $\lim\limits_{x\to x_0}f(x)$ 是否存在,只需考察单侧极限 $\lim\limits_{x\to x_0^+}f(x)$ 与 $\lim\limits_{x\to x_0^-}f(x)$ 是否都存在且相等即可.

而对于二元函数 $z=f(x,y)$,当 $P(x,y)\to P_0(x_0,y_0)$ 时,函数 $f(x,y)$ 以常数 A 为极限,应该如何刻画呢? 首先,应该注意到,在坐标面 xOy 上,动点 $P(x,y)$ 趋近于定点 $P_0(x_0,y_0)$ 的方向和路径都可以是任意的,这一点与一元函数的情形截然不同. 现在先给出二元函数极限的描述定义.

定义 5.2　设函数 $z=f(x,y)$ 在点 $P_0(x_0,y_0)$ 的某个邻域内[可以不包括点 $P_0(x_0,y_0)$]有定义. 若当动点 $P(x,y)$ 以任何方式趋于点 $P_0(x_0,y_0)$(即 $(x,y)\to(x_0,y_0)$)时,函数 $z=f(x,y)$ 都无限地趋于某一常数 A,则常数 A 称为函数 $z=f(x,y)$ 当 $(x,y)\to(x_0,y_0)$(即 $P\to P_0$)时的极限,记为

$$\lim_{(x,y)\to(x_0,y_0)}f(x,y)=A \text{ 或 } \lim_{P\to P_0}f(x,y)=A.$$

与一元函数的极限概念类似,可以给出二元函数极限的严格定义.

定义 5.3　设函数 $z=f(x,y)$ 在点 $P_0(x_0,y_0)$ 的某个邻域内[可以不包括点 $P_0(x_0,y_0)$]有定义,A 为某一常数,若对于任意给定的正数 ε,总存在正数 δ,使得对于适合不等式

$$0<|\overrightarrow{PP_0}|=\sqrt{(x-x_0)^2+(y-y_0)^2}<\delta$$

的一切点，都有不等式

$$|f(x,y)-A|<\varepsilon$$

成立，则常数 A 称为函数 $z=f(x,y)$ 当 $(x,y)\to(x_0,y_0)$（即 $P\to P_0$）时的极限，仍用上述极限记号.

为了与一元函数的极限加以区别，我们也称二元函数的极限为二重极限.

例 5.11　设 $f(x,y)=(2x^2+y^2)\cos\dfrac{1}{x+y}$，求证：$\lim\limits_{(x,y)\to(0,0)}f(x,y)=0$.

证　$|f(x,y)-0|=\left|(2x^2+y^2)\cos\dfrac{1}{x+y}\right|\leqslant 2x^2+y^2\leqslant 2(x^2+y^2)$，

由此可见，任给 $\varepsilon>0$，存在 $\delta=\sqrt{\dfrac{\varepsilon}{2}}$，当 $0<\sqrt{(x-0)^2+(y-0)^2}<\delta$ 时，总有

$$|f(x,y)-0|<\varepsilon$$

成立，所以

$$\lim_{(x,y)\to(0,0)}f(x,y)=0.$$

某些二元函数极限的运算法则及性质与一元函数极限的运算法则及性质类似. 例如，一元函数极限的四则运算法则对于二元函数的极限也成立；二元函数的极限也具有唯一性、局部有界性及夹逼准则；在某一过程中，极限为 0 的二元函数也可称为在该极限过程中的无穷小，二元函数的无穷小也具有与一元函数的无穷小相类似的相应性质.

例 5.12　求下列函数的极限：

(1) $\lim\limits_{(x,y)\to(0,0)}\dfrac{xy}{x+y}$；　　(2) $\lim\limits_{(x,y)\to(0,0)}(x+y)\arctan\dfrac{1}{x^2+y^2}$.

解　(1)因为 $4xy\leqslant(x+y)^2$，于是

$$0\leqslant\left|\frac{xy}{x+y}\right|\leqslant\frac{1}{4}\left|\frac{(x+y)^2}{x+y}\right|=\frac{1}{4}|x+y|\to 0\text{（当}(x,y)\to(0,0)\text{时）},$$

所以

$$\lim_{(x,y)\to(0,0)}\frac{xy}{x+y}=0.$$

(2)因为 $\lim\limits_{(x,y)\to(0,0)}(x+y)=0$，且 $\left|\arctan\dfrac{1}{x^2+y^2}\right|\leqslant\dfrac{\pi}{2}$，于是

$$\lim_{(x,y)\to(0,0)}(x+y)\arctan\frac{1}{x^2+y^2}=0.$$

由二元函数极限的定义知，若 $P(x,y)$ 以某一特殊方式趋于 $P_0(x_0,y_0)$ 时，函数 $f(x,y)$ 无限接近某一常数，我们不能由此得出函数 $f(x,y)$ 的极限存在. 倘若 $P(x,y)$ 以不同方式趋于 $P_0(x_0,y_0)$ 时，函数 $f(x,y)$ 趋于不同的数值，据此可以得出函数 $f(x,y)$ 的极限不存在.

例 5.13　证明 $f(x,y)=\dfrac{xy^2}{x^2+y^4}$，当 $P(x,y)\to P_0(0,0)$ 时的极限不存在.

证　当 $P(x,y)$ 沿着直线 $y=x$ 和曲线 $x=y^2$ 趋于点 $P_0(0,0)$ 时，

$$\lim_{x\to 0}f(x,x)=\lim_{x\to 0}\frac{x^3}{x^2+x^4}=\lim_{x\to 0}\frac{x}{1+x^2}=0,$$

$$\lim_{y\to 0}f(y^2,y)=\lim_{y\to 0}\frac{y^4}{y^4+y^4}=\lim_{x\to 0}\frac{y^4}{2y^4}=\frac{1}{2},$$

这两个极限是不相等的,因此 $\lim\limits_{(x,y)\to(0,0)} f(x,y)$不存在.

5.2.4 二元函数的连续性

在二元函数极限的基础上,我们给出二元函数连续的概念.

定义 5.4 设函数 $z=f(x,y)$在点 $P_0(x_0,y_0)$的某个邻域内有定义,且

$$\lim_{(x,y)\to(x_0,y_0)} f(x,y)=f(x_0,y_0), \tag{5-15}$$

则称函数 $z=f(x,y)$在点 $P_0(x_0,y_0)$处连续,并称点 $P_0(x_0,y_0)$是 $z=f(x,y)$的连续点.

如果式(5-15)不成立,则称函数 $z=f(x,y)$在点 $P_0(x_0,y_0)$处不连续或间断,点 $P_0(x_0,y_0)$就称为 $z=f(x,y)$的间断点.

如果函数 $z=f(x,y)$在区域 D 上各点处都连续,则称函数 $z=f(x,y)$在区域 D 上连续,或称 $z=f(x,y)$是区域 D 上的连续函数;又如果函数 $z=f(x,y)$在区域 D 的边界∂D 上任意点处都连续,则称函数 $z=f(x,y)$在闭区域 D 上连续,或称 $z=f(x,y)$是闭区域 D 上的连续函数.

例 5.14 讨论函数

$$f(x,y)=\begin{cases}(x+y)\arctan\dfrac{1}{x^2+y^2}, & x^2+y^2\neq 0,\\ 0, & x^2+y^2=0\end{cases}$$

在点(0,0)处的连续性.

解 由例 5.12 知, $\lim\limits_{(x,y)\to(0,0)} f(x,y)=0=f(0,0)$,所以函数 $f(x,y)$在点(0,0)处连续.

从二元函数的图形看,我们可以把函数 $f(x,y)$在点(x_0,y_0)处连续,直观地想象为曲面 $z=f(x,y)$在这点邻近是连接着的. 如果 $f(x,y)$在点(x_0,y_0)处不连续,那就是曲面 $z=f(x,y)$在(x_0,y_0)处有个"眼";如果 $f(x,y)$在坐标面 xOy 的某条曲线上的任意点处都不连续,那就是曲面 $z=f(x,y)$上沿该曲线有一条"缝",例如函数 $z=\dfrac{1}{x^2+y^2-1}$在圆周 $x^2+y^2=1$ 上没有定义,所以该圆周上所有点都是此函数的间断点,即此曲面上沿圆周 $x^2+y^2=1$ 有一条"缝".

利用二元函数的极限运算法则与二元连续函数的定义,可以证明二元连续函数的和、差、积、商(在分母不为零处)均为连续函数.

与一元初等函数相类似,二元初等函数是指由 x、y 为自变量的基本初等函数经过有限次的四则运算与有限次的复合运算而构成的,并用一个解析式表示的函数. 多元连续函数的复合函数也是连续函数.

根据上面指出的连续函数的四则运算的连续性以及连续函数的复合函数的连续性，再注意到基本初等函数的连续性，我们可以进一步得到如下结论：

一切二元初等函数在其定义区域内都是连续的. 所谓定义区域是指包含在定义域内的区域.

由二元函数的连续性定义知，如果要求在点(x_0,y_0)处的极限，而该点在该函数的定义域内，则极限就是函数在该点的函数值.

例 5.15 求下列函数的极限：

(1) $\lim\limits_{(x,y)\to(0,0)}\dfrac{2-\sqrt{x+y+4}}{x+y}$； (2) $\lim\limits_{(x,y)\to(1,0)}\arctan\dfrac{\sin(xy)}{xy}$.

解 (1) $$\lim_{(x,y)\to(0,0)}\frac{2-\sqrt{x+y+4}}{x+y}=\lim_{(x,y)\to(0,0)}\frac{4-(x+y+4)}{(x+y)(2+\sqrt{x+y+4})}$$
$$=\lim_{(x,y)\to(0,0)}\frac{-1}{2+\sqrt{x+y+4}}$$
$$=\frac{-1}{2+\sqrt{0+0+4}}=-\frac{1}{4}.$$

(2) $$\lim_{(x,y)\to(1,0)}\arctan\frac{\sin(xy)}{xy}=\arctan\left[\lim_{(x,y)\to(1,0)}\frac{\sin(xy)}{xy}\right]=\arctan1=\frac{\pi}{4}.$$

如同在闭区间上的一元连续函数有很好的性质一样，在有界闭区域上的二元连续函数也有很好的性质，我们不加证明地叙述如下.

定理 5.1(有界性定理) 有界闭区域D上的二元连续函数$f(x,y)$必定在D上有界，即存在常数$K>0$，使得对一切$(x,y)\in D$，有
$$|f(x,y)|\leqslant K.$$

定理 5.2(最值定理) 有界闭区域D上的二元连续函数$f(x,y)$在D上必能取得最大值和最小值，即在D上存在点(x_1,y_1)与(x_2,y_2)，使得对一切$(x,y)\in D$，有
$$f(x_1,y_1)\leqslant f(x,y)\leqslant f(x_2,y_2),$$
亦即
$$f(x_2,y_2)=\max_{(x,y)\in D}\{f(x,y)\},f(x_1,y_1)=\min_{(x,y)\in D}\{f(x,y)\}.$$

定理 5.3(介值定理) 有界闭区域D上的二元连续函数$f(x,y)$，必取得介于其最大值和最小值之间的一切值，即对于任何满足不等式
$$m<c<M(\text{其中 }M=\max_{(x,y)\in D}\{f(x,y)\},m=\min_{(x,y)\in D}\{f(x,y)\})$$
的实数c，存在点$(x^*,y^*)\in D$，使得$f(x^*,y^*)=c$.

习 题 5.2

1. 写出下列平面点集 E 的全部内点、外点、边界点与聚点，并指出 E 是否为开集、闭集、区域、闭区域与有界集.

(1) $E=\{(x,y)\mid xy\neq 0\}$；

(2) $E=\{(x,y)\mid x\geqslant 0,y\geqslant 0,x+y\leqslant 1\}$；

(3) $E=\{(x,y)\mid x^2+(y-1)^2\geqslant 1\}\cap\{(x,y)\mid x^2+(y-2)^2\leqslant 4\}$.

2. 求下列函数的定义域，并在坐标平面上画出其定义域的图形.

(1) $z=\ln(x^2-y)$；　　(2) $z=\arcsin(x-y)$；

(3) $z=\ln(x^2+y^2-1)+\sqrt{4-x^2-y^2}$；　　(4) $z=\sqrt{\dfrac{x+y}{x-y}}$.

3. 已知 $f(x,y)=x^2+2y$，求 $f[f(x,y),f(y,x)]$.

4. 已知 $f(x+y,xy)=x^3+y^3$，求 $f(x,y)$.

5. 求下列函数的极限：

(1) $\lim\limits_{(x,y)\to(0,0)}(x^2+y^2)\cos\dfrac{1}{xy}$；　　(2) $\lim\limits_{(x,y)\to(0,0)}\dfrac{xy}{\sqrt{x^2+y^2}}$；

(3) $\lim\limits_{(x,y)\to(0,0)}(1+x^2y^2)^{\frac{1}{x^2+y^2}}$；　　(4) $\lim\limits_{(x,y)\to(0,0)}\dfrac{1-\cos\sqrt{x^2+y^2}}{\ln(x^2+y^2+1)}$.

6. 证明下列极限不存在：

(1) $\lim\limits_{(x,y)\to(0,0)}\dfrac{x^2+y^2}{x^2-xy+y^2}$；　　(2) $\lim\limits_{(x,y)\to(0,0)}\dfrac{3x^3y}{x^6+2y^2}$.

7. 讨论函数 $f(x,y)=\begin{cases}\dfrac{x^2y}{x^2+y^2}, & x^2+y^2\neq 0,\\ 0, & x^2+y^2=0\end{cases}$ 的连续性.

8. 指出下列函数在何处间断：

(1) $f(x,y)=\dfrac{x+y}{\ln(x^2+y^2)}$；　　(2) $f(x,y)=\dfrac{1}{x^2y^2+xy}$.

习题 5.2 详解

5.3　偏导数

5.3.1　偏导数的概念及其计算

1. 偏导数的概念

在第 2.1 节中，我们已经介绍了一元函数导数的概念，它刻画了一元函数随自变量变化的变化率. 对于多元函数也需要研究函数随自变量变化而变化的变化率问题. 但由于多元函数有两个或两个以上的自变量，其变化率问题的研究相对比较复杂，因此我们先讨论其较简单的情况，对更复杂的一些问题会在后续的全微分、方向导数等相关内容中做进一步的介绍.

请写出 $y=f(x)$的导数定义.

现在我们来考察多元函数对一个自变量的变化率，即在一个自变量发生变化，而其余自变量都保持不变的情况下，讨论多元函数对此自变量的变化率，这就是本节所要介绍的偏导数. 对于二元函数 $z=f(x,y)$，当自变量 y 保持在 y_0 处不变时，$z=f(x,y_0)$为 x 的一元函数，当自变量 x 保持在 x_0 处不变时，$z=f(x_0,y)$为 y 的一元函数. 一元函数 $f(x,y_0)$、$f(x_0,y)$分别在点 $x=x_0$ 及 $y=y_0$ 处的导数，即为二元函数 $z=f(x,y)$在点(x_0,y_0)处的偏导数. 下面给出二元函数偏导数的定义.

定义 5.5　设二元函数 $z=f(x,y)$在点 $P_0(x_0,y_0)$的某个邻域内有定义，当自变量 y 固定在 y_0 处时，x 在 x_0 处取得增量 Δx[点$(x_0+\Delta x,y_0)$仍在该邻域内]时，相应的函数增量为

$$\Delta_x z=f(x_0+\Delta x,y_0)-f(x_0,y),$$

称 $\Delta_x z$ 为二元函数 $z=f(x,y)$在点 $P_0(x_0,y_0)$处关于 x 的**偏增量**. 如果极限

$$\lim_{\Delta x\to 0}\frac{\Delta_x z}{\Delta x}=\lim_{\Delta x\to 0}\frac{f(x_0+\Delta x,y_0)-f(x_0,y_0)}{\Delta x}$$

存在，则称此极限为二元函数 $z=f(x,y)$在点 $P_0(x_0,y_0)$处关于 x 的**偏导数**，记为

$$\left.\frac{\partial z}{\partial x}\right|_{(x_0,y_0)},\left.\frac{\partial f}{\partial x}\right|_{(x_0,y_0)},z'_x(x_0,y_0)\text{或 }f'_x(x_0,y_0).$$

类似地，当自变量 x 固定在 x_0 处时，y 在 y_0 处取得增量 Δy[$(x_0,y_0+\Delta y)$仍在该邻域内]时，称

$$\Delta_y z=f(x_0,y_0+\Delta y)-f(x_0,y_0)$$

为二元函数 $z=f(x,y)$在点 $P_0(x_0,y_0)$处关于 y 的**偏增量**. 如果极限

$$\lim_{\Delta y\to 0}\frac{\Delta_y z}{\Delta y}=\lim_{\Delta x\to 0}\frac{f(x_0,y_0+\Delta y)-f(x_0,y_0)}{\Delta y}$$

存在,则称此极限为二元函数 $z=f(x,y)$ 在点 $P_0(x_0,y_0)$ 处关于 y 的偏导数,记为

$$\left.\frac{\partial z}{\partial y}\right|_{(x_0,y_0)},\left.\frac{\partial f}{\partial y}\right|_{(x_0,y_0)},z'_y(x_0,y_0)\text{或}f'_y(x_0,y_0).$$

即

$$f'_x(x_0,y_0)=\lim_{\Delta x\to 0}\frac{f(x_0+\Delta x,y_0)-f(x_0,y_0)}{\Delta x},$$

$$f'_y(x_0,y_0)=\lim_{\Delta x\to 0}\frac{f(x_0,y_0+\Delta y)-f(x_0,y_0)}{\Delta y}.$$

当二元函数 $z=f(x,y)$ 在点 $P_0(x_0,y_0)$ 处关于 x 和 y 的偏导数都存在时,称函数 $f(x,y)$ 在点 $P_0(x_0,y_0)$ 处可偏导. 并且可以得到

$$f'_x(x_0,y_0)=\left.\frac{\mathrm{d}f(x,y_0)}{\mathrm{d}x}\right|_{x=x_0},f'_y(x_0,y_0)=\left.\frac{\mathrm{d}f(x_0,y)}{\mathrm{d}y}\right|_{y=y_0}.$$

为什么?

如果二元函数 $z=f(x,y)$ 在区域 D 内的每一点 (x,y) 处关于 x 或 y 的偏导数都存在,则这些偏导数仍为自变量 x、y 的函数,分别称其为二元函数 $z=f(x,y)$ 关于 x 或 y 的偏导函数(简称偏导数),分别记为 $\frac{\partial z}{\partial x},\frac{\partial f}{\partial x},z'_x(x,y),f'_x(x,y)$ 和 $\frac{\partial z}{\partial y},\frac{\partial f}{\partial y},z'_y(x,y),f'_y(x,y)$.

从而有

$$f'_x(x,y)=\lim_{\Delta x\to 0}\frac{f(x+\Delta x,y)-f(x,y)}{\Delta x},$$

$$f'_y(x,y)=\lim_{\Delta x\to 0}\frac{f(x,y+\Delta y)-f(x,y)}{\Delta y}.$$

如果二元函数 $z=f(x,y)$ 在区域 D 内可偏导,则有

$$f'_x(x_0,y_0)=f'_x(x,y)\Big|_{(x_0,y_0)},f'_y(x_0,y_0)=f'_y(x,y)\Big|_{(x_0,y_0)}.$$

偏导数的概念可推广到二元以上的函数. 例如三元函数 $u=f(x,y,z)$ 在点 (x,y,z) 处关于 x 的偏导数为

$$f'_x(x,y,z)=\lim_{\Delta x\to 0}\frac{f(x+\Delta x,y,z)-f(x,y,z)}{\Delta x}.$$

请你写出其余两个偏导数的定义.

2. 偏导数的计算

由偏导数的定义知,求多元函数的偏导数并不需要新的方法. 例如,求二元函数 $z=$

$f(x,y)$对 x 的偏导数时,把 y 看作常数,而对 x 求导数.若令 $f(x,y)=F(x)$,则 $f'_x(x,y)=F'(x)$,于是求 $f'_x(x,y)$只需把一元函数求导公式及求导法则用来求 $F'(x)$即可.类似地,求 $f'_y(x,y)$只需把 x 看作常数,对函数 $f(x,y)$关于 y 求导数.

求三元或三元以上的函数的偏导数,也只需把其余自变量看作常数而对某一自变量按一元函数的求导法求导数即可.

例 5.16　设 $f(x,y)=\dfrac{x^2-y^2}{x^2+y^2}$,求 $f'_x(1,-2)$和 $f'_y(1,-2)$.

解法一　因为

$$f'_x(x,-2)=\frac{\mathrm{d}}{\mathrm{d}x}[f(x,-2)]=\frac{\mathrm{d}}{\mathrm{d}x}\left(\frac{x^2-4}{x^2+4}\right)=\frac{16x}{(x^2+4)^2},$$

于是

$$f'_x(1,-2)=\frac{16\times 1}{(1^2+4)^2}=\frac{16}{25}.$$

同理

$$f'_y(1,y)=\frac{\mathrm{d}}{\mathrm{d}y}[f(1,y)]=\frac{\mathrm{d}}{\mathrm{d}y}\left(\frac{1-y^2}{1+y^2}\right)=-\frac{4y}{(1+y^2)^2},$$

于是

$$f'_y(1,-2)=-\frac{4\times(-2)}{[1+(-2)^2]^2}=\frac{8}{25}.$$

解法二　由于

$$f'_x(x,y)=\frac{\mathrm{d}}{\mathrm{d}x}\left(\frac{x^2-y^2}{x^2+y^2}\right)=\frac{4xy^2}{(x^2+y^2)^2},$$

于是

$$f'_x(1,-2)=\frac{4\times 1\times(-2)^2}{[1^2+(-2)^2]^2}=\frac{16}{25}.$$

同理

$$f'_y(x,y)=\frac{\mathrm{d}}{\mathrm{d}y}\left(\frac{x^2-y^2}{x^2+y^2}\right)=-\frac{4x^2y}{(x^2+y^2)^2},$$

于是

$$f'_y(1,-2)=-\frac{4\times 1^2\times(-2)}{[1^2+(-2)^2]^2}=\frac{8}{25}.$$

例 5.17　设 $z=x^y(x>0,x\neq 1)$,求证:$\dfrac{x}{y}\dfrac{\partial z}{\partial x}+\dfrac{1}{\ln x}\dfrac{\partial z}{\partial y}=2z$.

证　因为$\dfrac{\partial z}{\partial x}=yx^{y-1}$,$\dfrac{\partial z}{\partial y}=x^y\ln x$,所以

$$\frac{x}{y}\frac{\partial z}{\partial x}+\frac{1}{\ln x}\frac{\partial z}{\partial y}=\frac{x}{y}yx^{y-1}+\frac{1}{\ln x}x^y\ln x=x^y+x^y=2z.$$

例 5.18　已知一定量理想气体的状态方程为 $PV=RT$,其中 T 表示温度,V 表示体积,P 表示压强,R 为一常数.求证:$\dfrac{\partial P}{\partial V}\dfrac{\partial V}{\partial T}\dfrac{\partial T}{\partial P}=-1$.

证　由已知方程知,$P=\dfrac{RT}{V}$,$V=\dfrac{RT}{P}$,$T=\dfrac{PV}{R}$,所以

$$\frac{\partial P}{\partial V}=-\frac{RT}{V^2},\frac{\partial V}{\partial T}=\frac{R}{P},\frac{\partial T}{\partial P}=\frac{V}{R},$$

因此

$$\frac{\partial P}{\partial V}\frac{\partial V}{\partial T}\frac{\partial T}{\partial P}=\left(-\frac{RT}{V^2}\right)\frac{R}{P}\frac{V}{R}=-\frac{RT}{PV}=-1.$$

例 5.19 求函数 $u=\arctan\frac{x}{yz}$ 的偏导数.

解 $\frac{\partial u}{\partial x}=\frac{1}{1+\left(\frac{x}{yz}\right)^2}\cdot\frac{1}{yz}=\frac{yz}{x^2+y^2z^2}$，$\frac{\partial u}{\partial y}=\frac{1}{1+\left(\frac{x}{yz}\right)^2}\cdot\left(-\frac{x}{y^2z}\right)=-\frac{xz}{x^2+y^2z^2}$，

同理 $\frac{\partial u}{\partial z}=-\frac{yz}{x^2+y^2z^2}$.

需要指出的是，对一元函数而言，导数 $\frac{dy}{dx}$ 可看作函数的微分 dy 与自变量的微分 dx 的商，但对多元函数而言，偏导数 $\frac{\partial z}{\partial x}$ 是一个整体记号.

5.3.2 偏导数的几何意义及可偏导与连续的关系

1. 偏导数的几何意义

我们知道，对一元函数 $y=f(x)$ 而言，导数 $f'(x_0)$ 在几何上表示曲线 $y=f(x)$ 在点 $(x_0, f(x_0))$ 处切线的斜率. 二元函数 $z=f(x,y)$ 在点 (x_0,y_0) 的偏导数 $f'_x(x_0,y_0)$ 有下述的几何意义：

设 $M_0(x_0,y_0,f(x_0,y_0))$ 为曲面 $z=f(x,y)$ 上一点，过点 M_0 作平面 $y=y_0$ 截此曲面得一曲线 C_x，其方程为 $\begin{cases}z=f(x,y),\\ y=y_0,\end{cases}$ 则偏导数 $f'_x(x_0,y_0)$ 就是曲线 C_x 在点 M_0 处的切线 M_0T_x 对 x 轴的斜率，即 $f'_x(x_0,y_0)=\tan\alpha$，如图 5-26 所示. 同样，偏导数 $f'_y(x_0,y_0)$ 的几何意义是曲面 $z=f(x,y)$ 被平面 $x=x_0$ 所截得的曲线 C_y：$\begin{cases}z=f(x_0,y),\\ x=x_0,\end{cases}$ 在点 M_0 处的切线 M_0T_y 对 y 轴的斜率，即 $f'_y(x_0,y_0)=\tan\beta$.

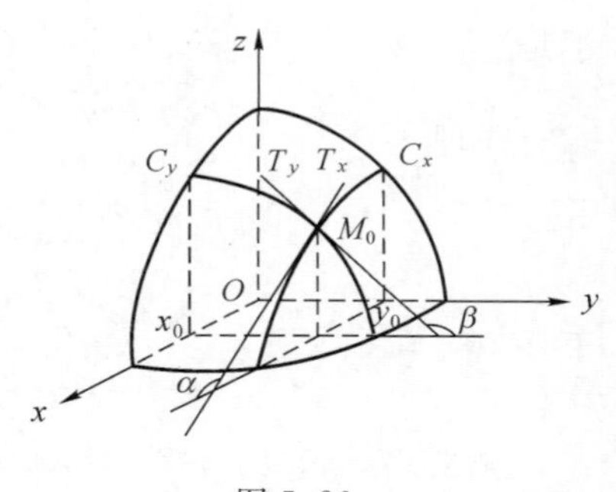

图 5-26

例 5.20 求空间曲线 $\begin{cases}z=\sin(xy),\\ x=1\end{cases}$ 在点 $(1,\pi,0)$ 处的切线对 y 轴的倾斜角.

解 所求切线对 y 轴的斜率就是 $z'_y(1,\pi)$. 而

$$z'_y(1,\pi)=\frac{d}{dy}(\sin y)\Big|_{y=\pi}=\cos y\Big|_{y=\pi}=-1,$$

所以此切线对 y 轴的倾斜角为 $\arctan(-1)=\frac{3\pi}{4}$.

2.二元函数可导性与连续性的关系

我们知道，在一元函数中，可导必定连续，但连续不一定可导，即可导是连续的充分但不必要条件.但对多元函数来讲，类似的性质并不成立，即可偏导未必连续.例如，二元函数 $z=f(x,y)$ 在点 $M_0(x_0,y_0)$ 处的偏导数 $f'_x(x_0,y_0)$ 和 $f'_y(x_0,y_0)$ 仅仅是函数沿两个特殊方向(平行于 x 轴、y 轴)的变化率；而二元函数 $z=f(x,y)$ 在点 $M_0(x_0,y_0)$ 处连续，则要求点 $M(x,y)$ 沿任何方式趋于点 $M_0(x_0,y_0)$ 时，函数值 $f(x,y)$ 都趋于 $f(x_0,y_0)$，它反映的是 $z=f(x,y)$ 在点 $M_0(x_0,y_0)$ 处的一种"全面"的性态.因此，二元函数在某点可偏导与函数在该点连续之间并没有联系.

例 5.21 讨论函数

$$f(x,y)=\begin{cases}\dfrac{xy}{x^2+y^2}, & x^2+y^2\neq 0,\\ 0, & x^2+y^2=0\end{cases}$$

在点(0,0)处的可导性与连续性.

解 $f'_x(0,0)=\lim\limits_{\Delta x\to 0}\dfrac{f(0+\Delta x,0)-f(0,0)}{\Delta x}=\lim\limits_{\Delta x\to 0}\dfrac{0-0}{\Delta x}=0.$

因函数关于自变量 x、y 是对称的，故 $f'_y(0,0)=0$，即函数在点(0,0)处可偏导.

当 (x,y) 沿着直线 $y=0$ 和 $y=x$ 趋于点(0,0)时，

$$\lim_{x\to 0}f(x,0)=\lim_{x\to 0}\frac{x\times 0}{x^2+0^2}=0,\lim_{x\to 0}f(x,x)=\lim_{y\to 0}\frac{x^2}{x^2+x^2}=\frac{1}{2},$$

这两个极限是不相等的，因此 $\lim\limits_{(x,y)\to(0,0)}f(x,y)$ 不存在，故函数在点(0,0)处不连续.此例表明，二元函数在一点不连续，但在该点可偏导.

例 5.22 讨论函数 $f(x,y)=\sqrt{x^2+y^2}$ 在点(0,0)处的可导性与连续性.

解 因为

$$f'_x(0,0)=\lim_{\Delta x\to 0}\frac{f(0+\Delta x,0)-f(0,0)}{\Delta x}=\lim_{\Delta x\to 0}\frac{|\Delta x|}{\Delta x}$$

不存在，由对称性可知，$f'_y(0,0)$ 也不存在，即函数在点(0,0)处不可导.

此极限为什么不存在?

但由二元初等函数的连续性可知，$f(x,y)=\sqrt{x^2+y^2}$ 在点(0,0)处连续.此例表明，二元函数在一点连续，但在该点不可偏导.

5.3.3 高阶偏导数

设二元函数 $z=f(x,y)$ 在区域 D 内的两个偏导数 $\dfrac{\partial z}{\partial x}=f'_x(x,y)$、$\dfrac{\partial z}{\partial y}=f'_y(x,y)$ 都存在，则在区域 D 内 $f'_x(x,y)$、$f'_y(x,y)$ 仍然是 x 和 y 的二元函数.

若$\frac{\partial z}{\partial x}$及$\frac{\partial z}{\partial y}$的偏导数也存在，则称它们是函数 $z=f(x,y)$的二阶偏导数. 根据对自变量求导次序的不同，可得下列四个二阶偏导数：

$$\frac{\partial z}{\partial x}\left(\frac{\partial z}{\partial x}\right);\quad \frac{\partial z}{\partial y}\left(\frac{\partial z}{\partial x}\right);\quad \frac{\partial z}{\partial x}\left(\frac{\partial z}{\partial y}\right);\quad \frac{\partial z}{\partial y}\left(\frac{\partial z}{\partial y}\right).$$

分别记为

$$\frac{\partial^2 z}{\partial x^2}, z''_{xx}(x,y)\text{或} f''_{xx}(x,y);\frac{\partial^2 z}{\partial x\partial y}, z''_{xy}(x,y)\text{或} f''_{xy}(x,y);$$

$$\frac{\partial^2 z}{\partial y\partial x}, z''_{yx}(x,y)\text{或} f''_{yx}(x,y);\frac{\partial^2 z}{\partial y^2}, z''_{yy}\text{或} f''_{yy}(x,y).$$

其中第二个、第三个偏导数称为混合偏导数.

同样可得三阶、四阶……以及 n 阶偏导数. 二阶及二阶以上的偏导数统称为高阶偏导数. 同样，可对三元及三元以上的函数定义高阶偏导数.

注 $\frac{\partial^2 z}{\partial x\partial y}=f''_{xy}(x,y)$是先对 x 求偏导数，再对 y 求偏导数.

二元函数的三阶及三阶以上的偏导数和三元及三元以上的函数的高阶偏导数的记法与二元函数的二阶偏导数的记法类似，如

$$\frac{\partial z}{\partial x}\left(\frac{\partial^3 z}{\partial x^2\partial y}\right)=\frac{\partial^4 z}{\partial x^2\partial y\partial x}, \frac{\partial u}{\partial y}\left(\frac{\partial^3 u}{\partial z^2\partial x}\right)=\frac{\partial^4 u}{\partial z^2\partial x\partial y}.$$

例 5.23 求二元函数 $z=x^2ye^{x-y}$所有二阶偏导数及$\frac{\partial^3 z}{\partial y^2\partial x}$.

解 因为$\frac{\partial z}{\partial x}=2xye^{x-y}+x^2ye^{x-y}=(2xy+x^2y)e^{x-y}$,

$$\frac{\partial z}{\partial y}=x^2e^{x-y}+x^2ye^{x-y}\cdot(-1)=(x^2-x^2y)e^{x-y}.$$

所以

$$\frac{\partial^2 z}{\partial x^2}=\frac{\partial}{\partial x}[(2xy+x^2y)e^{x-y}]=(2y+4xy+x^2y)e^{x-y},$$

$$\frac{\partial^2 z}{\partial x\partial y}=\frac{\partial}{\partial y}[(2xy+x^2y)e^{x-y}]=(2y+x^2-2xy-x^2y)e^{x-y},$$

$$\frac{\partial^2 z}{\partial y\partial x}=\frac{\partial}{\partial x}[(x^2-x^2y)e^{x-y}]=(2y-2xy+x^2-x^2y)e^{x-y},$$

$$\frac{\partial^2 z}{\partial y^2}=\frac{\partial}{\partial y}[(x^2-x^2y)e^{x-y}]=(-2x^2+x^2y)e^{x-y},$$

以及

$$\frac{\partial^2 z}{\partial y^2\partial x}=\frac{\partial}{\partial x}[(-2x^2+x^2y)e^{x-y}]=(-4x+2xy-2x^2+x^2y)e^{x-y}.$$

我们发现，在例 5.23 中，$\frac{\partial^2 z}{\partial x\partial y}=\frac{\partial^2 z}{\partial y\partial x}$，即两个二阶混合偏导数相等. 现在的问题是，如果二阶混合偏导数都存在，它们是否一定相等呢？我们来考察下面的例子.

例 5.24　设 $f(x,y)=\begin{cases} xy\dfrac{x^2-y^2}{x^2+y^2}, & x^2+y^2\neq 0, \\ 0, & x^2+y^2=0, \end{cases}$ 求 $f''_{xy}(x,y)$，$f''_{yx}(x,y)$.

解　由于

$$f'_x(x,y)=\begin{cases} y\left[\dfrac{x^2-y^2}{x^2+y^2}+\dfrac{4x^2y^2}{(x^2+y^2)^2}\right], & x^2+y^2\neq 0, \\ 0, & x^2+y^2=0 \end{cases}$$

$$f'_y(x,y)=\begin{cases} x\left[\dfrac{x^2-y^2}{x^2+y^2}-\dfrac{4x^2y^2}{(x^2+y^2)^2}\right], & x^2+y^2\neq 0, \\ 0, & x^2+y^2=0 \end{cases}$$

其中

$$f'_x(0,0)=\lim_{\Delta x\to 0}\frac{f(0+\Delta x)-f(0,0)}{\Delta x}=\lim_{\Delta x\to 0}\frac{0-0}{\Delta x}=0;$$

同理 $f'_y(0,0)=0$，因此

$$f''_{xy}(0,0)=\lim_{\Delta y\to 0}\frac{f'_x(0,0+\Delta y)-f'_x(0,0)}{\Delta y}=\lim_{\Delta y\to 0}\frac{-\Delta y}{\Delta y}=-1,$$

$$f''_{yx}(0,0)=\lim_{\Delta x\to 0}\frac{f'_y(0+\Delta x,0)-f'_y(0,0)}{\Delta x}=\lim_{\Delta x\to 0}\frac{\Delta x}{\Delta x}=1.$$

在例 5.24 中，$f''_{xy}(0,0)\neq f''_{yx}(0,0)$，这表明二元函数在某点处的两个混合偏导数都存在时，两者也未必相等. 那么在什么条件下两个混合偏导数相等？我们不加证明地给出下列结论.

定理 5.4　若二元函数 $z=f(x,y)$ 的两个二阶混合偏导数 $f''_{xy}(x,y)$ 及 $f''_{yx}(x,y)$ 在区域 D 内连续，则在该区域内这两个二阶混合偏导数必相等.

此定理告诉我们，对于二元函数，两个二阶混合偏导数在连续的条件下与求导次序无关. 而对于二元以上的函数，高阶混合偏导数在偏导数连续的条件下也与求导的次序无关.

另外需要指出的是，定理 5.4 的逆命题未必成立.

例 5.25　验证函数 $u=\dfrac{k}{r}$（k 为满足常数）满足方程 $\dfrac{\partial^2 u}{\partial x^2}+\dfrac{\partial^2 u}{\partial y^2}+\dfrac{\partial^2 u}{\partial z^2}=0$，其中 $r=\sqrt{x^2+y^2+z^2}$.

证　$\dfrac{\partial u}{\partial x}=-\dfrac{k}{r^2}\cdot\dfrac{\partial r}{\partial x}=-\dfrac{k}{r^2}\cdot\dfrac{x}{\sqrt{x^2+y^2+z^2}}=-\dfrac{kx}{r^3}$,

$$\frac{\partial^2 u}{\partial x^2}=\frac{\partial}{\partial x}\left(-\frac{kx}{r^3}\right)=-\frac{k}{r^3}+\frac{3kx}{r^4}\cdot\frac{\partial r}{\partial x}=-\frac{k}{r^3}+\frac{3kx^2}{r^5}.$$

由于函数 u 关于自变量对称，所以

$$\frac{\partial^2 u}{\partial y^2}=-\frac{k}{r^3}+\frac{3ky^2}{r^5},\ \frac{\partial^2 u}{\partial z^2}=-\frac{k}{r^3}+\frac{3kz^2}{r^5},$$

因此

$$\frac{\partial^2 u}{\partial x^2}+\frac{\partial^2 u}{\partial y^2}+\frac{\partial^2 u}{\partial z^2}=-\frac{3k}{r^3}+\frac{3k(x^2+y^2+z^2)}{r^5}=-\frac{3k}{r^3}+\frac{3k}{r^3}=0.$$

习 题 5.3

1. 设 $z=f(x,y)$ 在 (x_0,y_0) 处的偏导数分别为 $f'_x(x_0,y_0)=a$，$f'_y(x_0,y_0)=b$，求 $\lim\limits_{h\to 0}\frac{f(x_0-2h,y_0)-f(x_0,y_0)}{h}$ 和 $\lim\limits_{h\to 0}\frac{f(x_0,y_0+h)-f(x_0,y_0-h)}{h}$.

2. 求下列函数的一阶偏导数：

(1) $z=x^3y-xy^3$；　　(2) $z=\sin x\ln\sqrt{x^2+y^2}$；

(3) $z=(1+xy)^y$；　　(4) $z=\ln\tan\frac{x}{y}$；

(5) $u=\left(\frac{y}{x}\right)^z$；　　(6) $u=\arctan(x-y)^z$.

3. 设 $z=\sin\frac{x}{y}\cos\frac{y}{x}$，求 $\left.\frac{\partial z}{\partial x}\right|_{(2,\pi)}$，$\left.\frac{\partial z}{\partial y}\right|_{(2,\pi)}$.

4. 设 $f(x,y)=(x+y)^{2y}+(y^2-1)\arcsin\sqrt{\frac{x}{y}}$，求 $f'_x(x,1)$.

5. 求曲线 $\begin{cases}z=\sqrt{1+x^2+y^2},\\ y=-1\end{cases}$ 在点 $(1,-1,\sqrt{3})$ 处的切线与 x 轴的倾斜角.

6. 求函数 $f(x,y)=\begin{cases}\frac{xy}{\sqrt{x^2+y^2}}, & x^2+y^2\neq 0,\\ 0, & x^2+y^2=0\end{cases}$ 的一阶偏导数.

7. 验证函数 $u=(x-y)(y-z)(z-x)$ 满足方程 $\frac{\partial u}{\partial x}+\frac{\partial u}{\partial y}+\frac{\partial u}{\partial z}=0$.

8. 求下列函数的二阶偏导数：

(1) $z=e^{xy}\cos y$；　　(2) $z=x^{2y}$；

(3) $z=\arcsin\sqrt{\frac{x-y}{x}}$；　　(4) $z=\arctan\frac{x+y}{1-xy}$.

9. 设 $z=x^3\sin y+y^3\sin x$，求 $\frac{\partial^6 z}{\partial x^3\partial y^3}$.

10. 验证函数 $u=\sqrt{x^2+y^2+z^2}$ 满足方程 $\frac{\partial^2 u}{\partial x^2}+\frac{\partial^2 u}{\partial y^2}+\frac{\partial^2 u}{\partial z^2}=\frac{2}{u}$.

习题 5.3 详解

5.4 全微分及其应用

5.4.1 全微分的概念

在第2.5节中，我们介绍了一元函数的微分，即如果函数 $y=f(x)$ 在点 x_0 处的增量 $\Delta y=f(x_0+\Delta x)-f(x_0)$ 可表示为

$$\Delta y=A\Delta x+o(\Delta x)\text{（其中 } A \text{ 为与 } \Delta x \text{ 无关的常数），}$$

则称函数 $y=f(x)$ 在点 x_0 处可微，$A\Delta x$ 称为函数 $y=f(x)$ 在点 x_0 处的微分，记为 $\mathrm{d}y\big|_{x=x_0}$；并证明了如果函数 $y=f(x)$ 在点 x_0 处可微，则函数 $y=f(x)$ 在点 x_0 处可导，且 $A=f'(x_0)$，从而有 $\mathrm{d}y\big|_{x=x_0}=f'(x_0)\mathrm{d}x$（这里 $\mathrm{d}x=\Delta x$）. 因此得到 Δy 的一个简便的近似计算公式

$$\Delta y\approx \mathrm{d}y\big|_{x=x_0}=f'(x_0)\Delta x.$$

对于多元函数，我们把当所有自变量都发生变化时，函数值的改变量称为此函数的全增量. 由于自变量个数的增加，使得全增量的计算显得更为复杂. 例如底半径为 r，高为 h 的圆柱体体积为 $V=\pi r^2 h$，当 r 和 h 分别取得增量 Δr 和 Δh 时，体积的全增量 ΔV 为

$$\begin{aligned}\Delta V&=\pi(r+\Delta r)^2(h+\Delta h)-\pi r^2 h\\&=\pi[2rh\Delta r+r^2\Delta h+2r\Delta r\Delta h+h(\Delta r)^2+(\Delta r)^2\Delta h].\end{aligned}$$

由上式可见，ΔV 的计算是比较烦琐的. 因此有如下的设想：能否像一元函数一样，有一个简便的近似计算公式呢？事实上不难发现，当 $(\Delta r,\Delta h)\to(0,0)$ 时，上式括号内后三项 $2r\Delta r\Delta h+h(\Delta r)^2+(\Delta r)^2\Delta h$ 是 $\sqrt{(\Delta r)^2+(\Delta h)^2}$ 的高阶无穷小，即

$$\lim_{(\Delta r,\Delta h)\to(0,0)}\frac{2r\Delta r\Delta h+h(\Delta r)^2+(\Delta r)^2\Delta h}{\sqrt{(\Delta r)^2+(\Delta h)^2}}=0.$$

你会计算此极限吗？

于是当 $|\Delta r|$ 和 $|\Delta h|$ 充分小时，$2r\Delta r\Delta h+h(\Delta r)^2+(\Delta r)^2\Delta h$ 的值很小从而可忽略不计，所以有

$$\Delta V\approx\pi(2rh\Delta r+r^2\Delta h),$$

而右边表达式为 Δr 和 Δh 的线性函数，计算起来非常简单，因此可以很容易地得到全增量 ΔV 的近似值.

由多元函数全增量的这种局部线性近似性，并参照一元函数微分的定义，可以给出二元函数全微分的定义.

定义 5.6 设二元函数 $z=f(x,y)$ 在点 $P_0(x_0,y_0)$ 的某个邻域内有定义，如果函数在点

$P_0(x_0,y_0)$处的全增量

$$\Delta z=f(x_0+\Delta x,y_0+\Delta y)-f(x_0,y_0)$$

(这里点$(x_0+\Delta x,y_0+\Delta y)$仍在该邻域内)可表示为

$$\Delta z=A\Delta x+B\Delta y+o(\rho). \tag{5-16}$$

其中A、B不依赖于Δx、Δy,而仅与x、y有关;$\rho=\sqrt{(\Delta x)^2+(\Delta y)^2}$,$o(\rho)$是当$\rho\to 0$时$\rho$的高阶无穷小.则称二元函数$z=f(x,y)$在点$P_0(x_0,y_0)$处可微,并把$A\Delta x+B\Delta y$称为二元函数$z=f(x,y)$在点$P_0(x_0,y_0)$处的全微分,记为$\mathrm{d}z\Big|_{(x_0,y_0)}$或$\mathrm{d}f(x,y)\Big|_{(x_0,y_0)}$,即

$$\mathrm{d}z\Big|_{(x_0,y_0)}=A\Delta x+B\Delta y. \tag{5-17}$$

由于$\mathrm{d}z\Big|_{(x_0,y_0)}$是$\Delta x$和$\Delta y$的线性函数,且与$\Delta z$仅相差一个$\rho$的高阶无穷小$o(\rho)$,因此$\mathrm{d}z\Big|_{(x_0,y_0)}$也称为$\Delta z$的线性主部.当$|\Delta x|$和$|\Delta y|$充分小时,有

$$\Delta z\approx \mathrm{d}z\Big|_{(x_0,y_0)}=A\Delta x+B\Delta y.$$

定义中的$\rho=\sqrt{(\Delta x)^2+(\Delta y)^2}$表示点$(x_0+\Delta x,y_0+\Delta y)$与点$(x_0,y_0)$之间的距离,因此可得$\rho\to 0$与$(\Delta x,\Delta y)\to(0,0)$是等价的.

与一元函数的情形一样,易知$\Delta x=\mathrm{d}x$,$\Delta y=\mathrm{d}y$,即自变量的增量就是自变量的微分,因此式(5-17)又可写为

$$\mathrm{d}z\Big|_{(x_0,y_0)}=A\mathrm{d}x+B\mathrm{d}y. \tag{5-18}$$

在定义中,如果$\Delta y=0$,则全增量Δz即为关于x的偏增量

$$\Delta z=\Delta_x z=f(x_0+\Delta x,y_0)-f(x_0,y_0),$$

此时式(5-16)为

$$\Delta_x z=A\Delta x+o(\Delta x), \tag{5-19}$$

称$A\Delta x$或$A\mathrm{d}x$为二元函数$z=f(x,y)$在点$P_0(x_0,y_0)$处关于x的偏微分.同理,称$B\Delta y$或$B\mathrm{d}y$为二元函数$z=f(x,y)$在点$P_0(x_0,y_0)$处关于y的偏微分.

式(5-17)或式(5-18)表明:二元函数的全微分等于各偏微分的和.并且当$|\Delta x|$和$|\Delta y|$充分小时,偏增量与偏微分之间有下列关系:

$$\Delta_x z\approx A\Delta x,\Delta_y z\approx B\Delta y.$$

如果二元函数$z=f(x,y)$在区域D内的每一点都可微,则称$f(x,y)$在区域D内可微,并称$f(x,y)$为D内的可微函数,二元函数$z=f(x,y)$的全微分记为$\mathrm{d}z$或$\mathrm{d}f(x,y)$.

类似地,我们可以定义三元及三元以上的函数的全微分.与二元函数一样,当三元及三元以上的函数可微时,其全微分也等于各偏微分的和,并称上述结论为全微分的叠加原理.

5.4.2 二元函数可微的必要条件与充分条件

我们知道,对一元函数而言,可微与可导是等价的.对二元函数,可微与可导是否等价?它们之间有着什么关系?全微分定义中的与Δx、Δy无关的常数A、B是什么?下面我们来

逐步解决上述这一系列问题.

定理 5.5(可微的必要条件) 若二元函数 $z=f(x,y)$ 在点 (x_0,y_0) 处可微,则

(1) $f(x,y)$ 在点 (x_0,y_0) 处连续;

(2) $f(x,y)$ 在点 (x_0,y_0) 处可偏导,且有 $A=f'_x(x_0,y_0)$,$B=f'_y(x_0,y_0)$,从而 $z=f(x,y)$ 在点 (x_0,y_0) 处的全微分为

$$dz\Big|_{(x_0,y_0)}=f'_x(x_0+y_0)dx+f'_y(x_0,y_0)dy. \tag{5-20}$$

证 (1)因为 $z=f(x,y)$ 在点 (x_0,y_0) 处可微,所以

$$\Delta z=A\Delta x+B\Delta y+o(\rho),$$

其中 A、B 不依赖于 Δx 和 Δy,而仅与 x 和 y 有关. 令 $\rho\to 0$,则

$$\lim_{\rho\to 0}\Delta z=\lim_{(\Delta x,\Delta y)\to(0,0)}(A\Delta x+B\Delta y+o(\rho))=0,$$

所以 $f(x,y)$ 在点 (x_0,y_0) 处连续.

(2)当 $\Delta y=0$ 时,由式(5-16)得

$$\frac{\Delta_x z}{\Delta x}=A+\frac{o(\Delta x)}{\Delta x},$$

所以

$$\lim_{\Delta x\to 0}\frac{\Delta_x z}{\Delta x}=\lim_{\Delta x\to 0}\left(A+\frac{o(\Delta x)}{\Delta x}\right)=A,$$

即 $f'_x(x_0,y_0)$ 存在,且 $f'_x(x_0,y_0)=A$.

同理可得,$f'_y(x_0,y_0)$ 存在,且 $f'_y(x_0,y_0)=B$. 于是由式(5-18)即得式(5-20).

如果二元函数 $z=f(x,y)$ 在区域 D 内可微,则可得其全微分为

$$dz=f'_x(x,y)dx+f'_y(x,y)dy=\frac{\partial z}{\partial x}dx+\frac{\partial z}{\partial y}dy. \tag{5-21}$$

其中 $f'_x(x,y)dx$、$f'_y(x,y)dy$ 分别为关于 x、y 的偏微分.

对于三元及三元以上的函数的全微分,也有类似的结果. 例如,若三元函数 $u=f(x,y,z)$ 在空间区域 Ω 内可微,由叠加原理可知其全微分为

$$du=\frac{\partial u}{\partial x}dx+\frac{\partial u}{\partial y}dy+\frac{\partial u}{\partial z}dz.$$

由定理 5.5 可知,如果 $f(x,y)$ 在点 (x_0,y_0) 处不连续或不可偏导,则 $f(x,y)$ 在点 (x_0,y_0) 处必不可微.

你知道为什么吗?

例如,由例 5.21 知二元函数

$$f(x,y)=\begin{cases}\dfrac{xy}{x^2+y^2}, & x^2+y^2\neq 0,\\ 0, & x^2+y^2=0\end{cases}$$

在点(0,0)处可偏导,但在点(0,0)处不连续,所以此函数在点(0,0)处不可微.

又如,由例 5.22 知二元函数 $f(x,y)=\sqrt{x^2+y^2}$ 在点(0,0)处连续,但在点(0,0)处不可偏导,所以此函数在点(0,0)处不可微.

定理 5.5(2)表明,二元函数可微的条件比可偏导强.那么在二元函数可偏导的前提下,还需要什么条件才能使得二元函数可微?由全微分的定义及定理 5.5 我们不难得到以下定理.

定理 5.6(可微的充分必要条件) 若二元函数 $z=f(x,y)$ 在点 (x_0,y_0) 处可偏导,则 $f(x,y)$ 在点 (x_0,y_0) 处可微的充分必要条件为

$$\Delta z-f'_x(x_0,y_0)\mathrm{d}x-f'_y(x_0,y_0)\mathrm{d}y=o(\rho),$$

即

$$\lim_{\rho\to 0}\frac{\Delta z-[f'_x(x_0,y_0)\Delta x+f'_y(x_0,y_0)\Delta y]}{\rho}=0.$$

为什么?

证 若 $z=f(x,y)$ 在点 (x_0,y_0) 处可微,由定理 5.5(2)知,$A=f'_x(x_0,y_0)$,$B=f'_y(x_0,y_0)$,则由式(5-16)得

$$\Delta z=f'_x(x_0,y_0)\mathrm{d}x+f'_y(x_0,y_0)\mathrm{d}y+o(\rho),$$

即

$$\Delta z-f'_x(x_0,y_0)\mathrm{d}x-f'_y(x_0,y_0)\mathrm{d}y=o(\rho).$$

反之,由全微分的定义即得 $z=f(x,y)$ 在点 (x_0,y_0) 处可微.

例 5.26 讨论二元函数

$$z=f(x,y)=\begin{cases}\dfrac{xy}{\sqrt{x^2+y^2}}, & x^2+y^2\neq 0,\\ 0, & x^2+y^2=0\end{cases}$$

在点(0,0)处的可微性.

解 易知 $z=f(x,y)$ 在点(0,0)处连续且可偏导,$f'_x(0,0)=0$,$f'_y(0,0)=0$.但

$$\lim_{\rho\to 0}\frac{\Delta z-f'_x(0,0)\Delta x-f'_y(0,0)\Delta y}{\rho}=\lim_{\rho\to 0}\frac{\Delta z}{\rho}=\lim_{(\Delta x,\Delta y)\to(0,0)}\frac{\Delta x\Delta y}{(\Delta x)^2+(\Delta y)^2}$$

不存在,所以此函数在点(0,0)处不可微.

为什么此极限不存在?

例 5.26 表明:即使二元函数 $z=f(x,y)$ 在点 (x_0,y_0) 处既连续又可偏导,也不能得出此函数在点 (x_0,y_0) 处可微.

作为定理 5.6 的一种特例,我们可给出以下定理.

定理 5.7(可微的充分条件) 如果二元函数 $z=f(x,y)$ 在点 (x_0,y_0) 的某邻域内处处可偏导，且偏导函数 $f'_x(x,y)$、$f'_y(x,y)$ 在点 (x_0,y_0) 处连续，则二元函数 $z=f(x,y)$ 在点 (x_0,y_0) 处可微.

证 只要证明在定理条件下，有 $dz=f'_x(x_0,y_0)dx+f'_y(x_0,y_0)dy$.

当 $|\Delta x|$ 和 $|\Delta y|$ 都充分小时，函数的全增量

$$\begin{aligned}\Delta z&=f(x_0+\Delta x,y_0+\Delta y)-f(x_0,y_0)\\&=[f(x_0+\Delta x,y_0+\Delta y)-f(x_0,y_0+\Delta y)]\\&\quad+[f(x_0,y_0+\Delta y)-f(x_0,y_0)].\end{aligned}$$

由一元函数的微分中值定理可知，存在 $0<\theta_1,\theta_2<1$，使得

$$f(x_0+\Delta x,y_0+\Delta y)-f(x_0,y_0+\Delta y)=f'_x(x_0+\theta_1\Delta x,y_0+\Delta y)\Delta x,$$
$$f(x_0,y_0+\Delta y)-f(x_0,y_0)=f'_y(x_0,y_0+\theta_2\Delta y)\Delta y,$$

所以

$$\begin{aligned}&\lim_{\rho\to0}\frac{\Delta z-[f'_x(x_0,y_0)\Delta x+f'_y(x_0,y_0)\Delta y]}{\rho}\\&=\lim_{\rho\to0}[f'_x(x_0+\theta_1\Delta x,y_0+\Delta y)-f'_x(x_0,y_0)]\frac{\Delta x}{\rho}\\&\quad+\lim_{\rho\to0}[f'_y(x_0,y_0+\theta_2\Delta y)-f'_y(x_0,y_0)]\frac{\Delta y}{\rho}.\end{aligned}$$

由偏导数的连续性，有

$$\lim_{\rho\to0}[f'_x(x_0+\theta_1\Delta x,y_0+\Delta y)-f'_x(x_0,y_0)]=0,$$
$$\lim_{\rho\to0}[f'_y(x_0,y_0+\theta_2\Delta y)-f'_y(x_0,y_0)]=0,$$

又因为 $\left|\dfrac{\Delta x}{\rho}\right|\leqslant1$，$\left|\dfrac{\Delta y}{\rho}\right|\leqslant1$，所以

$$\lim_{\rho\to0}\frac{\Delta z-[f'_x(x_0,y_0)\Delta x+f'_y(x_0,y_0)\Delta y]}{\rho}=0,$$

你会证明吗？

于是由定理 5.6 知，函数 $f(x,y)$ 在点 (x_0,y_0) 处可微.

二元函数在一点可微的充分条件，可以完全类似地推广到一般的二元及二元以上函数的情形. 例如，如果二元函数 $z=f(x,y)$ 在区域 D 内处处可偏导，且偏导函数 $f'_x(x,y)$、$f'_y(x,y)$ 在区域 D 内连续，则二元函数 $z=f(x,y)$ 在区域 D 内可微.

又如，如果三元函数 $u=f(x,y,z)$ 在空间区域 Ω 内处处可偏导，且偏导函数 $f'_x(x,y,z)$、$f'_y(x,y,z)$、$f'_z(x,y,z)$ 在空间区域 Ω 内连续，则三元函数 $u=f(x,y,z)$ 在空间区域 Ω 内可微.

例 5.27 求函数 $z=\ln(2x^2+y^2)$ 在点 $(-1,1)$ 处的全微分.

解 因为

$$f'_x(x,y)=\frac{\mathrm{d}}{\mathrm{d}x}[\ln(2x^2+y^2)]=\frac{4x}{2x^2+y^2},$$

$$f'_y(x,y)=\frac{\mathrm{d}}{\mathrm{d}y}[\ln(2x^2+y^2)]=\frac{2y}{2x^2+y^2},$$

所以 $f'_x(-1,1)=-\frac{4}{3}$，$f'_y(-1,1)=\frac{2}{3}$，于是

$$\mathrm{d}z\Big|_{(-1,1)}=f'_x(-1,1)\mathrm{d}x+f'_y(-1,1)\mathrm{d}y=-\frac{4}{3}\mathrm{d}x+\frac{2}{3}\mathrm{d}y.$$

例 5.28 求函数 $u=(xy)^z$ 的全微分.

解 因为

$$\frac{\partial u}{\partial x}=yz(xy)^{z-1},\frac{\partial u}{\partial y}=xz(xy)^{z-1},\frac{\partial u}{\partial z}=(xy)^z\ln(xy),$$

所以

$$\mathrm{d}u=yz(xy)^{z-1}\mathrm{d}x+xz(xy)^{z-1}\mathrm{d}y+(xy)^z\ln(xy)\mathrm{d}z.$$

5.4.3 全微分在近似计算中的应用

由二元函数全微分的定义以及全微分存在的充分条件可知，当二元函数 $z=f(x,y)$ 在某点 $P(x,y)$ 的两个偏导数 $f'_x(x,y)$、$f'_y(x,y)$ 连续，且 $|\Delta x|$ 和 $|\Delta y|$ 都较小时，有近似等式

$$\Delta z\approx \mathrm{d}z=f'_x(x,y)\Delta x+f'_y(x,y)\Delta y. \tag{5-22}$$

上式也可写成

$$f(x+\Delta x,y+\Delta y)\approx f(x,y)+f'_x(x,y)\Delta x+f'_y(x,y)\Delta y. \tag{5-23}$$

如果 $f(x,y)$、$f'_x(x,y)$、$f'_y(x,y)$ 都容易计算，且 $|\Delta x|$ 和 $|\Delta y|$ 都较小，则公式(5-22)可以用来近似计算函数的全增量 Δz；而公式(5-23)可以近似计算函数值 $f(x+\Delta x,y+\Delta y)$. 另外用公式(5-22)或(5-23)进行近似计算时，首先要选择函数 $f(x,y)$，其次要选定 x、y、Δx 及 Δy，最后代入公式计算.

例 5.29 求 $\sqrt[3]{(2.02)^2+(1.99)^2}$ 的近似值.（精确到小数点后四位）

解 设函数 $z=f(x,y)=\sqrt[3]{x^2+y^2}$，即计算 $f(x,y)$ 在点(2.02,1.99)处的近似值，因 $f(2,2)=\sqrt[3]{2^2+2^2}=2$，取 $x=2$，$y=2$，$\Delta x=0.02$，$\Delta y=-0.01$，代入公式(5-23)，得

$$f(2.02,1.99)\approx f(2,2)+f'_x(2,2)\Delta x+f'_y(2,2)\Delta y.$$

而

$$f'_x(2,2)\Delta x=\frac{2x}{\sqrt[3]{(x^2+y^2)^2}}\Bigg|_{(2,2)}\cdot\Delta x=\frac{2}{3}\times\frac{2}{\sqrt[3]{8^2}}\times 0.02=\frac{0.02}{3},$$

$$f'_y(2,2)\Delta y=\frac{2x}{\sqrt[3]{(x^2+y^2)^2}}\Bigg|_{(2,2)}\cdot\Delta y=\frac{2}{3}\times\frac{2}{\sqrt[3]{8^2}}\times(-0.01)=-\frac{0.01}{3},$$

所以

$$\sqrt[3]{(2.02)^2+(1.99)^2}=f(2.02,1.99)\approx 2+\frac{0.02}{3}-\frac{0.01}{3}\approx 2.0033.$$

例 5.30　扇形的中心角 $\alpha=60^{\circ}$，半径 $R=20\text{m}$，如果将中心角增加 1°，为了使扇形面积不变，应该把扇形半径减少多少？(精确到小数点后三位)

解　由扇形面积 $S=\frac{1}{2}R^{2}\alpha$，得 $R=\sqrt{\frac{2S}{\alpha}}$. 由题设

$$\alpha=\frac{\pi}{3},S=\frac{1}{2}\cdot(20)^{2}\cdot\frac{\pi}{3}=\frac{200}{3}\pi,\Delta\alpha=\frac{\pi}{180},\Delta S=0.$$

则由公式(5-22)有

$$\Delta R\approx\frac{\partial R}{\partial S}\Delta S+\frac{\partial R}{\partial\alpha}\Delta\alpha=-\sqrt{\frac{S}{2\alpha^{3}}}\Delta\alpha,$$

故所求 R 的减少量约为

$$\sqrt{\frac{\frac{200}{3}\pi}{2\left(\frac{\pi}{3}\right)^{3}}}\cdot\frac{\pi}{180}=\frac{1}{6}\approx0.167(\text{m}).$$

习　题　5.4

1. 求函数 $z=\frac{y}{x}$ 当 $x=2$、$y=1$、$\Delta x=0.1$、$\Delta y=-0.2$ 时的全增量和全微分.

2. 求下列函数的全微分：

(1) $z=\ln\sqrt{x^{2}+2y^{2}}$；

(2) $z=e^{xy}\sin(x+y^{2})$；

(3) $u=x^{yz}$；

(4) $z=\arcsin\frac{x}{y}(y>x>0)$.

3. 求下列函数在指定点的全微分：

(1) $z=\ln(1+x^{2}+y^{2})$，在点 $(-1,2)$ 处；

(2) $u=\left(\frac{x}{y}\right)^{\frac{1}{z}}$，在点 $(1,1,1)$ 处.

4. 设 $F(x,y)=\frac{1}{2}\int_{0}^{x^{2}+y^{2}}f(t)\mathrm{d}t$，其中 f 为连续函数，求 $\mathrm{d}F(1,2)$.

5. 讨论函数 $f(x,y)=|x|+\sin(xy)$ 在点 $(0,0)$ 处的可微性.

6. 设 $f(x,y)=\begin{cases}xy\sin\frac{1}{\sqrt{x^{2}+y^{2}}}, & x^{2}+y^{2}\neq0,\\ 0, & x^{2}+y^{2}=0.\end{cases}$ 求证：

(1) $f'_x(0,0)$、$f'_y(0,0)$ 都存在；

(2) $f'_x(x,y)$、$f'_y(x,y)$ 在点 $(0,0)$ 处都不连续；

(3) $f(x,y)$ 在点 $(0,0)$ 处可微.

并回答：二元函数偏导数连续是可微的什么条件？

7. 利用函数的全微分计算下列各式的近似值：

(1) $(0.98)^{2.03}$；

(2) $2\cdot(2.03)^3+(2.03)\cdot(0.98)-(0.98)^3$；

(3) $\sqrt{(1.02)^3+(1.97)^3}$；

(4) $\ln(\sqrt[3]{1.03}+\sqrt[4]{0.98}-1)$.

8. 某单位准备用水泥做一个开顶长方体水池，它的外形尺寸为长 5m，宽 4m，高 3m，它的四壁及底的厚度为 10cm，求大约需用多少立方米水泥？

习题 5.4 详解

5.5 多元复合函数的求导法则

5.5.1 多元复合函数的求导法则

在一元函数微分学中，我们已经介绍了复合函数的求导法则：如果函数 $u=\varphi(x)$ 在点 x 处可导，函数 $y=f(u)$ 在对应点 $u=\varphi(x)$ 处可导，则复合函数 $y=f[\varphi(x)]$ 在点 x 处可导，且

$$\frac{\mathrm{d}y}{\mathrm{d}x}=\frac{\mathrm{d}y}{\mathrm{d}u}\frac{\mathrm{d}u}{\mathrm{d}x}.$$

这一法则称为一元复合函数的链式求导法则，它在一元函数微分学中起着重要的作用. 现在我们将其推广到多元复合函数的情形.

下面按照多元复合函数不同的复合情形，分三种情况讨论.

1. 复合函数的中间变量均为一元函数的情形

定理 5.8 如果函数 $u=\varphi(t)$ 及 $v=\psi(t)$ 都在点 t 处可导，函数 $z=f(u,v)$ 在对应点 (u,v) 处具有连续偏导数，则复合函数 $z=f[\varphi(t),\psi(t)]$ 在点 t 处可导，且有

$$\frac{\mathrm{d}z}{\mathrm{d}t}=\frac{\partial z}{\partial u}\frac{\mathrm{d}u}{\mathrm{d}t}+\frac{\partial z}{\partial v}\frac{\mathrm{d}v}{\mathrm{d}t}. \tag{5-24}$$

证 设 t 获得增量 Δt，此时 $u=\varphi(t)$、$v=\psi(t)$ 的对应增量为 Δu、Δv. 由此，函数 $z=f(u,v)$ 相应地获得增量 Δz. 已知函数 $z=f(u,v)$ 在点 (u,v) 处具有连续偏导数，由全微分的定义及可微的充分条件得

$$\Delta z=\frac{\partial z}{\partial u}\Delta u+\frac{\partial z}{\partial v}\Delta v+o(\rho),$$

这里，$\rho=\sqrt{(\Delta u)^2+(\Delta v)^2}$. 将上式两边各除以 Δt，得

$$\frac{\Delta z}{\Delta t}=\frac{\partial z}{\partial u}\frac{\Delta u}{\Delta t}+\frac{\partial z}{\partial v}\frac{\Delta v}{\Delta t}+\frac{o(\rho)}{\Delta t}. \tag{5-25}$$

因为当 $\Delta t\to 0$ 时，$\Delta u\to 0$，$\Delta v\to 0$，$\frac{\Delta u}{\Delta t}\to\frac{\mathrm{d}u}{\mathrm{d}t}$，$\frac{\Delta v}{\Delta t}\to\frac{\mathrm{d}v}{\mathrm{d}t}$，所以

$$\lim_{\Delta t\to 0}\left|\frac{\rho}{\Delta t}\right|=\lim_{\Delta t\to 0}\left|\frac{\sqrt{(\Delta u)^2+(\Delta v)^2}}{\Delta t}\right|=\lim_{\Delta t\to 0}\sqrt{\left(\frac{\Delta u}{\Delta t}\right)^2+\left(\frac{\Delta v}{\Delta t}\right)^2}$$

$$=\sqrt{\left(\frac{\mathrm{d}u}{\mathrm{d}t}\right)^2+\left(\frac{\mathrm{d}v}{\mathrm{d}t}\right)^2},$$

于是当 $\Delta t\to 0$ 时，$\frac{\rho}{\Delta t}$有界. 从而

$$\lim_{\Delta t\to 0}\frac{o(\rho)}{\Delta t}=\lim_{\Delta t\to 0}\frac{o(\rho)}{\rho}\lim_{\Delta t\to 0}\frac{\rho}{\Delta t}=0.$$

所以在式(5-25)的两边取当 $\Delta t\to 0$ 时的极限，有

$$\frac{\mathrm{d}z}{\mathrm{d}t}=\lim_{\Delta t\to 0}\frac{\Delta z}{\Delta t}=\frac{\partial z}{\partial u}\frac{\mathrm{d}u}{\mathrm{d}t}+\frac{\partial z}{\partial v}\frac{\mathrm{d}v}{\mathrm{d}t}.$$

用同样的方法，可把定理 5.8 推广到复合函数的中间变量多于两个的情形.

设 $z=f(u,v,w)$，$u=\varphi(t)$，$v=\psi(t)$ 及 $w=\omega(t)$ 复合所得的复合函数为 $z=f[\varphi(t),\psi(t),\omega(t)]$，则在与定理 5.8 相类似的条件下，此复合函数在点 t 处可导，且其导数可用下列公式计算：

请写出具体的条件.

$$\frac{\mathrm{d}z}{\mathrm{d}t}=\frac{\partial z}{\partial u}\frac{\mathrm{d}u}{\mathrm{d}t}+\frac{\partial z}{\partial v}\frac{\mathrm{d}v}{\mathrm{d}t}+\frac{\partial z}{\partial w}\frac{\mathrm{d}w}{\mathrm{d}t}. \tag{5-26}$$

公式(5-24)和公式(5-26)中的导数$\frac{\mathrm{d}z}{\mathrm{d}t}$称为全导数.

例 5.31　已知 $z=\ln(1+x^2+y^2)$，其中 $x=\mathrm{e}^{2t}$，$y=\sin t$，求$\frac{\mathrm{d}z}{\mathrm{d}t}$.

解法一　利用公式(5-24)，得$\frac{\mathrm{d}z}{\mathrm{d}t}=\frac{\partial z}{\partial x}\frac{\mathrm{d}x}{\mathrm{d}t}+\frac{\partial z}{\partial y}\frac{\mathrm{d}y}{\mathrm{d}t}$，

因为

$$\frac{\partial z}{\partial x}=\frac{2x}{1+x^2+y^2},\frac{\partial z}{\partial y}=\frac{2y}{1+x^2+y^2},\frac{\mathrm{d}x}{\mathrm{d}t}=2\mathrm{e}^{2t},\frac{\mathrm{d}y}{\mathrm{d}t}=\cos t,$$

所以

$$\frac{\mathrm{d}z}{\mathrm{d}t}=\frac{2x}{1+x^2+y^2}\cdot 2\mathrm{e}^{2t}+\frac{2y}{1+x^2+y^2}\cdot\cos t=\frac{4\mathrm{e}^{4t}+\sin(2t)}{1+\mathrm{e}^{4t}+\sin^2 t}.$$

解法二　消去中间变量 x、y，得 $z=\ln(1+\mathrm{e}^{4t}+\sin^2 t)$，所以

$$\frac{\mathrm{d}z}{\mathrm{d}t}=\frac{4\mathrm{e}^{4t}+2\sin t\cos t}{1+\mathrm{e}^{4t}+\sin^2 t}=\frac{4\mathrm{e}^{4t}+\sin(2t)}{1+\mathrm{e}^{4t}+\sin^2 t}.$$

例 5.32 设 $z=f(t^2,\arcsin t,\ln t)$，且 f 具有连续偏导数，求 $\frac{dz}{dt}$.

解 令 $u=t^2,v=\arcsin t,w=\ln t$，利用公式(5-26)，得

$$\frac{dz}{dt}=\frac{\partial z}{\partial u}\frac{du}{dt}+\frac{\partial z}{\partial v}\frac{dv}{dt}+\frac{\partial z}{\partial w}\frac{dw}{dt}=2tf'_u+\frac{f'_v}{\sqrt{1-t^2}}+\frac{f'_w}{t}.$$

这里 f'_u 表示 $f'_u(t^2,\arcsin t,\ln t)$，$f'_v$、$f'_w$ 与 f'_u 类似. 为了简便，习惯上常将中间变量的字母 u、v、w 依次用 1、2、3 替代，如 f'_1、f'_2、f'_3 分别表示 f'_u、f'_v、f'_w. 于是上例可记成

$$\frac{dz}{dt}=2tf'_1+\frac{f'_2}{\sqrt{1-t^2}}+\frac{f'_3}{t}.$$

例 5.33 设 $u=x^2yz\sin z,y=\cos x,z=e^x$，求 $\frac{du}{dx}$.

解 令 $w=x$，则有 $\frac{dw}{dx}=1$，且

$$\frac{\partial u}{\partial w}=\frac{\partial u}{\partial x}=2xyz\sin z,\frac{\partial u}{\partial y}=x^2z\sin z,$$

$$\frac{\partial u}{\partial z}=x^2y(\sin z+z\cos z),\frac{dy}{dx}=-\sin x,\frac{dz}{dx}=e^x,$$

所以利用公式(5-26)，得

$$\begin{aligned}\frac{du}{dx}&=\frac{\partial u}{\partial w}\frac{dw}{dx}+\frac{\partial u}{\partial y}\frac{dy}{dx}+\frac{\partial u}{\partial z}\frac{dz}{dx}\\&=2xyz\sin z+x^2z\sin z\cdot(-\sin x)+x^2y(\sin z+z\cos z)\cdot e^x\\&=xe^x\sin(e^x)(2\cos x-x\sin x)+x^2\cos xe^x[\sin(e^x)+e^x\cos(e^x)].\end{aligned}$$

请你用例 5.31 解法二的方法解此例.

2. 复合函数的中间变量均为多元函数的情形

定理 5.9 如果函数 $u=\varphi(x,y)$ 及 $v=\psi(x,y)$ 都在点 (x,y) 处具有对 x 及对 y 的偏导数，函数 $z=f(u,v)$ 在对应点 (u,v) 处具有连续偏导数，则复合函数 $z=f[\varphi(x,y),\psi(x,y)]$ 在点 (x,y) 处的两个偏导数存在，且有

$$\frac{\partial z}{\partial x}=\frac{\partial z}{\partial u}\frac{\partial u}{\partial x}+\frac{\partial z}{\partial v}\frac{\partial v}{\partial x},\frac{\partial z}{\partial y}=\frac{\partial z}{\partial u}\frac{\partial u}{\partial y}+\frac{\partial z}{\partial v}\frac{\partial v}{\partial y}. \tag{5-27}$$

事实上，当我们求 $z=f[\varphi(x,y),\psi(x,y)]$ 对 x 或对 y 的偏导数时，需将 y 或 x 看作常数，于是 $u=\varphi(x,y)$、$v=\psi(x,y)$ 仍可看作一元函数，再利用定理 5.8，将式(5-24)中的 d 改为 ∂，t 换成 x 或 y，便可得到式(5-27).

类似地，设 $u=\varphi(x,y)$、$v=\psi(x,y)$ 及 $w=\omega(x,y)$ 都在点 (x,y) 处具有对 x 及对 y 的偏导数，函数 $z=f(u,v,w)$ 在对应点 (u,v,w) 处具有连续偏导数，则复合函数 $z=f[\varphi(x,y),\psi(x,y),\omega(x,y)]$ 在点 (x,y) 处的两个偏导数都存在，且可用下列公式计算：

$$\frac{\partial z}{\partial x}=\frac{\partial z}{\partial u}\frac{\partial u}{\partial x}+\frac{\partial z}{\partial v}\frac{\partial v}{\partial x}+\frac{\partial z}{\partial w}\frac{\partial w}{\partial x},\frac{\partial z}{\partial y}=\frac{\partial z}{\partial u}\frac{\partial u}{\partial y}+\frac{\partial z}{\partial v}\frac{\partial v}{\partial y}+\frac{\partial z}{\partial w}\frac{\partial w}{\partial y}. \tag{5-28}$$

例 5.34　设 $z=e^u v^3, u=\sin(xy), v=(x+y)^2$，求$\frac{\partial z}{\partial x},\frac{\partial z}{\partial y}$.

解　利用公式(5-27)，得

$$\begin{aligned}\frac{\partial z}{\partial x}&=\frac{\partial z}{\partial u}\frac{\partial u}{\partial x}+\frac{\partial z}{\partial v}\frac{\partial v}{\partial x}=e^u v^3\cdot y\cos(xy)+3e^u v^2\cdot 2(x+y)\\&=e^{\sin(xy)}y(x+y)^6\cos(xy)+6e^{\sin(xy)}(x+y)^5;\\\frac{\partial z}{\partial y}&=\frac{\partial z}{\partial u}\frac{\partial u}{\partial y}+\frac{\partial z}{\partial v}\frac{\partial v}{\partial y}=e^u v^3\cdot x\cos(xy)+3e^u v^2\cdot 2(x+y)\\&=e^{\sin(xy)}x(x+y)^6\cos(xy)+6e^{\sin(xy)}(x+y)^5.\end{aligned}$$

请你用例 5.31 解法二的方法解此例.

例 5.35　设 $z=f(x-y,x^2y,xy+y^2)$，且 f 具有连续偏导数，求$\frac{\partial z}{\partial x},\frac{\partial z}{\partial y}$.

解　令 $u=x-y, v=x^2y, w=xy+y^2$，中间变量 u、v、w 依次用 1、2、3 代替，利用公式(5-28)，得

$$\frac{\partial z}{\partial x}=\frac{\partial z}{\partial u}\frac{\partial u}{\partial x}+\frac{\partial z}{\partial v}\frac{\partial v}{\partial x}+\frac{\partial z}{\partial w}\frac{\partial w}{\partial x}=f'_1+2xyf'_2+yf'_3;$$

$$\frac{\partial z}{\partial y}=\frac{\partial z}{\partial u}\frac{\partial u}{\partial y}+\frac{\partial z}{\partial v}\frac{\partial v}{\partial y}+\frac{\partial z}{\partial w}\frac{\partial w}{\partial y}=-f'_1+x^2f'_2+(x+2y)f'_3.$$

对于中间变量均为多元函数的复合函数，还有其他的复合关系. 例如，$u=\varphi(x,y,z)$，$v=\psi(x,y,z)$，$w=f(u,v)$复合，得复合函数 $w=f[\varphi(x,y,z),\psi(x,y,z)]$，相应地有求导公式

$$\begin{aligned}\frac{\partial w}{\partial x}&=\frac{\partial w}{\partial u}\frac{\partial u}{\partial x}+\frac{\partial w}{\partial v}\frac{\partial v}{\partial x},\\\frac{\partial w}{\partial y}&=\frac{\partial w}{\partial u}\frac{\partial u}{\partial y}+\frac{\partial w}{\partial v}\frac{\partial v}{\partial y},\\\frac{\partial w}{\partial z}&=\frac{\partial w}{\partial u}\frac{\partial u}{\partial z}+\frac{\partial w}{\partial v}\frac{\partial v}{\partial z}.\end{aligned} \tag{5-29}$$

又例如，中间变量只有一个，$w=f(u)$，$u=\varphi(x,y,z)$，则复合函数 $w=f[\varphi(x,y,z)]$的三个偏导数为

$$\frac{\partial w}{\partial x}=\frac{dw}{du}\frac{\partial u}{\partial x},\frac{\partial w}{\partial y}=\frac{dw}{du}\frac{\partial u}{\partial y},\frac{\partial w}{\partial z}=\frac{dw}{du}\frac{\partial u}{\partial z}. \tag{5-30}$$

例 5.36　设 $w=f(x^2y+2y^3z+3xyz)$，且 f 具有连续偏导数，求$\frac{\partial w}{\partial x},\frac{\partial w}{\partial y},\frac{\partial w}{\partial z}$.

解　利用公式(5-29)，得

$$\frac{\partial w}{\partial x}=\frac{dw}{du}\frac{\partial u}{\partial x}=(2xy+3yz)f',$$

$$\frac{\partial w}{\partial y}=\frac{\mathrm{d}w}{\mathrm{d}u}\frac{\partial u}{\partial y}=(x^2+6y^2z+3xz)f',$$

$$\frac{\partial w}{\partial z}=\frac{\mathrm{d}w}{\mathrm{d}u}\frac{\partial u}{\partial z}=(2y^3+3xy)f'.$$

3.复合函数的中间变量既有一元函数,又有多元函数的情形

定理 5.10 如果函数 $u=\varphi(x,y)$ 在点 (x,y) 处具有对 x 及对 y 的偏导数,函数 $v=\psi(y)$ 在点 y 可导,函数 $z=f(u,v)$ 在对应点 (u,v) 处具有连续偏导数,则复合函数 $z=f[\varphi(x,y),\psi(y)]$ 在点 (x,y) 处的两个偏导数存在,且有

$$\frac{\partial z}{\partial x}=\frac{\partial z}{\partial u}\frac{\partial u}{\partial x},\frac{\partial z}{\partial y}=\frac{\partial z}{\partial u}\frac{\partial u}{\partial y}+\frac{\partial z}{\partial v}\frac{\mathrm{d}v}{\mathrm{d}y}. \tag{5-31}$$

此定理实际上是定理 5.9 的一种特殊情形.在定理 5.9 中令 v 与 x 无关,就得 $\frac{\partial v}{\partial x}=0$;在 v 对 y 求导时,由于 v 是 y 的一元函数,故 $\frac{\partial v}{\partial y}$ 换成了 $\frac{\mathrm{d}v}{\mathrm{d}y}$,于是就得到式(5-31).

在多元复合函数中,还有一种如下情形:复合函数的某些中间变量本身又是复合函数的自变量.例如,设 $z=f(u,x,y)$ 具有连续偏导数,而 $u=\varphi(x,y)$ 的偏导数存在,则复合函数 $z=f[\varphi(x,y),x,y]$ 可看作式(5-27)中当 $v=x,w=y$ 的特殊情形,因此 $\frac{\partial v}{\partial x}=1,\frac{\partial w}{\partial x}=0,\frac{\partial v}{\partial y}=0,\frac{\partial w}{\partial y}=1$,从而复合函数 $z=f[\varphi(x,y),x,y]$ 具有对自变量 x 及 y 的偏导数,且有

$$\frac{\partial z}{\partial x}=\frac{\partial f}{\partial u}\frac{\partial u}{\partial x}+\frac{\partial f}{\partial x},\frac{\partial z}{\partial y}=\frac{\partial f}{\partial u}\frac{\partial u}{\partial y}+\frac{\partial f}{\partial y}. \tag{5-32}$$

注 这里公式左边 $\frac{\partial z}{\partial x}$ 与右边 $\frac{\partial f}{\partial x}$ 的含义是不同的,$\frac{\partial z}{\partial x}$ 是复合函数对自变量 x 的偏导数,y 被看作常数,而 $u=\varphi(x,y)$ 已经代入;$\frac{\partial f}{\partial x}$ 是函数 $f(u,x,y)$ 对中间变量 x 的偏导数,此时将 y 与 u 都看作常数,$u=\varphi(x,y)$ 尚未代入.$\frac{\partial z}{\partial y}$ 与 $\frac{\partial f}{\partial y}$ 也有类似的区别.

例 5.37 设 $u=f(x,y,z)=\sin(x^2+y^2+z^2)$,其中 $z=\mathrm{e}^{2x}y^3$,求 $\frac{\partial u}{\partial x},\frac{\partial u}{\partial y}$.

解
$$\begin{aligned}\frac{\partial u}{\partial x}&=\frac{\partial f}{\partial x}+\frac{\partial f}{\partial z}\frac{\partial z}{\partial x}\\&=2x\cos(x^2+y^2+z^2)+2z\cos(x^2+y^2+z^2)\cdot 2\mathrm{e}^{2x}y^3\\&=(2x+4\mathrm{e}^{4x}y^6)\cos(x^2+y^2+\mathrm{e}^{4x}y^6).\end{aligned}$$

$$\begin{aligned}\frac{\partial u}{\partial y}&=\frac{\partial f}{\partial y}+\frac{\partial f}{\partial z}\frac{\partial z}{\partial y}\\&=2y\cos(x^2+y^2+z^2)+2z\cos(x^2+y^2+z^2)\cdot 3\mathrm{e}^{2x}y^2\\&=(2y+6\mathrm{e}^{4x}y^5)\cos(x^2+y^2+\mathrm{e}^{4x}y^6).\end{aligned}$$

请你用例5.31解法二的方法解此例.

利用多元复合函数的求导法则,还可以求高阶偏导数.

例5.38 试利用线性变换

$$\begin{cases} u=x+ay, \\ v=x+by \end{cases} \quad (\text{其中 } a、b \text{ 为待定常数}),$$

将方程 $2\frac{\partial^2 z}{\partial x^2}+3\frac{\partial^2 z}{\partial x\partial y}+\frac{\partial^2 z}{\partial y^2}=0$ 化为对新自变量 u、v 的方程 $\frac{\partial^2 z}{\partial u\partial v}=0$.

解 由 $u=x+ay, v=x+by$,得

$$\frac{\partial z}{\partial x}=\frac{\partial z}{\partial u}\cdot 1+\frac{\partial z}{\partial v}\cdot 1=\frac{\partial z}{\partial u}+\frac{\partial z}{\partial v},$$

$$\frac{\partial z}{\partial y}=\frac{\partial z}{\partial u}\cdot a+\frac{\partial z}{\partial v}\cdot b=a\frac{\partial z}{\partial u}+b\frac{\partial z}{\partial v},$$

$$\frac{\partial^2 z}{\partial x^2}=\frac{\partial^2 z}{\partial u^2}+2\frac{\partial^2 z}{\partial u\partial v}+\frac{\partial^2 z}{\partial v^2},$$

$$\frac{\partial^2 z}{\partial x\partial y}=a\frac{\partial^2 z}{\partial u^2}+(a+b)\frac{\partial^2 z}{\partial u\partial v}+b\frac{\partial^2 z}{\partial v^2},$$

$$\frac{\partial^2 z}{\partial y^2}=a^2\frac{\partial^2 z}{\partial u^2}+2ab\frac{\partial^2 z}{\partial u\partial v}+b^2\frac{\partial^2 z}{\partial v^2}.$$

故

$$2\frac{\partial^2 z}{\partial x^2}+3\frac{\partial^2 z}{\partial x\partial y}+\frac{\partial^2 z}{\partial y^2}=(2+3a+a^2)\frac{\partial^2 z}{\partial u^2}+(4+3a+3b+2ab)\frac{\partial^2 z}{\partial u\partial v}$$
$$+(2+3b+b^2)\frac{\partial^2 z}{\partial v^2}.$$

令 $\begin{cases} 2+3a+a^2=0, \\ 2+3b+b^2=0, \\ 4+3a+3b+2ab\neq 0, \end{cases}$ 解得 $\begin{cases} a=-1, \\ b=-2, \end{cases}$ 或 $\begin{cases} a=-2, \\ b=-1. \end{cases}$ 所以利用线性变换 $\begin{cases} u=x-y, \\ v=x-2y \end{cases}$ 或 $\begin{cases} u=x-2y, \\ v=x-y, \end{cases}$ 可将原方程化为 $\frac{\partial^2 z}{\partial u\partial v}=0$.

例5.39 设 $z=f(x,y)$ 具有连续偏导数,$y=\varphi(x)$ 可导,求 $\frac{\mathrm{d}^2 z}{\mathrm{d}x^2}$.

解

$$\frac{\mathrm{d}z}{\mathrm{d}x}=\frac{\partial f}{\partial x}+\frac{\partial f}{\partial y}\frac{\mathrm{d}y}{\mathrm{d}x},$$

$$\frac{\mathrm{d}^2 z}{\mathrm{d}x^2}=\frac{\partial^2 f}{\partial x^2}+\frac{\partial^2 f}{\partial x\partial y}\frac{\mathrm{d}y}{\mathrm{d}x}+\left(\frac{\partial^2 f}{\partial y\partial x}+\frac{\partial^2 f}{\partial y^2}\frac{\mathrm{d}y}{\mathrm{d}x}\right)\frac{\mathrm{d}y}{\mathrm{d}x}+\frac{\partial f}{\partial y}\frac{\mathrm{d}^2 y}{\mathrm{d}x^2}.$$

例5.40 设 $u=x\varphi(x+y)+y\psi(x+y)$,其中 $\varphi(x+y)$ 及 $\psi(x+y)$ 均有二阶连续偏导数.试证:

$$\frac{\partial^2 u}{\partial x^2}-2\frac{\partial^2 u}{\partial x\partial y}+\frac{\partial^2 u}{\partial y^2}=0.$$

证　令 $x+y=t$，则 $\frac{\partial u}{\partial x}=\varphi+x\varphi'_t+y\psi'_t$，$\frac{\partial u}{\partial y}=x\varphi'_t+\psi+y\psi'_t$，

$$\frac{\partial^2 u}{\partial x^2}=\varphi'_t+\varphi'_t+x\varphi''_{tt}+y\psi''_{tt}=2\varphi'_t+x\varphi''_{tt}+y\psi''_{tt},$$

$$\frac{\partial^2 u}{\partial x\partial y}=\varphi'_t+x\varphi''_{tt}+\psi'_t+y\psi''_{tt},$$

$$\frac{\partial^2 u}{\partial y^2}=x\varphi''_{tt}+\psi'_t+\psi'_t+y\psi''_{tt}=x\varphi''_{tt}+2\psi'_t+y\psi''_{tt},$$

所以

$$\begin{aligned}\frac{\partial^2 u}{\partial x^2}-2\frac{\partial^2 u}{\partial x\partial y}+\frac{\partial^2 u}{\partial y^2}&=2\varphi'_t+x\varphi''_{tt}+y\psi''_{tt}-2(\varphi'_t+x\varphi''_{tt}+\psi'_t+y\psi''_{tt})\\&\quad+x\varphi''_{tt}+2\psi'_t+y\psi''_{tt}\\&=0.\end{aligned}$$

例 5.41　设 $u=f(xy,y+z,xyz)$，f 具有二阶连续偏导数，求 $\frac{\partial^2 u}{\partial x^2}$，$\frac{\partial^2 u}{\partial x\partial y}$，$\frac{\partial^2 u}{\partial y\partial z}$.

解　将 xy、$y+z$、xyz 分别记为 1、2、3，因为

$$\frac{\partial u}{\partial x}=yf'_1+yzf'_3,\ \frac{\partial u}{\partial y}=xf'_1+f'_2+xzf'_3,\ \frac{\partial u}{\partial z}=f'_2+xyf'_3,$$

所以

$$\begin{aligned}\frac{\partial^2 u}{\partial x^2}&=y(yf''_{11}+yzf''_{13})+yz(yf''_{31}+yzf''_{33})\\&=y^2f''_{11}+2y^2zf''_{13}+y^2z^2f''_{33},\end{aligned}$$

$$\begin{aligned}\frac{\partial^2 u}{\partial x\partial y}&=f'_1+y(xf''_{11}+f''_{12}+xzf''_{13})+zf'_3+yz(xf''_{31}+f''_{32}+xzf''_{33})\\&=f'_1+xyf''_{11}+yf''_{12}+2xyzf''_{13}+zf'_3+yzf''_{32}+xyz^2f''_{33},\end{aligned}$$

$$\begin{aligned}\frac{\partial^2 u}{\partial y\partial z}&=x(f''_{12}+xyf''_{13})+f''_{22}+xyf''_{23}+xf'_3+xz(f''_{32}+xyf''_{33})\\&=xf''_{12}+x^2yf''_{13}+f''_{22}+(xy+xz)f''_{23}+xf'_3+x^2yzf''_{33}.\end{aligned}$$

5.5.2　全微分形式的不变性

一元函数有微分形式不变性的性质，多元函数也有类似的性质.

设函数 $z=f(u,v)$ 具有连续偏导数，$u=\varphi(x,y)$ 与 $v=\psi(x,y)$ 也具有连续偏导数，且函数 $z=f(u,v)$ 通过中间变量 u、v 成为 x、y 的复合函数.

将复合函数的求导法则(5-27)代入式(5-21)，得

$$\begin{aligned}\mathrm{d}z&=\left(\frac{\partial z}{\partial u}\frac{\partial u}{\partial x}+\frac{\partial z}{\partial v}\frac{\partial v}{\partial x}\right)\mathrm{d}x+\left(\frac{\partial z}{\partial u}\frac{\partial u}{\partial y}+\frac{\partial z}{\partial v}\frac{\partial v}{\partial y}\right)\mathrm{d}y\\&=\frac{\partial z}{\partial u}\left(\frac{\partial u}{\partial x}\mathrm{d}x+\frac{\partial u}{\partial y}\mathrm{d}y\right)+\frac{\partial z}{\partial v}\left(\frac{\partial v}{\partial x}\mathrm{d}x+\frac{\partial v}{\partial y}\mathrm{d}y\right)\end{aligned}$$

$$=\frac{\partial z}{\partial u}\mathrm{d}u+\frac{\partial z}{\partial v}\mathrm{d}v.$$

这说明，在函数 $z=f(u,v)$ 中，不管 u、v 是中间变量还是自变量，

$$\mathrm{d}z=\frac{\partial z}{\partial u}\mathrm{d}u+\frac{\partial z}{\partial v}\mathrm{d}v$$

总成立，全微分的这一性质称为全微分形式的不变性. 由此可得多元函数全微分的四则运算法则，它们与一元函数微分的相应法则类似，这里不再赘述.

利用全微分形式的不变性及全微分的四则运算法则，可以不需要计算偏导数而直接计算全微分.

例 5.42　设 $u=f(x\cos y,x\sin y)$，f 具有一阶连续偏导数，求 $\mathrm{d}u,\frac{\partial u}{\partial x},\frac{\partial u}{\partial y}$.

解　$\mathrm{d}u=f'_1\mathrm{d}(x\cos y)+f'_2\mathrm{d}(x\sin y)$

$=f'_1(\cos y\mathrm{d}x-x\sin y\mathrm{d}y)+f'_2(\sin y\mathrm{d}x+x\cos y\mathrm{d}y)$

$=(f'_1\cos y+f'_2\sin y)\mathrm{d}x+x(-f'_1\sin y+f'_2\cos y)\mathrm{d}y.$

从而　$\frac{\partial u}{\partial x}=f'_1\cos y+f'_2\sin y,\frac{\partial u}{\partial y}=x(-f'_1\sin y+f'_2\cos y).$

习　题　5.5

1. 求下列复合函数的偏导数或全导数：

(1) 设 $z=\ln\frac{x+y}{x-y}$，$x=\sec t$，$y=2\sin t$，求 $\left.\frac{\mathrm{d}z}{\mathrm{d}t}\right|_{t=\pi}$；

(2) 设 $u=\sqrt{x^2+y^2+z^2}$，$x=\mathrm{e}^{2t}$，$y=\cos t$，$z=t^3$，求 $\frac{\mathrm{d}u}{\mathrm{d}t}$；

(3) 设 $z=\operatorname{arccot}\frac{u}{v}$，$u=r\cos\theta$，$v=r\sin\theta$，求 $\frac{\partial z}{\partial r},\frac{\partial z}{\partial\theta}$；

(4) 设 $u=\ln\sqrt{xy+yz+zx}$，$x=st$，$y=s+t$，$z=t^2$，求 $\frac{\partial u}{\partial s},\frac{\partial u}{\partial t}$；

(5) 设 $u=\sin(x^2+y^2+z^2)$，$y=xt^2$，$z=x^2t$，求 $\frac{\partial u}{\partial x},\frac{\partial u}{\partial t}$.

2. 设 $u=(x^2+yz+xz^2)^{xyz}$，用复合函数求导法则求 $\frac{\partial u}{\partial x},\frac{\partial u}{\partial y},\frac{\partial u}{\partial z}$.

3. 求下列复合函数的一阶偏导数或一阶全导数(其中 f 具有一阶连续偏导数)：

(1) $z=f(\arctan t,\ln t,\sqrt{t})$；　　(2) $z=f[\ln(x^2y),\cos(x+2y)]$；

(3) $u=f(x^2y,yz^2,xyz)$；　　(4) $u=f(x\sin y+y\mathrm{e}^z+xyz)$.

4. 设 $z=xf\left(\frac{y}{x}\right)+(x-1)y\ln x$(其中 f 具有二阶连续偏导数)，求证：

$$x^2\frac{\partial^2 z}{\partial x^2}-y^2\frac{\partial^2 z}{\partial y^2}=(x+1)y.$$

5. 求下列复合函数的二阶偏导数或二阶全导数(其中 f 具有二阶连续偏导数)：

(1) $z=f(\ln x,\sin x)$；　(2) $z=f(x^2 y,xe^y)$；

(3) $u=f(2x+y^2+\cos z)$；　(4) $u=f(xz,xy^2,xyz)$.

6. 利用全微分形式的不变性求下列函数的全微分：

(1) $z=x\cos y-y^2\ln x$；　(2) $u=\arctan(xy)^z$；

(3) $z=x\arcsin\dfrac{y}{x}$；　(4) $u=\dfrac{\sin(xyz)}{x^2+2y^2+3z^2}$.

习题 5.5 详解

5.6 隐函数的求导公式

5.6.1 由一个方程所确定的隐函数的情形

在一元函数微分学中，我们已经给出了隐函数的概念，并且给出了不经过显化直接由方程

$$F(x,y)=0 \tag{5-33}$$

求它所确定的隐函数的导数的方法. 本节中我们将要解决以下两个问题：在什么条件下，隐函数存在且可导？如果隐函数存在且可导，其有怎样的求导公式？为此，我们有下列定理.

> 你还记得如何求隐函数的导数吗？

定理 5.11(隐函数存在定理 1)　设二元函数 $F(x,y)$ 在点 $P_0(x_0,y_0)$ 的某一邻域内具有连续偏导数，且 $F(x_0,y_0)=0$，$F'_y(x_0,y_0)\neq 0$，则二元方程 $F(x,y)=0$ 在点 $P_0(x_0,y_0)$ 的某一邻域内恒能唯一确定一个连续且具有连续导数的函数 $y=f(x)$，它满足条件 $y_0=f(x_0)$，并有

$$\frac{dy}{dx}=-\frac{F'_x}{F'_y}. \tag{5-34}$$

公式(5-34)即为由方程 $F(x,y)=0$ 所确定的一元隐函数的求导公式.

此定理我们不给出证明，仅就公式(5-34)做如下推导.

把方程(5-33)所确定的隐函数 $y=f(x)$ 代入式(5-33)，得恒等式

$$F[x,f(x)]\equiv 0,$$

其左端可以看作是 x 的一个复合函数. 由于恒等式两端求导后仍然恒等,即得

$$F'_x(x,y)+F'_y(x,y)\cdot\frac{\mathrm{d}y}{\mathrm{d}x}=0.$$

又由于 $F'_y(x,y)$ 连续,且 $F'_y(x_0,y_0)\neq 0$,所以存在点 $P_0(x_0,y_0)$ 的一个邻域,在这个邻域内 $F'_y(x,y)\neq 0$,于是有

$$\frac{\mathrm{d}y}{\mathrm{d}x}=-\frac{F'_x(x,y)}{F'_y(x,y)}.$$

此即为公式(5-34).

如果 $F(x,y)$ 的二阶偏导数也都连续,再对式(5-34)两端对 x 求导,得

$$\begin{aligned}\frac{\mathrm{d}^2y}{\mathrm{d}x^2}&=\frac{\partial}{\partial x}\left(-\frac{F'_x}{F'_y}\right)+\frac{\partial}{\partial y}\left(-\frac{F'_x}{F'_y}\right)\frac{\mathrm{d}y}{\mathrm{d}x}\\&=-\frac{F''_{xx}F'_y-F''_{yx}F'_x}{F'^2_y}-\frac{F''_{xy}F'_y-F''_{yy}F'_x}{F'^2_y}\left(-\frac{F'_x}{F'_y}\right)\\&=-\frac{F''_{xx}F'^2_y-2F''_{xy}F'_xF'_y+F''_{yy}F'^2_x}{F'^3_y}.\end{aligned}$$

上式即为由方程 $F(x,y)=0$ 所确定的一元隐函数的二阶导数的计算公式.

例 5.43 验证方程 $xy-\mathrm{e}^x+\mathrm{e}^y=0$ 在点(0,0)的某邻域内能唯一确定一个有连续导数,且当 $x=0$ 时,$y=0$ 的隐函数 $y=f(x)$,并求 $\left.\frac{\mathrm{d}y}{\mathrm{d}x}\right|_{x=0}$ 及 $\left.\frac{\mathrm{d}^2y}{\mathrm{d}x^2}\right|_{x=0}$.

解 设 $F(x,y)=xy-\mathrm{e}^x+\mathrm{e}^y$,则 $F'_x=y-\mathrm{e}^x$,$F'_y=x+\mathrm{e}^y$,$F(0,0)=0$,$F'_y(0,0)=1\neq 0$. 因此由定理 5.11 知,方程 $xy-\mathrm{e}^x+\mathrm{e}^y=0$ 在点(0,0)的某邻域内能唯一确定一个有连续导数,且当 $x=0$ 时,$y=0$ 的隐函数 $y=f(x)$.

因为 $F'_x(0,0)=-1$,$F'_y(0,0)=1$,所以由公式(5-34)得

$$\left.\frac{\mathrm{d}y}{\mathrm{d}x}\right|_{x=0}=-\frac{F'_x(0,0)}{F'_y(0,0)}=-\frac{-1}{1}=1.$$

下面求 $\left.\frac{\mathrm{d}^2y}{\mathrm{d}x^2}\right|_{x=0}$.

解法一 因为 $F''_{xx}=-\mathrm{e}^x$,$F''_{xy}=1$,$F''_{yy}=\mathrm{e}^y$,故 $F''_{xx}(0,0)=-1$,$F''_{xy}(0,0)=1$,$F''_{yy}(0,0)=1$,又 $F'_x(0,0)=-1$,$F'_y(0,0)=1$,所以

$$\begin{aligned}\left.\frac{\mathrm{d}^2y}{\mathrm{d}x^2}\right|_{x=0}&=-\left.\frac{F''_{xx}F'^2_y-2F''_{xy}F'_xF'_y+F''_{yy}F'^2_x}{F'^3_y}\right|_{\substack{x=0\\y=0}}\\&=-\frac{(-1)\times 1^2-2\times 1\times(-1)\times 1+1\times(-1)^2}{1^3}=-2.\end{aligned}$$

解法二 因为 $\frac{\mathrm{d}y}{\mathrm{d}x}=-\frac{F'_x}{F'_y}=\frac{\mathrm{e}^x-y}{\mathrm{e}^y+x}$,所以

$$\frac{\mathrm{d}^2y}{\mathrm{d}x^2}=\frac{\left(\mathrm{e}^x-\frac{\mathrm{d}y}{\mathrm{d}x}\right)(\mathrm{e}^y+x)-(\mathrm{e}^x-y)\left(\mathrm{e}^y\frac{\mathrm{d}y}{\mathrm{d}x}+1\right)}{(\mathrm{e}^y+x)^2},$$

这里用了求导的什么运算法则？

将 $x=0, y=0, \left.\frac{\mathrm{d}y}{\mathrm{d}x}\right|_{x=0}=1$ 代入上式，得 $\left.\frac{\mathrm{d}^2 y}{\mathrm{d}x^2}\right|_{x=0}=-2$.

上述隐函数存在定理还可以推广到多元函数. 既然一个二元方程(5-33)在满足定理5.11的条件时可以确定一个一元隐函数，那么一个三元方程

$$F(x,y,z)=0 \tag{5-35}$$

在一定条件下就可以确定一个二元隐函数.

与定理5.11一样，我们同样可以由三元函数 $F(x,y,z)$ 的性质来断定由方程 $F(x,y,z)=0$ 所确定的二元函数 $z=f(x,y)$ 的存在以及这个函数的性质.

这就是下面的定理.

定理5.12(隐函数存在定理2) 设三元函数 $F(x,y,z)$ 在点 $P_0(x_0,y_0,z_0)$ 的某一邻域内具有连续偏导数，且 $F(x_0,y_0,z_0)=0, F'_z(x_0,y_0,z_0)\neq 0$，则三元方程 $F(x,y,z)=0$ 在点 $P_0(x_0,y_0,z_0)$ 的某一邻域内恒能唯一确定一个连续且具有连续偏导数的函数 $z=f(x,y)$，它满足条件 $z_0=(x_0,y_0)$，并有

$$\frac{\partial z}{\partial x}=-\frac{F'_x}{F'_z}, \frac{\partial z}{\partial y}=-\frac{F'_y}{F'_z}. \tag{5-36}$$

公式(5-36)即为由方程 $F(x,y,z)=0$ 所确定的二元隐函数的求导公式.

此定理我们也不给出证明，与定理5.11类似，仅就公式(5-36)做如下推导.

由于 $F[x,y,f(x,y)]\equiv 0$，对该式两端分别对 x、y 求导，并应用多元复合函数的求导法则，得

$$F'_x(x,y,z)+F'_z(x,y,z)\frac{\partial z}{\partial x}=0, F'_y(x,y,z)+F'_z(x,y,z)\frac{\partial z}{\partial y}=0.$$

又由于 $F'_z(x,y,z)$ 连续，且 $F'_z(x_0,y_0,z_0)\neq 0$，所以存在点 $P_0(x_0,y_0,z_0)$ 的一个邻域，在这个邻域内 $F'_z(x_0,y_0,z_0)\neq 0$，于是有

$$\frac{\partial z}{\partial x}=-\frac{F'_x(x,y,z)}{F'_z(x,y,z)}, \frac{\partial z}{\partial y}=-\frac{F'_y(x,y,z)}{F'_z(x,y,z)}.$$

此即为公式(5-36).

例5.44 由方程 $z^2+xy-yz-zx=1$ 确定函数 $z=z(x,y)$，求 $\frac{\partial^2 z}{\partial x\partial y}$.

解法一(公式法) 令 $F(x,y,z)=z^2+xy-yz-zx-1$，则

$$F'_x=y-z, F'_y=x-z, F'_z=2z-x-y,$$

从而

$$\frac{\partial z}{\partial x}=-\frac{F'_x}{F'_z}=\frac{z-y}{2z-x-y}, \frac{\partial z}{\partial y}=-\frac{F'_y}{F'_z}=\frac{z-x}{2z-x-y},$$

$$\frac{\partial^2 z}{\partial x\partial y}=\frac{\partial}{\partial y}\left(\frac{z-y}{2z-x-y}\right)=\frac{(2z-x-y)\left(\frac{\partial z}{\partial y}-1\right)-(z-y)\left(2\frac{\partial z}{\partial y}-1\right)}{(2z-x-y)^2}$$

$$=\frac{(2z-x-y)\left(\frac{z-x}{2z-x-y}-1\right)-(z-y)\left(2\cdot\frac{z-x}{2z-x-y}-1\right)}{(2z-x-y)^2}$$

$$=\frac{2(y-z)(z-x)}{(2z-x-y)^3}.$$

解法二(直接求导法)　在方程 $z^2+xy-yz-zx=1$ 两边分别对 x、y 求偏导数,将 z 视为 x、y 的函数,得

$$2z\frac{\partial z}{\partial x}+y-y\frac{\partial z}{\partial x}-z-x\frac{\partial z}{\partial x}=0,2z\frac{\partial z}{\partial y}+x-z-y\frac{\partial z}{\partial x}-x\frac{\partial z}{\partial y}=0,$$

解得

$$\frac{\partial z}{\partial x}=\frac{z-y}{2z-x-y},\frac{\partial z}{\partial y}=\frac{z-x}{2z-x-y}.$$

再在对 x 求偏导数所得的方程两边对 y 求偏导数(这里 z 和$\frac{\partial z}{\partial x}$仍然要视为 x、y 的函数),得

$$2\left(\frac{\partial z}{\partial y}\right)\left(\frac{\partial z}{\partial x}\right)+2z\frac{\partial^2 z}{\partial x\partial y}+1-\frac{\partial z}{\partial x}-y\frac{\partial^2 z}{\partial x\partial y}-\frac{\partial z}{\partial y}-x\frac{\partial^2 z}{\partial x\partial y}=0,$$

将$\frac{\partial z}{\partial x}$及$\frac{\partial z}{\partial y}$代入,并解出$\frac{\partial^2 z}{\partial x\partial y}$,得

$$\frac{\partial^2 z}{\partial x\partial y}=\frac{\frac{z-y+z-x}{2z-x-y}-1-2\cdot\frac{(z-y)(z-x)}{(2z-x-y)^2}}{2z-x-y}=\frac{2(y-z)(z-x)}{(2z-x-y)^3}.$$

例 5.45　由方程 $F\left(\frac{x}{z},\frac{y}{z}\right)=0$ 确定函数 $z=z(x,y)$,其中 F 具有连续偏导数,求证 $x\frac{\partial z}{\partial x}+y\frac{\partial z}{\partial y}=z.$

证法一(公式法)　令 $G(x,y,z)=F\left(\frac{x}{z},\frac{y}{z}\right)$,则

$$G'_x=\frac{1}{z}F'_1,G'_z=-\frac{x}{z^2}F'_1-\frac{y}{z^2}F'_2,\frac{\partial z}{\partial x}=-\frac{G'_x}{G'_y}=\frac{zF'_1}{xF'_1+yF'_2},$$

同理$\frac{\partial z}{\partial y}=\frac{zF'_2}{xF'_1+yF'_2}$,所以

$$x\frac{\partial z}{\partial y}+y\frac{\partial z}{\partial y}=\frac{xzF'_1+yzF'_2}{xF'_1+yF'_2}=z.$$

证法二(直接求导法)　在已知方程两边对 x 求偏导数(这里 z 视为 x 的函数),得

$$F'_1\cdot\frac{z-x\frac{\partial z}{\partial x}}{z^2}+F'_2\cdot\frac{-y\frac{\partial z}{\partial x}}{z^2}=0,\frac{\partial z}{\partial x}=\frac{zF'_1}{xF'_1+yF'_2},$$

同理$\frac{\partial z}{\partial y}=\frac{zF'_2}{xF'_1+yF'_2}$,所以

$$x\frac{\partial z}{\partial x}+y\frac{\partial z}{\partial y}=\frac{xzF'_1+yzF'_2}{xF'_1+yF'_2}=z.$$

5.6.2 由方程组所确定的隐函数的情形

先介绍雅可比(Jacobi)行列式的概念.设二元函数 $u=u(x,y)$,$v=v(x,y)$在区域 D 内具有连续偏导数,由这些偏导数组成的二阶行列式

$$\begin{vmatrix} \frac{\partial u}{\partial x} & \frac{\partial u}{\partial y} \\ \frac{\partial v}{\partial x} & \frac{\partial v}{\partial y} \end{vmatrix}$$

你会计算二阶行列式吗?

称为函数 u、v 关于自变量 x、y 的雅可比行列式,记为$\frac{\partial(u,v)}{\partial(x,y)}$,即

$$\frac{\partial(u,v)}{\partial(x,y)}=\begin{vmatrix} \frac{\partial u}{\partial x} & \frac{\partial u}{\partial y} \\ \frac{\partial v}{\partial x} & \frac{\partial v}{\partial y} \end{vmatrix}.$$

隐函数存在定理还可以做如下推广,即既增加方程的个数,又增加方程中变量的个数.例如,方程组

$$\begin{cases} F(x,y,u,v)=0, \\ G(x,y,u,v)=0 \end{cases} \tag{5-37}$$

中的四个变量一般只能有两个变量独立变化.如果把方程组(5-37)看作是关于未知数 u、v 的方程组,那么在一定条件下可以解出 $u=u(x,y)$,$v=v(x,y)$,因此方程组(5-37)就有可能确定两个二元函数.这样,我们可以由函数 F、G 的性质来断定由方程组(5-37)所确定的两个二元函数的存在以及它们的性质.我们有下面的定理.

定理 5.13(隐函数存在定理 3) 设 $F(x,y,u,v)$、$G(x,y,u,v)$在点 $P_0(x_0,y_0,u_0,v_0)$的某一邻域内具有对各个变量连续偏导数,又 $F(x_0,y_0,u_0,v_0)=0$,$G(x_0,y_0,u_0,v_0)=0$,且偏导数所组成的雅可比式 $J=\frac{\partial(F,G)}{\partial(u,v)}$在点 $P_0(x_0,y_0,u_0,v_0)$处不等于零,则方程组 $F(x,y,u,v)=0$,$G(x,y,u,v)=0$ 在点 $P_0(x_0,y_0,u_0,v_0)$的某一邻域内恒能唯一确定一组连续且具有连续偏导数的函数 $u=u(x,y)$,$v=v(x,y)$,它们满足条件 $u_0=u(x_0,y_0)$,$v_0=v(x_0,y_0)$,并有

$$\frac{\partial u}{\partial x}=-\frac{1}{J}\frac{\partial(F,G)}{\partial(x,v)},\frac{\partial u}{\partial y}=-\frac{1}{J}\frac{\partial(F,G)}{\partial(y,v)},$$

$$\frac{\partial v}{\partial x}=-\frac{1}{J}\frac{\partial(F,G)}{\partial(u,x)},\frac{\partial v}{\partial y}=-\frac{1}{J}\frac{\partial(F,G)}{\partial(u,y)}. \tag{5-38}$$

此定理我们也不给出证明,与前两个定理类似,仅就公式(5-38)做如下推导.

由于 $F[x,y,u(x,y),v(x,y)]\equiv 0$,$G[x,y,u(x,y),v(x,y)]\equiv 0$,将恒等式两边分别对

x 求偏导数，并应用多元复合函数的求导法则，得

$$\begin{cases} F'_x+F'_u\dfrac{\partial u}{\partial x}+F'_v\dfrac{\partial v}{\partial x}=0, \\ G'_x+G'_u\dfrac{\partial u}{\partial x}+G'_v\dfrac{\partial v}{\partial x}=0, \end{cases}$$

这是关于$\dfrac{\partial u}{\partial x}$、$\dfrac{\partial v}{\partial x}$的线性方程组. 由假设可知，在点 $P_0(x_0,y_0,u_0,v_0)$的一个邻域内，系数行列式 $J=\begin{vmatrix} F'_u & F'_v \\ G'_u & G'_v \end{vmatrix}\neq 0$，从而可解出$\dfrac{\partial u}{\partial x}$、$\dfrac{\partial v}{\partial x}$，得

这里运用了解线性方程组的什么法则？

$$\frac{\partial u}{\partial x}=-\frac{1}{J}\frac{\partial(F,G)}{\partial(x,v)},\frac{\partial v}{\partial x}=-\frac{1}{J}\frac{\partial(F,G)}{\partial(u,x)},$$

同理可得

$$\frac{\partial u}{\partial y}=-\frac{1}{J}\frac{\partial(F,G)}{\partial(y,v)},\frac{\partial v}{\partial y}=-\frac{1}{J}\frac{\partial(F,G)}{\partial(u,y)}.$$

例 5.46　由方程组

$$\begin{cases} x^2+2y^2+u^2+v^2=1, \\ x^3+2y^3+u^3+v^3=2 \end{cases}$$

确定函数 $u(x,y)$，$v(x,y)$，求$\dfrac{\partial u}{\partial x}$，$\dfrac{\partial u}{\partial y}$，$\dfrac{\partial v}{\partial x}$，$\dfrac{\partial v}{\partial y}$，$\dfrac{\partial^2 u}{\partial x^2}$和$\dfrac{\partial^2 v}{\partial x\partial y}$.

解　此题可以用公式法求解，即利用公式(5-38)；也可以用直接求导法求解，即按照推导公式(5-38)的方法. 下面用后一种方法求解.

将所给方程两边分别对 x 求偏导数并化简，得

$$\begin{cases} u\dfrac{\partial u}{\partial x}+v\dfrac{\partial v}{\partial x}=-x, \\ u^2\dfrac{\partial u}{\partial x}+v^2\dfrac{\partial v}{\partial x}=-x^2. \end{cases}$$

在 $J=\begin{vmatrix} u & v \\ u^2 & v^2 \end{vmatrix}=uv(v-u)\neq 0$ 的条件下，解得

$$\frac{\partial u}{\partial x}=\frac{\begin{vmatrix} -x & v \\ -x^2 & v^2 \end{vmatrix}}{uv(v-u)}=\frac{x(x-v)}{u(v-u)},\frac{\partial v}{\partial x}=\frac{\begin{vmatrix} u & -x \\ u^2 & -x^2 \end{vmatrix}}{uv(v-u)}=\frac{x(u-x)}{v(v-u)}.$$

将所给方程两边分别对 y 求偏导数. 用同样的方法在 $J=uv(v-u)\neq 0$ 的条件下可得

$$\frac{\partial u}{\partial y}=\frac{2y(y-v)}{u(v-u)},\frac{\partial v}{\partial y}=\frac{2y(u-y)}{v(v-u)}.$$

在$\dfrac{\partial u}{\partial x}=\dfrac{x(x-v)}{u(v-u)}$两边对 x 求偏导数，得

$$\frac{\partial^2 u}{\partial x^2}=\frac{u(v-u)\left(2x-v-x\dfrac{\partial v}{\partial x}\right)-x(x-v)\left(v\dfrac{\partial u}{\partial x}+u\dfrac{\partial v}{\partial x}-2u\dfrac{\partial u}{\partial x}\right)}{u^2(v-u)^2}$$

$$=\frac{u(v-u)(2x-v)+x(x-v)(2u-v)\dfrac{\partial u}{\partial x}-xu(x-u)\dfrac{\partial v}{\partial x}}{u^2(v-u)^2}.$$

把$\frac{\partial u}{\partial x}$及$\frac{\partial v}{\partial x}$代入并化简，得

$$\frac{\partial^2 u}{\partial x^2}=\frac{uv(v-u)^2(2x-v)+x^2(x-v)^2(2u-v)+vx^2(x-u)^2}{u^2v(v-u)^3}.$$

在$\frac{\partial v}{\partial x}=\frac{x(u-x)}{v(v-u)}$两边对 y 求偏导数，得

$$\frac{\partial^2 v}{\partial x^2}=\frac{v(v-u)x\dfrac{\partial u}{\partial y}-x(u-x)\left(2v\dfrac{\partial v}{\partial y}-v\dfrac{\partial u}{\partial y}-u\dfrac{\partial v}{\partial y}\right)}{u^2(v-u)^2}$$

$$=\frac{xv(v-x)\dfrac{\partial u}{\partial y}-x(u-x)(2v-u)\dfrac{\partial v}{\partial y}}{u^2(v-u)^2}.$$

把$\frac{\partial u}{\partial y}$及$\frac{\partial v}{\partial y}$代入并化简，得

$$\frac{\partial^2 v}{\partial x\partial y}=\frac{2xyv^2(v-x)(y-v)+2xyu(u-x)(u-y)(u-2v)}{u^3v(v-u)^3}.$$

例 5.47 由方程组

$$\begin{cases}f(x+u,y-v)=0,\\ g(x^2-u^2,y^2+v^2)=0\end{cases}$$

确定函数 $u(x,y)$、$v(x,y)$，求$\frac{\partial u}{\partial x},\frac{\partial u}{\partial y},\frac{\partial v}{\partial x},\frac{\partial v}{\partial y}$.

解 此题我们用公式(5-38)求解. 用编号 1、2、3、4 代替中间变量 $x+u$、$y-v$、x^2-u^2、y^2+v^2. 令

$$F(x,y,u,v)=f(x+u,y-v),G(x,y,u,v)=g(x^2-u^2,y^2+v^2).$$

因为 $F'_x=f'_1,F'_y=f'_2,F'_u=f'_1,F'_v=-f'_2,G'_x=2xg'_3,G'_y=2yg'_4,G'_u=-2ug'_3$, $G'_v=2vg'_4$，所以

$$J=\frac{\partial(F,G)}{\partial(u,v)}=\begin{vmatrix}F'_u & F'_v\\ G'_u & G'_v\end{vmatrix}=\begin{vmatrix}f'_1 & -f'_2\\ -2ug'_3 & 2vg'_4\end{vmatrix}=2(vf'_1g'_4-uf'_2g'_3),$$

$$\frac{\partial(F,G)}{\partial(x,v)}=\begin{vmatrix}F'_x & F'_v\\ G'_x & G'_v\end{vmatrix}=\begin{vmatrix}f'_1 & -f'_2\\ 2xg'_3 & 2vg'_4\end{vmatrix}=2(vf'_1g'_4+xf'_2g'_3),$$

$$\frac{\partial(F,G)}{\partial(u,x)}=\begin{vmatrix}F'_u & F'_x\\ G'_u & G'_x\end{vmatrix}=\begin{vmatrix}f'_1 & f'_1\\ -2ug'_3 & 2xg'_3\end{vmatrix}=2(x+u)f'_1g'_3,$$

$$\frac{\partial(F,G)}{\partial(y,v)}=\begin{vmatrix}F'_y & F'_v\\ G'_y & G'_v\end{vmatrix}=\begin{vmatrix}f'_2 & -f'_2\\ 2yg'_4 & 2vg'_3\end{vmatrix}=2(y+v)f'_2g'_4,$$

$$\frac{\partial(F,G)}{\partial(u,y)}=\begin{vmatrix}F'_u & F'_y\\ G'_u & G'_y\end{vmatrix}=\begin{vmatrix}f'_1 & f'_2\\ -2ug'_3 & 2yg'_4\end{vmatrix}=2(yf'_1g'_4+uf'_2g'_3).$$

于是，在 $J=\frac{\partial(F,G)}{\partial(u,v)}=2(vf'_1g'_4-uf'_2g'_3)\neq0$ 的条件下，有

$$\frac{\partial u}{\partial x}=-\frac{1}{J}\frac{\partial(F,G)}{\partial(x,v)}=\frac{vf'_1g'_4+xf'_2g'_3}{vf'_1g'_4-uf'_2g'_3},$$

$$\frac{\partial v}{\partial x}=-\frac{1}{J}\frac{\partial(F,G)}{\partial(u,x)}=\frac{(x+u)f'_1g'_3}{vf'_1g'_4-uf'_2g'_3},$$

$$\frac{\partial u}{\partial y}=-\frac{1}{J}\frac{\partial(F,G)}{\partial(y,v)}=\frac{(y+v)f'_2g'_4}{vf'_1g'_4-uf'_2g'_3},$$

$$\frac{\partial v}{\partial y}=-\frac{1}{J}\frac{\partial(F,G)}{\partial(u,y)}=\frac{yf'_1g'_4+uf'_2g'_3}{vf'_1g'_4-uf'_2g'_3}.$$

习　题　5.6

1. 求下列一元隐函数的导数：

(1)设 $\ln\sqrt{x^2+y^2}=\arctan\frac{y}{x}$，用公式法求 $\frac{\mathrm{d}y}{\mathrm{d}x}$ 及 $\frac{\mathrm{d}^2y}{\mathrm{d}x^2}$.

(2)设 $F(xy,x^2+y^2)=0$，其中 F 具有连续偏导数，求 $\frac{\mathrm{d}y}{\mathrm{d}x}$.

2. 求由下列方程所确定的多元隐函数的偏导数：

(1)设 $x^3+2y^3+3z^3-6xyz=1$，求 $\frac{\partial z}{\partial x},\frac{\partial z}{\partial y}$；

(2)设 $y\sin^2x+xz\sin(xy)+\cos^2z=1$，求 $\frac{\partial z}{\partial x},\frac{\partial z}{\partial y}$；

(3)设 $\mathrm{e}^{xy+2zu}=3x^2+y^3+2z^2+u^2$，求 $\frac{\partial u}{\partial x},\frac{\partial u}{\partial y},\frac{\partial u}{\partial z}$.

3. 设 $z=z(x,y)$ 是由方程 $x+2y+3z=\varphi(x^2+y^2+z^2)$ 所确定的隐函数，其中 φ 可导，求证：$(3y-2z)\frac{\partial z}{\partial x}+(z-3x)\frac{\partial z}{\partial y}=2x-y$.

4. 设 $z=z(x,y)$ 是由方程 $F\left(x+\frac{z}{y},y+\frac{z}{x}\right)=0$ 所确定的隐函数，其中 F 具有连续偏导数，求证：$x\frac{\partial z}{\partial x}+y\frac{\partial z}{\partial y}=z-xy$.

5. 求由下列方程所确定的二元隐函数的二阶偏导数：

(1)设 $\mathrm{e}^z-xyz=0$，求 $\frac{\partial^2z}{\partial x^2}$；

(2)设 $z^2-xy-yz-zx=1$，求 $\frac{\partial^2z}{\partial x\partial y}$.

6. 求由下列方程组所确定的二元隐函数的偏导数：

(1) 设$\begin{cases}x=e^u+u\sin v,\\ y=e^u-u\cos v,\end{cases}$ 求$\frac{\partial u}{\partial x},\frac{\partial u}{\partial y},\frac{\partial v}{\partial x},\frac{\partial v}{\partial y}$；

(2) 设 $xe^u=\cos v, ye^u=\sin v, z=uv$，求$\frac{\partial z}{\partial x},\frac{\partial z}{\partial y}$.

7. 设 $F(x^2, yz)=0$，其中 F 具有二阶连续偏导数，求$\frac{\partial^2 z}{\partial x^2}$.

习题 5.6 详解

5.7 多元函数微分学的几何应用

本节将以空间向量为工具，利用多元函数微分学的有关知识，建立空间曲线的切线和法平面方程，以及曲面的切平面和法线方程.

5.7.1 空间曲线的切线与法平面

与平面曲线的切线以及法线的定义类似，我们给出如下的空间曲线的切线与法平面的定义.

你还记得平面曲线的切线与法线的定义吗?

定义 5.7 设 M_0 为空间曲线 Γ 上一定点，M 为其上任意一点，过 M_0、M 两点作曲线 Γ 的割线 M_0M. 如果当动点 M 沿曲线 Γ 无限趋于点 M_0 时，割线 M_0M 存在极限位置 M_0T，就称直线 M_0T 为曲线 Γ 在点 M_0 处的切线. 切线 M_0T 的方向向量 $\boldsymbol{\tau}$ 称为曲线 Γ 在点 M_0 处的切向量. 过点 M_0 且与切线 M_0T 垂直的平面 π 称为曲线 Γ 在点 M_0 处的法平面(见图 5-27).

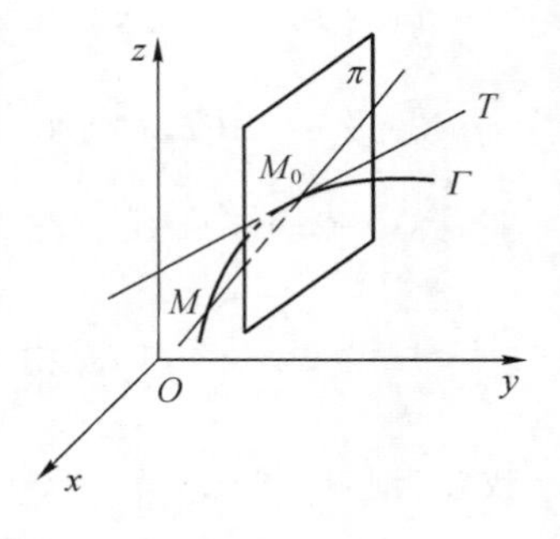

图 5-27

下面我们根据空间曲线 Γ 的方程的不同形式，分别讨论曲线存在切线的条件，以及切线、法平面的方程.

1. 空间曲线 Γ 由参数方程给出的情形

定理 5.14 设空间曲线 Γ 的参数方程为

$$\begin{cases}x=x(t),\\ y=y(t),(\alpha\leqslant t\leqslant\beta),\\ z=z(t)\end{cases}$$

点 $M_0(x_0,y_0,z_0)\in\Gamma$，$M_0$ 对应参数 t_0. 如果 $x'(t_0)$、$y'(t_0)$、$z'(t_0)$存在且不全为零，则曲线 Γ 在点 M_0 处存在切线，且有一个切向量为

$$\boldsymbol{\tau}=\{x'(t_0),y'(t_0),z'(t_0)\}.$$

曲线 Γ 在点 M_0 处的切线方程为

$$\frac{x-x_0}{x'(t_0)}=\frac{y-y_0}{y'(t_0)}=\frac{z-z_0}{z'(t_0)}.$$

曲线 Γ 在点 M_0 处的法平面方程为

$$(x-x_0)x'(t_0)+(y-y_0)y'(t_0)+(z-z_0)z'(t_0)=0.$$

证 设动点 $M(x_0+\Delta x,y_0+\Delta y,z_0+\Delta z)\in\Gamma$，$M$ 对应参数 $t_0+\Delta t$，那么割线 M_0M 的一个方向向量为$\{\Delta x,\Delta y,\Delta z\}$，也可为

$$\boldsymbol{s}=\left\{\frac{\Delta x}{\Delta t},\frac{\Delta y}{\Delta t},\frac{\Delta z}{\Delta t}\right\}(\Delta t\neq 0).$$

令 $\Delta t\to 0$，即点 M 沿曲线 Γ 无限趋于点 M_0，这时割线 M_0M 的极限位置 M_0T 就是曲线 Γ 在点 M_0 处的切线. 相应地，割线 M_0M 的方向向量的极限即为切线 M_0T 的方向向量.

由题设 $x'(t_0)$、$y'(t_0)$、$z'(t_0)$存在，所以

$$\lim_{\Delta t\to 0}\boldsymbol{s}=\left\{\lim_{\Delta t\to 0}\frac{\Delta x}{\Delta t},\lim_{\Delta t\to 0}\frac{\Delta y}{\Delta t},\lim_{\Delta t\to 0}\frac{\Delta z}{\Delta t}\right\}=\{x'(t_0),y'(t_0),z'(t_0)\}$$

存在，即曲线 Γ 在点 M_0 处存在切线，且有一个切向量为

$$\boldsymbol{\tau}=\{x'(t_0),y'(t_0),z'(t_0)\}.$$

因此，由空间直线的对称式方程以及平面的点法式方程知，曲线 Γ 在点 M_0 处的切线方程为

$$\frac{x-x_0}{x'(t_0)}=\frac{y-y_0}{y'(t_0)}=\frac{z-z_0}{z'(t_0)}.$$

曲线 Γ 在点 M_0 处的法平面方程为

$$x'(t_0)(x-x_0)+y'(t_0)(y-y_0)+z'(t_0)(z-z_0)=0.$$

例 5.48 求曲线 $\begin{cases}x=2\sin^2 t,\\ y=2\cos t,\\ z=2\cos^2 t-2\end{cases}$ 上相应于 $t=\frac{\pi}{4}$处的点的切线和法平面方程.

解 因为 $x'(t)=2\sin(2t)$，$y'(t)=-2\sin t$，$z'(t)=-2\sin(2t)$，于是当 $t=\frac{\pi}{4}$时，$x'\left(\frac{\pi}{4}\right)=2$，$y'\left(\frac{\pi}{4}\right)=-\sqrt{2}$，$z'\left(\frac{\pi}{4}\right)=-2$. 所以曲线在相应于 $t=\frac{\pi}{4}$ 处的点的切向量可取 $\boldsymbol{\tau}=\{2,-\sqrt{2},-2\}$，又因为 $t=\frac{\pi}{4}$时对应于曲线上的点 $M_0(1,\sqrt{2},-1)$，从而得曲线在点 M_0 处的切线方程为

$$\frac{x-1}{2}=\frac{y-\sqrt{2}}{-\sqrt{2}}=\frac{z+1}{-2}.$$

法平面方程为

$$2(x-1)-\sqrt{2}(y-\sqrt{2})-2(z+1)=0,$$

即
$$2x-\sqrt{2}y-2z-2=0.$$

2.空间曲线 Γ 由一般方程给出的情形

先讨论空间曲线 Γ 可表示为两柱面交线的情形.

定理 5.15 设空间曲线 Γ 的方程为 $\begin{cases} y=y(x), \\ z=z(x) \end{cases}$ $(a\leqslant x\leqslant b)$，点 $M_0(x_0,y_0,z_0)\in\Gamma$，其中 $y_0=y(x_0)$，$z_0=z(x_0)$. 如果 $y'(x_0)$、$z'(x_0)$ 存在，则曲线 Γ 在点 M_0 处存在切线，且有一个切向量为

$$\boldsymbol{\tau}=\{1,y'(x_0),z'(x_0)\}.$$

曲线 Γ 在点 M_0 处的切线方程为

$$\frac{x-x_0}{1}=\frac{y-y_0}{y'(x_0)}=\frac{z-z_0}{z'(x_0)}.$$

请你类比平面曲线 $y=f(x)$ 的切线方程与法线方程.

曲线 Γ 在点 M_0 处的法平面方程为

$$(x-x_0)+y'(x_0)(y-y_0)+z'(x_0)(z-z_0)=0.$$

证 只需取 x 为参数，曲线 Γ 的参数方程为

$$\begin{cases} x=x, \\ y=y(x), \\ z=z(x) \end{cases} (a\leqslant x\leqslant b).$$

由定理 5.14 即可得定理 5.15 的结论.

例 5.49 求曲线 $\begin{cases} y=2x^2, \\ z=x^2-y^2 \end{cases}$ 在点 $(1,2,-3)$ 处的切线和法平面方程.

解 因为 $y=2x^2$，$z=x^2-4x^4$，$y'(x)=4x$，$z'(x)=2x-16x^3$，所以 $y'(1)=4$，$z'(1)=-14$，于是切向量可取 $\boldsymbol{\tau}=\{1,4,-14\}$，从而得所求切线方程为

$$\frac{x-1}{1}=\frac{y-2}{4}=\frac{z+3}{-14}.$$

法平面方程为

$$(x-1)+4(y-2)-14(z+3)=0,$$

即
$$x+4y-14z-51=0.$$

下面讨论一般情形.

定理 5.16　设空间曲线 Γ 的方程为$\begin{cases}F(x,y,z)=0,\\G(x,y,z)=0,\end{cases}$点 $M_0(x_0,y_0,z_0)\in\Gamma$，且 $F(x,y,z)$、$G(x,y,z)$ 在点 M_0 的某一邻域内具有连续偏导数. 如果

$$\left.\frac{\partial(F,G)}{\partial(y,z)}\right|_{M_0},\quad \left.\frac{\partial(F,G)}{\partial(z,x)}\right|_{M_0},\quad \left.\frac{\partial(F,G)}{\partial(x,y)}\right|_{M_0}$$

都存在且不全为零，则曲线 Γ 在点 M_0 处存在切线，且有一个切向量

$$\boldsymbol{\tau}=\left.\left\{\frac{\partial(F,G)}{\partial(y,z)},\frac{\partial(F,G)}{\partial(z,x)},\frac{\partial(F,G)}{\partial(x,y)}\right\}\right|_{M_0}=\left.\begin{vmatrix}\boldsymbol{i} & \boldsymbol{j} & \boldsymbol{k}\\ F'_x & F'_y & F'_z\\ G'_x & G'_y & G'_z\end{vmatrix}\right|_{M_0}.$$

这里用了行列式的什么性质？

曲线 Γ 在点 M_0 处的切线方程为

$$\frac{x-x_0}{\left.\frac{\partial(F,G)}{\partial(y,z)}\right|_{M_0}}=\frac{y-y_0}{\left.\frac{\partial(F,G)}{\partial(z,x)}\right|_{M_0}}=\frac{z-z_0}{\left.\frac{\partial(F,G)}{\partial(x,y)}\right|_{M_0}},$$

曲线 Γ 在点 M_0 处的法平面方程为

$$\left.\frac{\partial(F,G)}{\partial(y,z)}\right|_{M_0}(x-x_0)+\left.\frac{\partial(F,G)}{\partial(z,x)}\right|_{M_0}(y-y_0)+\left.\frac{\partial(F,G)}{\partial(x,y)}\right|_{M_0}(z-z_0)=0.$$

证　由已知得方程组$\begin{cases}F(x,y,z)=0,\\G(x,y,z)=0\end{cases}$在点 M_0 的某一邻域内唯一确定一组函数 $y=y(x)$，$z=z(x)$. 即曲线 Γ 的方程可用$\begin{cases}y=y(x),\\z=z(x)\end{cases}$来表示，而这就是定理 5.15 中的情形. 要求曲线 Γ 在点 M_0 处的切向量 $\boldsymbol{\tau}$，只要求 $y'(x_0)$ 和 $z'(x_0)$ 即可. 为此，在恒等式 $F[x,y(x),z(x)]\equiv 0$ 和$G[x,y(x),z(x)]\equiv 0$的两边分别对 x 求全导数，并移项得

$$\begin{cases}F'_y y'(x)+F'_z z'(x)=-F'_x,\\G'_y y'(x)+G'_z z'(x)=-G'_x.\end{cases}$$

由已知不妨设$\left.\frac{\partial(F,G)}{\partial(y,z)}\right|_{M_0}\neq 0$，可得，在点 M_0 的某个邻域内，$J=\frac{\partial(F,G)}{\partial(y,z)}\neq 0$，可解方程组得

$$y'(x)=\frac{1}{J}\frac{\partial(F,G)}{\partial(z,x)},z'(x)=\frac{1}{J}\frac{\partial(F,G)}{\partial(x,y)}.$$

故由定理 5.15 可得，曲线 Γ 在点 M_0 处的一个切向量为

$$\{1,y'(x_0),z'(x_0)\}=\left.\left\{1,\frac{1}{J}\frac{\partial(F,G)}{\partial(z,x)},\frac{1}{J}\frac{\partial(F,G)}{\partial(x,y)}\right\}\right|_{M_0},$$

于是，可取曲线 Γ 在点 M_0 处的另一个切向量为

$$\boldsymbol{\tau}=\left\{\frac{\partial(F,G)}{\partial(y,z)},\frac{\partial(F,G)}{\partial(z,x)},\frac{\partial(F,G)}{\partial(x,y)}\right\}\Bigg|_{M_0}=\begin{vmatrix}\boldsymbol{i} & \boldsymbol{j} & \boldsymbol{k}\\ F'_x & F'_y & F'_z\\ G'_x & G'_y & G'_z\end{vmatrix}\Bigg|_{M_0}.$$

所以由此可写出如定理所述的相应的切线方程和法平面方程.

例 5.50 求曲线$\begin{cases}2x^2+y^2+z^2=4,\\ x^2+y^2-2z=0\end{cases}$在点 $M_0(1,-1,1)$处的切线和法平面方程.

解 令 $F(x,y,z)=2x^2+y^2+z^2-4$, $G(x,y,z)=x^2+y^2-2z$, 则 $F'_x|_{M_0}=4x|_{(1,-1,1)}=4$, $F'_y|_{M_0}=2y|_{(1,-1,1)}=-2$, $F'_z|_{M_0}=2z|_{(1,-1,1)}=2$, $G'_x|_{M_0}=2x|_{(1,-1,1)}=2$, $G'_y|_{M_0}=2y|_{(1,-1,1)}=-2$, $G'_z|_{M_0}=-2$, 于是曲线在点 $M_0(1,-1,1)$处的一个切向量为

$$\boldsymbol{\tau}=\begin{vmatrix}\boldsymbol{i} & \boldsymbol{j} & \boldsymbol{k}\\ F'_x & F'_y & F'_z\\ G'_x & G'_y & G'_z\end{vmatrix}\Bigg|_{M_0}=\begin{vmatrix}\boldsymbol{i} & \boldsymbol{j} & \boldsymbol{k}\\ 4 & -2 & 2\\ 2 & -2 & -2\end{vmatrix}=\{8,12,-4\}=4\{2,3,-1\},$$

故所求切线方程为

$$\frac{x-1}{2}=\frac{y+1}{3}=\frac{z-1}{-1}.$$

法平面方程为

$$2(x-1)+3(y+1)-(z-1)=0,$$

即

$$2x+3y-z+2=0.$$

最后,我们顺便指出,与平面曲线类似,空间曲线 Γ 称为光滑曲线是指曲线 Γ 上每一点处都有切线,且切线随着切点的移动而连续地变化.

根据前面的讨论知,当曲线 Γ 由参数方程 $x=x(t)$、$y=y(t)$、$z=z(t)$ 给出时,如果 $x'(t)$、$y'(t)$、$z'(t)$连续且不全为零,则曲线 Γ 是光滑曲线.

当曲线 Γ 由一般方程 $F(x,y,z)=0$、$G(x,y,z)=0$ 给出时,如果 F、G 有连续偏导数,且

$$\frac{\partial(F,G)}{\partial(y,z)},\frac{\partial(F,G)}{\partial(z,x)},\frac{\partial(F,G)}{\partial(x,y)}$$

不全为零,则曲线 Γ 是光滑曲线.

5.7.2 曲面的切平面与法线

定义 5.8 设 M_0 为曲面 Σ 上一定点,通过点 M_0 作曲面上的任意光滑曲线,如果这些曲线在点 M_0 处的切线都在同一平面上,那么这个平面就称为曲面在点 M_0 处的切平面. 切平面在点 M_0 处的法向量 $\boldsymbol{n}$ 称为曲面在点 M_0 处的法向量. 过点 M_0 且与切平面垂直的直线,称为曲面在点 M_0 处的法线(见图 5-28).

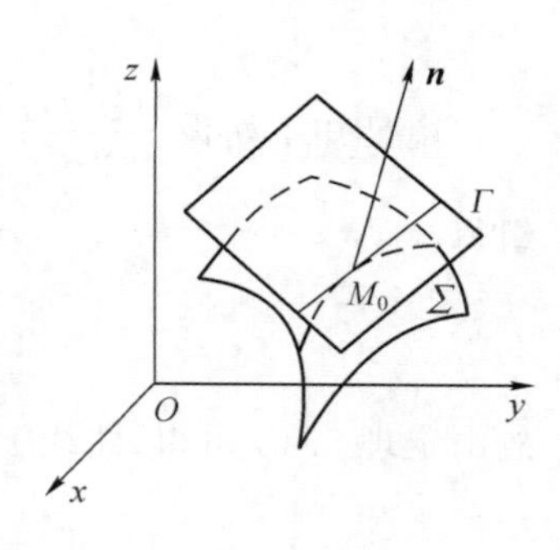

图 5-28

下面我们根据曲面 Σ 的方程的不同形式,分别讨论曲面存在切平面的条件,以及切平面、法线的方程.

1. 曲面 Σ 由隐式方程 $F(x,y,z)=0$ 给出的情形

定理 5.17　设曲面 Σ 的方程为 $F(x,y,z)=0$，点 $M_0(x_0,y_0,z_0)$ 为曲面 Σ 上的一个点，如果函数 $F(x,y,z)$ 在点 M_0 的某一邻域内具有连续的偏导数，且 $F'_x(x_0,y_0,z_0)$、$F'_y(x_0,y_0,z_0)$、$F'_z(x_0,y_0,z_0)$ 不全为零，则曲面 Σ 在点 M_0 处存在切平面，且有法向量

$$\boldsymbol{n}=\{F'_x(x_0,y_0,z_0),F'_y(x_0,y_0,z_0),F'_z(x_0,y_0,z_0)\}.$$

从而曲面 Σ 在点 M_0 处的切平面方程为

$$F'_x(x_0,y_0,z_0)(x-x_0)+F'_y(x_0,y_0,z_0)(y-y_0)+F'_z(x_0,y_0,z_0)(z-z_0)=0,$$

法线方程为

$$\frac{x-x_0}{F'_x(x_0,y_0,z_0)}=\frac{y-y_0}{F'_y(x_0,y_0,z_0)}=\frac{z-z_0}{F'_z(x_0,y_0,z_0)}.$$

证　在曲面 Σ 上，过点 M_0 任作一条光滑曲线 Γ，设其参数方程为

$$x=x(t),y=y(t),z=z(t).$$

点 M_0 对应参数 $t=t_0$，$x'(t_0)$、$y'(t_0)$、$z'(t_0)$ 存在且不全为零，则由定理 5.14 知，曲线 Γ 在点 M_0 处的一个切向量为

$$\boldsymbol{\tau}=\{x'(t_0),y'(t_0),z'(t_0)\}.$$

又由于曲线 Γ 在曲面 Σ 上，所以有

$$F[x(t),y(t),z(t)]\equiv 0.$$

根据多元复合函数求导的链式法则，在等式两边对 t 求全导数，并令 $t=t_0$，得

$$F'_x(x_0,y_0,z_0)x'(t_0)+F'_y(x_0,y_0,z_0)y'(t_0)+F'_z(x_0,y_0,z_0)z'(t_0)=0.$$

如果记向量

$$\boldsymbol{n}=\{F'_x(x_0,y_0,z_0),F'_y(x_0,y_0,z_0),F'_z(x_0,y_0,z_0)\},$$

则上式可改写成

$$\boldsymbol{n}\cdot\boldsymbol{\tau}=0, \tag{5-39}$$

即向量 $\boldsymbol{\tau}$ 与 $\boldsymbol{n}$ 垂直.

注意到曲线 Γ 是曲面 Σ 上通过点 M_0 的任一条光滑曲线，所以式(5-39)表明曲面上通过点 M_0 的一切曲线在点 M_0 处的切线都垂直于同一向量 $\boldsymbol{n}$($\boldsymbol{n}$ 仅与曲面 Σ 的方程及点 M_0 有关)，因此这些切线都在以 $\boldsymbol{n}$ 为法向量的同一平面上. 根据定义 5.8，这个平面即为曲面 Σ 在点 M_0 处的切平面，切平面过点 M_0 且以 $\boldsymbol{n}$ 为法向量，所以其方程为

$$F'_x(x_0,y_0,z_0)(x-x_0)+F'_y(x_0,y_0,z_0)(y-y_0)+F'_z(x_0,y_0,z_0)(z-z_0)=0,$$

由法线的定义知，曲面 Σ 在点 M_0 处的法线方程为

$$\frac{x-x_0}{F'_x(x_0,y_0,z_0)}=\frac{y-y_0}{F'_y(x_0,y_0,z_0)}=\frac{z-z_0}{F'_z(x_0,y_0,z_0)}.$$

例 5.51　求曲线 $x^2y+2y^2z+3z^2x+4=0$ 在点 $M_0(-2,1,-1)$ 处的切平面和法线方程.

解　令 $F(x,y,x)=x^2y+2y^2z+3z^2x+4$，则 $F'_x|_{M_0}=(2xy+3z^2)|_{(-2,1,-1)}=-1$，

$F'_y|_{M_0}=(x^2+4yz)|_{(-2,1,-1)}=0, F'_z|_{M_0}=(2y^2+6zx)|_{(-2,1,-1)}=14.$

所以曲面在点 $M_0(-2,1,-1)$处的一个法向量为

$$\boldsymbol{n}=\{F'_x,F'_y,F'_z\}|_{M_0}=\{-1,0,14\}.$$

于是曲面在点 $M_0(-2,1,-1)$处的切平面方程为

$$-(x+2)+0(y-1)+14(z+1)=0,$$

即

$$x-14z-12=0.$$

法线方程为

$$\frac{x+2}{-1}=\frac{y-1}{0}=\frac{z+1}{14}.$$

例 5.52 求曲面 $x^2+y^2+4z^2=9$ 的切平面方程,使该切平面与平面 Π:$x-2y-4z=0$ 平行.

解 设切点为 $M_0(x_0,y_0,z_0)$,令 $F(x,y,z)=x^2+y^2+4z^2-9$,则切平面的法向量为

$$\boldsymbol{n}_1=\{F'_x,F'_y,F'_z\}|_{M_0}=\{2x,2y,8z\}|_{M_0}=\{2x_0,2y_0,8z_0\},$$

平面 Π 的法向量为 $\boldsymbol{n}=\{1,-2,-4\}$,而 $\boldsymbol{n}_1 /\!/ \boldsymbol{n}$,所以

$$\frac{2x_0}{1}=\frac{2y_0}{-2}=\frac{8z_0}{-4}.$$

又因为点 M_0 在曲面上,于是可得 $x_0^2+y_0^2+4z_0^2=9$,从而可解得点 M_0 的坐标为$(1,-2,-1)$或$(-1,2,1)$,所以切平面的方程为

$$(x-1)-2(y+2)-4(z+1)=0 \text{ 或} (x+1)-2(y-2)-4(z-1)=0,$$

即

$$x-2y-4z-9=0 \text{ 或 } x-2y-4z+9=0.$$

2.曲面 Σ 由显式方程 $z=f(x,y)$ 给出的情形

定理 5.18 设曲面 Σ 的方程为 $z=f(x,y)$,点 $M_0(x_0,y_0,z_0)$为曲面 Σ 上的一个点,如果函数 $f(x,y)$在(x_0,y_0)处具有连续偏导数,则曲面 Σ 在点 M_0 处存在切平面,且有法向量

$$\boldsymbol{n}=\{F'_x(x_0,y_0),F'_y(x_0,y_0),-1\},$$

从而曲面 Σ 在点 M_0 处的切平面方程为

$$F'_x(x_0,y_0)(x-x_0)+F'_y(x_0,y_0)(y-y_0)-(z-z_0)=0,$$

法线方程为

$$\frac{x-x_0}{F'_x(x_0,y_0)}=\frac{y-y_0}{F'_y(x_0,y_0)}=\frac{z-z_0}{-1}.$$

证 事实上,只需令 $F(x,y,z)=f(x,y)-z$,这时,

$$F'_x|_{M_0}=f'_x(x_0,y_0), F'_y|_{M_0}=f'_y(x_0,y_0), F'_z|_{M_0}=-1.$$

再由定理 5.17 即可得所要证明的结论.

例 5.53 证明:圆锥面 $z=f(x,y)=\sqrt{x^2+y^2}+3$ 的所有切平面都通过圆锥面的顶点.

证 设圆锥面上任一点为 $M_0(x_0,y_0,z_0)$,因为

$$f'_x(x,y)=\frac{x}{\sqrt{x^2+y^2}},f'_y(x,y)=\frac{y}{\sqrt{x^2+y^2}},$$

所以圆锥面过点 M_0 的切平面方程为

$$\frac{x_0}{\sqrt{x_0^2+y_0^2}}(x-x_0)+\frac{y_0}{\sqrt{x_0^2+y_0^2}}(y-y_0)-(z-z_0)=0,$$

又点 $M_0(x_0,y_0,z_0)$满足 $\sqrt{x_0^2+y_0^2}=z_0-3$,将其代入上式并整理,得

$$x_0x+y_0y-(z_0-3)(z-3)=0.$$

因为圆锥面顶点(0,0,3)满足上述方程,因此原题得证.

习 题 5.7

1. 求下列曲线在指定点处的切线方程和法平面方程:

(1)$\begin{cases}x=t-\sin t,\\ y=1-\cos t,\\ z=2\sin\dfrac{t}{2},\end{cases}$ 在 $t=\dfrac{\pi}{2}$ 对应点;　　(2)$\begin{cases}x=y^2,\\ z=2x^2,\end{cases}$ 在 $M(1,-1,2)$处;

(3)$\begin{cases}\dfrac{x^2}{4}+\dfrac{y^2}{2}+\dfrac{z^2}{4}=1,\\ x-2y+z+2=0,\end{cases}$ 在点 $M(1,1,-1)$处.

2. 在曲线 $x=t,y=t^2,z=t^3$ 上求一点,使得曲线在该点处的切线与平面 $x+2y+z=10$ 平行.

3. 证明:过曲线 $\begin{cases}x^2-z=0,\\ 3x+2y+1=0\end{cases}$ 上的点(1,-2,1)处的法平面与空间直线 $\begin{cases}9x-7y-21z=0,\\ x-y-z=0\end{cases}$ 平行.

4. 求下列曲面在指定点处的切平面方程和法线方程:

(1)$z=\arctan\dfrac{y}{x}+x+y$ 在点 $M(1,-1,\dfrac{\pi}{4})$处;

(2)$z=x^3+2x^2y+xy^2-2y^3$ 在点 $M(-1,1,-2)$处;

(3)$e^z-2z+x^2y=4$ 在点 $M(-2,1,0)$处.

5. 在曲面 $z=x^2-2y^2$ 上求一点,使这点的法线垂直于平面 $2x-8y+z=0$,并写出该法线方程.

6. 求曲面 $3x^2+y^2+z^2=16$ 上在点(-1,-2,3)处的切平面与 xOy 面的夹角的余弦.

7. 证明:曲面 $\sqrt{x}+\sqrt{y}+\sqrt{z}=\sqrt{a}$($a$ 为大于 0 的常数)上任意点处的切平面在各坐标轴上的截距之和等于 a.

8. 证明：$xyz=a$（a 为大于 0 的常数）上任意点处的切平面与坐标面所围成的四面体的体积是常数.

9. 证明：曲面 $z=x+f(y-z)$ 上任一点处的切平面平行于一定直线.

习题 5.7 详解

5.8 方向导数与梯度

5.8.1 方向导数

在第 5.3 小节中，我们已经介绍了多元函数偏导数的概念. 例如，二元函数 $z=f(x,y)$ 在点 $P_0(x_0,y_0)$ 处的偏导数为 $f'_x(x_0,y_0)$、$f'_y(x_0,y_0)$，它们分别反映了二元函数 $z=f(x,y)$ 在点 $P_0(x_0,y_0)$ 处沿 x 轴和 y 轴的变化率. 但在许多实际问题中，我们还需要进一步了解二元函数 $z=f(x,y)$ 在点 $P_0(x_0,y_0)$ 处沿任一方向的变化率问题. 例如，热空气要向冷的地方流动，气象学中要确定大气温度、气压沿着某些方向的变化率. 这类沿特定方向的变化率，就是我们将要介绍的方向导数.

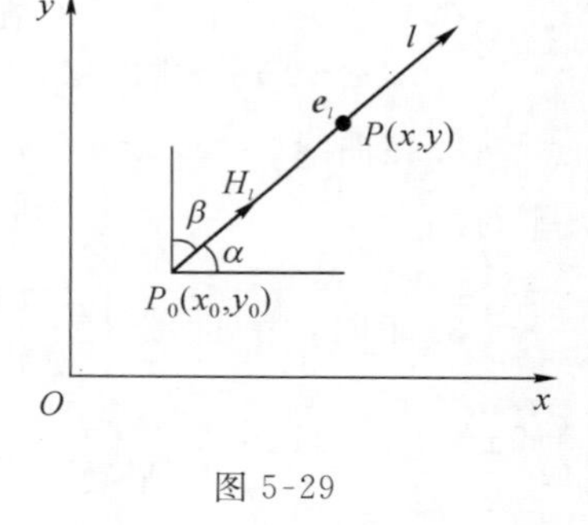

图 5-29

定义 5.9 设二元函数 $z=f(x,y)$ 在点 $P_0(x_0,y_0)$ 的某一邻域内有定义，自点 P_0 沿向量 $\boldsymbol{e}_l=\{\cos\alpha,\cos\beta\}$ 的方向引一条射线 l，它与 x 轴正向的夹角为 α，与 y 轴正向的夹角为 β（见图 5-29）. 点 $P(x_0+\rho\cos\alpha,y_0+\rho\cos\beta)$ 是 l 上的任意一点，ρ 是 P_0 与 P 两点间的距离，即 $|P_0P|=\rho$. 当点 P 沿射线 l 无限趋近于点 P_0（即 $\rho\to0^+$）时，如果极限

$$\lim_{\rho\to0^+}\frac{f(x_0+\rho\cos\alpha,y_0+\rho\cos\beta)-f(x_0,y_0)}{\rho}$$

存在，则称此极限为二元函数 $z=f(x,y)$ 在点 P_0 处沿方向 l 的方向导数，记作 $\left.\frac{\partial f}{\partial l}\right|_{(x_0,y_0)}$. 即

$$\left.\frac{\partial f}{\partial l}\right|_{(x_0,y_0)}=\lim_{\rho\to0^+}\frac{f(x_0+\rho\cos\alpha,y_0+\rho\cos\beta)-f(x_0,y_0)}{\rho}. \tag{5-40}$$

由定义 5.9 可知，方向导数 $\left.\frac{\partial f}{\partial l}\right|_{(x_0,y_0)}$ 就是函数 $f(x,y)$ 在点 $P_0(x_0,y_0)$ 处沿方向 l 的变化率. 若函数 $f(x,y)$ 在点 $P_0(x_0,y_0)$ 的偏导数存在，取 $\boldsymbol{e}_l=\boldsymbol{i}=\{1,0\}$（$x$ 轴正向），则

$$\left.\frac{\partial f}{\partial l}\right|_{(x_0,y_0)}=\lim_{\rho\to0^+}\frac{f(x_0+\rho,y_0)-f(x_0,y_0)}{\rho}=f'_x(x_0,y_0);$$

若取 $e_l=j=\{0,1\}$（y 轴正向），则

$$\left.\frac{\partial f}{\partial l}\right|_{(x_0,y_0)}=\lim_{\rho\to 0^+}\frac{f(x_0,y_0+\rho)-f(x_0,y_0)}{\rho}=f'_y(x_0,y_0).$$

同理，若取 $e_l=-i=\{-1,0\}$（x 轴负向），则 $\left.\frac{\partial f}{\partial l}\right|_{(x_0,y_0)}=-f'_x(x_0,y_0)$；若取 $e_l=-j=\{0,-1\}$（y 轴负向），则 $\left.\frac{\partial f}{\partial l}\right|_{(x_0,y_0)}=-f'_y(x_0,y_0)$.

以上结论你会证明吗？

在以上讨论中，为什么方向指向相反时，其方向导数改变符号？其原因是在方向导数定义中，式(5-40)中的分母 $\rho=|P_0P|=\sqrt{(\Delta x)^2+(\Delta y)^2}$ 总是正的，因此方向导数是一种单向导数. 而在偏导数定义中，Δx 或 Δy 可正可负，所以偏导数是一种双向导数.

但应注意的是，方向导数的存在不能保证偏导数一定存在. 例如，函数 $z=\sqrt{x^2+y^2}$ 在点(0,0)处沿 $e_l=i=\{1,0\}$ 的方向导数 $\left.\frac{\partial f}{\partial l}\right|_{(0,0)}=1$，但偏导数 $f'_x(0,0)$ 却不存在.

以上结论你会证明吗？

由定义 5.9 易知，函数 $f(x,y)$ 在点 (x_0,y_0) 处关于 x（或 y）的偏导数存在的充分必要条件是 $f(x,y)$ 沿方向 i 和 $-i$（或方向 j 和 $-j$）的方向导数都存在，且互为相反数. 这时有

$$f'_x(x_0,y_0)=\left.\frac{\partial f}{\partial l}\right|_{(x_0,y_0)}\ (\text{当 } e_l=i \text{ 时})$$

$$\left[\text{或 } f'_y(x_0,y_0)=\left.\frac{\partial f}{\partial l}\right|_{(x_0,y_0)}\ (\text{当 } e_l=j \text{ 时})\right].$$

例 5.54　求函数 $f(x,y)=x^2y$ 在点(1,1)处沿向量{1,1}的方向 l 的方向导数.

解　因 $e_l=\frac{1}{\sqrt{2}}\{1,1\}$，即 $\cos\alpha=\frac{1}{\sqrt{2}}$，$\cos\beta=\frac{1}{\sqrt{2}}$，故由式(5-40)得

$$\left.\frac{\partial f}{\partial l}\right|_{(1,1)}=\lim_{\rho\to 0^+}\frac{\left(1+\frac{1}{\sqrt{2}}\rho\right)^2\left(1+\frac{1}{\sqrt{2}}\rho\right)-1}{\rho}$$

$$=\lim_{\rho\to 0^+}\left(\frac{3\sqrt{2}}{2}+\frac{3}{2}\rho+\frac{\sqrt{2}}{4}\rho^2\right)=\frac{3\sqrt{2}}{2}.$$

方向导数的概念可以相应地推广到三元及三元以上的函数，例如可以给出三元函数方向导数的定义.

定义 5.10　设三元函数 $u=f(x,y,z)$ 在点 $P_0(x_0,y_0,z_0)$ 的某一邻域内有定义，自点 P_0 沿向量 $e_l=\{\cos\alpha,\cos\beta,\cos\gamma\}$ 的方向引一条射线 l. 点 $P(x_0+\rho\cos\alpha,y_0+\rho\cos\beta,z_0+\rho\cos\gamma)$ 是 l 上的任意一点，ρ 是 P_0 与 P 两点间的距离，即 $|P_0P|=\rho$. 当 P 沿射线 l 无限趋近于 P_0（即

$\rho \to 0^+$)时,如果极限

$$\lim_{\rho \to 0^+} \frac{f(x_0+\rho\cos\alpha, y_0+\rho\cos\beta, z_0+\rho\cos\gamma)-f(x_0,y_0,z_0)}{\rho}$$

存在,则称此极限为三元函数 $u=f(x,y,z)$ 在点 P_0 处沿方向 l 的方向导数,记作 $\left.\frac{\partial f}{\partial l}\right|_{(x_0,y_0,z_0)}$.

显然,利用方向导数的定义计算方向导数比较麻烦.因此,为了计算多元函数在给定点 P_0 处沿给定方向 l 的方向导数,我们给出如下的两个定理.

定理 5.19 如果函数 $z=f(x,y)$ 在点 $P_0(x_0,y_0)$ 可微,则函数在该点沿任一方向 l 的方向导数存在,且有

$$\left.\frac{\partial f}{\partial l}\right|_{(x_0,y_0)} = f'_x(x_0,y_0)\cos\alpha + f'_y(x_0,y_0)\cos\beta, \tag{5-41}$$

其中 $\cos\alpha$、$\cos\beta$ 是方向 l 的方向余弦.

证 已知 $z=f(x,y)$ 在点 $P_0(x_0,y_0)$ 处可微,因此函数的全增量可表示为

$$\begin{aligned}\Delta z &= f(x_0+\Delta x, y_0+\Delta y)-f(x_0,y_0)\\ &= f'_x(x_0,y_0)\Delta x + f'_y(x_0,y_0)\Delta y + o(\rho),\end{aligned}$$

其中 $\rho=\sqrt{(\Delta x)^2+(\Delta y)^2}$.用 ρ 除以上式两边,得

$$\frac{\Delta z}{\rho} = f'_x(x_0,y_0)\frac{\Delta x}{\rho} + f'_y(x_0,y_0)\frac{\Delta y}{\rho} + \frac{o(\rho)}{\rho}.$$

令动点 $P(x_0+\Delta x, y_0+\Delta y)$ 在方向 l 上无限趋近于点 $P_0(x_0,y_0)$,即 $\rho \to 0^+$,将 $\Delta x=\rho\cos\alpha$,$\Delta y=\rho\cos\beta$ 代入上式,并取极限,则有

$$\begin{aligned}\lim_{\rho \to 0^+}\frac{\Delta z}{\rho} &= \lim_{\rho \to 0^+}\frac{f(x_0+\rho\cos\alpha, y_0+\rho\cos\beta)-f(x_0,y_0)}{\rho}\\ &= f'_x(x_0,y_0)\cos\alpha + f'_y(x_0,y_0)\cos\beta.\end{aligned}$$

这就证明了函数 $f(x,y)$ 在点 $P_0(x_0,y_0)$ 沿方向 l 的方向导数存在,且有式(5-41)成立.

由式(5-41)可见,当 $\alpha=0$(或 $\alpha=\pi$)时,即方向 l 为 x 轴正向(或 x 轴负向)时,方向导数为

$$\left.\frac{\partial z}{\partial l}\right|_{(x_0,y_0)} = \left.\frac{\partial z}{\partial x}\right|_{(x_0,y_0)} \left(\text{或}\left.\frac{\partial z}{\partial l}\right|_{(x_0,y_0)} = -\left.\frac{\partial z}{\partial x}\right|_{(x_0,y_0)}\right).$$

类似地,当方向 l 为 y 轴正向(或 y 轴负向)时,方向导数 $\left.\frac{\partial z}{\partial l}\right|_{(x_0,y_0)}$ 分别为 $\left.\frac{\partial z}{\partial y}\right|_{(x_0,y_0)}$ $\left(\text{或}-\left.\frac{\partial z}{\partial y}\right|_{(x_0,y_0)}\right)$.

定理 5.20 如果函数 $u=f(x,y,z)$ 在点 $P_0(x_0,y_0,z_0)$ 处可微,则函数在该点沿任一方向 l 的方向导数存在,且有

$$\left.\frac{\partial f}{\partial l}\right|_{(x_0,y_0,z_0)} = f'_x(x_0,y_0,z_0)\cos\alpha + f'_y(x_0,y_0,z_0)\cos\beta + f'_z(x_0,y_0,z_0)\cos\gamma, \tag{5-42}$$

其中 $\cos\alpha$、$\cos\beta$、$\cos\gamma$ 是方向 l 的方向余弦.

例 5.55　求函数 $f(x,y)=x^2\mathrm{e}^y+\cos(xy)$ 在点 $(-1,0)$ 处沿从点 $P(2,1)$ 到点 $Q(3,-1)$ 的方向 l 的方向导数.

解　方向 l 即为向量 $\overrightarrow{PQ}=\{1,-2\}$ 所指方向，所以 $\boldsymbol{e}_l=\frac{1}{\sqrt{5}}\{1,-2\}$，即 $\cos\alpha=\frac{1}{\sqrt{5}}$，$\cos\beta=-\frac{2}{\sqrt{5}}$. 又

$$f'_x(x,y)=2x\mathrm{e}^y-y\sin(xy),\ f'_y(x,y)=x^2\mathrm{e}^y-x\sin(xy),$$

从而得 $f'_x(-1,0)=-2$，$f'_y(-1,0)=1$，代入式(5-41)得

$$\left.\frac{\partial f}{\partial l}\right|_{(-1,0)}=-2\times\frac{1}{\sqrt{5}}+1\times\left(-\frac{2}{\sqrt{5}}\right)=-\frac{4\sqrt{5}}{5}.$$

例 5.56　求函数 $f(x,y)=xy^2-2x^2y$ 在点 $P(2,3)$ 处沿曲线 $y=x^2-1$ 的切线且朝 x 增大一方的方向导数.

解　沿曲线 $y=x^2-1$ 在点 P 处的切线朝 x 增大一方是指点 P 处切线的方向向量 $\boldsymbol{\tau}$（见图 5-30）所指方向.

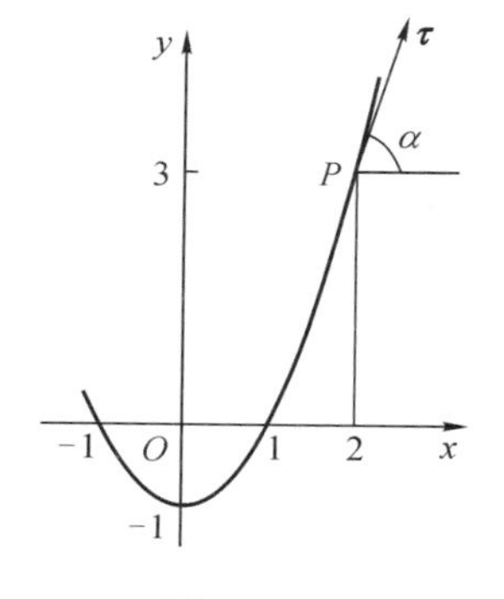

图 5-30

设 $\boldsymbol{\tau}$ 的方向余弦分别为 $\cos\alpha$、$\cos\beta$，则

$$\tan\alpha=y'|_{x=2}=2x|_{x=2}=4,$$

因此 $\cos\alpha=\frac{1}{\sqrt{17}}$，$\cos\beta=\frac{4}{\sqrt{17}}$. 又

$$f'_x(x,y)=y^2-4xy,\ f'_y(x,y)=2xy-2x^2,$$

所以沿向量 $\boldsymbol{\tau}$ 的方向 l 的方向导数为

$$\left.\frac{\partial f}{\partial l}\right|_{(2,3)}=f'_x(2,3)\cos\alpha+f'_y(2,3)\cos\beta$$

$$=-15\times\frac{1}{\sqrt{17}}+4\times\frac{4}{\sqrt{17}}=\frac{\sqrt{17}}{17}.$$

例 5.57　求函数 $u=xy+2yz+3zx$ 在点 $M_0(\sqrt{3},\sqrt{3},-\sqrt{3})$ 处沿球面 $x^2+y^2+z^2=9$ 在该点的外法线方向.

解　设 $F(x,y,z)=x^2+y^2+z^2-9$，则球面在点 M_0 处的外法线的方向向量为

$$\boldsymbol{n}=\{F'_x,F'_y,F'_z\}|_{M_0}=\{2x,2y,2z\}|_{M_0}=\{2\sqrt{3},2\sqrt{3},-2\sqrt{3}\},$$

从而 $\boldsymbol{n}^0=\frac{\boldsymbol{n}}{|\boldsymbol{n}|}=\left\{\frac{\sqrt{3}}{3},\frac{\sqrt{3}}{3},-\frac{\sqrt{3}}{3}\right\}$. 又

$$\left.\frac{\partial u}{\partial x}\right|_{M_0}=(y+3z)|_{M_0}=-2\sqrt{3},$$

$$\left.\frac{\partial u}{\partial y}\right|_{M_0}=(x+2z)|_{M_0}=-\sqrt{3},$$

$$\left.\frac{\partial u}{\partial z}\right|_{M_0}=(2y+3x)|_{M_0}=5\sqrt{3},$$

所以代入式(5-42)得，沿向量 $\boldsymbol{n}$ 的方向 l 的方向导数为

$$\left.\frac{\partial u}{\partial l}\right|_{M_0}=(-2\sqrt{3})\times\frac{\sqrt{3}}{3}+(-\sqrt{3})\times\frac{\sqrt{3}}{3}+5\sqrt{3}\times\left(-\frac{\sqrt{3}}{3}\right)=-8.$$

5.8.2 梯度

由式(5-41)及式(5-42)可以看到,多元函数在点 P_0 处沿不同方向的方向导数可能是不同的.那么,对于固定的点 P_0,沿不同方向的方向导数中有没有最大值?如果有,沿哪一个方向的方向导数最大?

下面我们以二元函数 $z=f(x,y)$ 为例来研究这个问题.在式(5-41)中,方向导数 $\left.\frac{\partial f}{\partial l}\right|_{(x_0,y_0)}$ 可以表示成向量

$$\boldsymbol{g}=f'_x(x_0,y_0)\boldsymbol{i}+f'_y(x_0,y_0)\boldsymbol{j}$$

与方向 l 上的单位向量 $\boldsymbol{e}_l=\cos\alpha\boldsymbol{i}+\cos\beta\boldsymbol{j}$ 的数量积,即

$$\left.\frac{\partial f}{\partial l}\right|_{(x_0,y_0)}=f'_x(x_0,y_0)\cos\alpha+f'_y(x_0,y_0)\cos\beta=\boldsymbol{g}\cdot\boldsymbol{e}_l=|\boldsymbol{g}|\cos\theta,$$

其中 θ 是向量 $\boldsymbol{g}$ 与 $\boldsymbol{e}_l$ 的夹角.

从上式可以看出,当 $\cos\theta=1$,即 $\boldsymbol{e}_l$ 与 $\boldsymbol{g}$ 的方向相同时,$\left.\frac{\partial f}{\partial l}\right|_{(x_0,y_0)}=|\boldsymbol{g}|$,取得最大值.也就是说,函数 $z=f(x,y)$ 沿向量 $\boldsymbol{g}$ 的方向的方向导数最大,且此最大值为

$$|\boldsymbol{g}|=\sqrt{f'^2_x(x_0,y_0)+f'^2_y(x_0,y_0)}.$$

同样,当 $\cos\theta=-1$,即 $\boldsymbol{e}_l$ 与 $\boldsymbol{g}$ 的方向相反时,$\left.\frac{\partial f}{\partial l}\right|_{(x_0,y_0)}=-|\boldsymbol{g}|$,取得最小值,即函数 $z=f(x,y)$ 沿向量 $-\boldsymbol{g}$ 的方向的方向导数最小,且此最小值为 $-|\boldsymbol{g}|$;当 $\cos\theta=0$,即 $\boldsymbol{e}_l$ 与 $\boldsymbol{g}$ 的方向垂直时,$\left.\frac{\partial f}{\partial l}\right|_{(x_0,y_0)}=0$,即函数 $z=f(x,y)$ 沿与向量 $\boldsymbol{g}$ 垂直的方向的方向导数为零.

定义 5.11 设二元函数 $z=f(x,y)$ 在点 $P_0(x_0,y_0)$ 的某一邻域内具有连续偏导数 $\frac{\partial z}{\partial x}$、$\frac{\partial z}{\partial y}$,则称向量 $\boldsymbol{g}=f'_x(x_0,y_0)\boldsymbol{i}+f'_y(x_0,y_0)\boldsymbol{j}$ 为函数 $z=f(x,y)$ 在点 P_0 处的梯度,记作 $\mathbf{grad}f(x_0,y_0)$ 或 $\nabla f(x_0,y_0)$,即

$$\mathbf{grad}f(x_0,y_0)=\nabla f(x_0,y_0)=f'_x(x_0,y_0)\boldsymbol{i}+f'_y(x_0,y_0)\boldsymbol{j}.$$

从上面的讨论可知,函数 $z=f(x,y)$ 在点 $P_0(x_0,y_0)$ 处的梯度 $\mathbf{grad}f(x_0,y_0)$ 是一个向量,它的方向是函数在该点的方向导数取得最大值的方向,它的模 $|\mathbf{grad}f(x_0,y_0)|$ 就是方向导数的最大值;与梯度相反的方向是函数在该点的方向导数取得最小值的方向,而 $-|\mathbf{grad}f(x_0,y_0)|$ 就是方向导数的最小值;与梯度垂直的方向是函数在该点的方向导数等于零的方向.

梯度的概念可以推广到三元及三元以上的函数.

定义 5.12 设三元函数 $u=f(x,y,z)$ 在点 $P_0(x_0,y_0,z_0)$ 的某一邻域内具有连续偏导

数$\frac{\partial u}{\partial x}$、$\frac{\partial u}{\partial y}$、$\frac{\partial u}{\partial z}$，则称向量 $\boldsymbol{g}=f'_x(x_0,y_0,z_0)\boldsymbol{i}+f'_y(x_0,y_0,z_0)\boldsymbol{j}+f'_z(x_0,y_0,z_0)\boldsymbol{k}$ 为函数 $u=f(x,y,z)$在点 P_0 处的梯度，记作 $\mathbf{grad}f(x_0,y_0,z_0)$或$\nabla f(x_0,y_0,z_0)$，即

$$\begin{aligned}\mathbf{grad}f(x_0,y_0,z_0)&=\nabla f(x_0,y_0,z_0)\\&=f'_x(x_0,y_0,z_0)\boldsymbol{i}+f'_y(x_0,y_0,z_0)\boldsymbol{j}+f'_z(x_0,y_0,z_0)\boldsymbol{k}.\end{aligned}$$

与二元函数的梯度类似，三元函数的梯度也是一个向量，它的方向与方向导数取得最大值的方向一致，而它的模就是方向导数的最大值；它的相反方向与方向导数取得最小值的方向一致，而它的模的负值就是方向导数的最小值；与梯度垂直的方向的方向导数为零.

例 5.58　设函数 $f(x,y)=xy^2-3e^{xy}$，求 $f(x,y)$在点(1,2)处的梯度及它在梯度方向的方向导数.

解　因为

$$\left.\frac{\partial f}{\partial x}\right|_{(1,2)}=(y^2-3ye^{xy})\big|_{(1,2)}=4-6e^2,$$

$$\left.\frac{\partial f}{\partial y}\right|_{(1,2)}=(2xy-3xe^{xy})\big|_{(1,2)}=4-3e^2,$$

所以

$$\mathbf{grad}f(1,2)=(4-6e^2)\boldsymbol{i}+(4-3e^2)\boldsymbol{j}.$$

此时，它在梯度方向的方向导数就是方向导数的最大值，即为梯度的模，因此所求的方向导数为$\sqrt{(4-6e^2)^2+(4-3e^2)^2}=\sqrt{32-72e^2+45e^4}$.

例 5.59　求函数 $u=\ln(x^2+y^2+z^2)^9$ 在点 $P(1,2,-2)$处的梯度，并回答此函数在该点处沿什么方向的方向导数：(1)达最大值；(2)达最小值；(3)等于零.

解　因为

$$\left.\frac{\partial u}{\partial x}\right|_{(1,2,-2)}=\left.\frac{18x}{x^2+y^2+z^2}\right|_{(1,2,-2)}=2,$$

$$\left.\frac{\partial u}{\partial y}\right|_{(1,2,-2)}=\left.\frac{18y}{x^2+y^2+z^2}\right|_{(1,2,-2)}=4,$$

$$\left.\frac{\partial u}{\partial z}\right|_{(1,2,-2)}=\left.\frac{18z}{x^2+y^2+z^2}\right|_{(1,2,-2)}=-4,$$

所以

$$\mathbf{grad}f(1,2,-2)=2\boldsymbol{i}+4\boldsymbol{j}-4\boldsymbol{k}.$$

(1)当方向导数在点 P 沿方向 $\mathbf{grad}f(1,2,-2)$时达到最大值；

(2)当方向导数在点 P 沿方向$-\mathbf{grad}f(1,2,-2)$时达到最小值；

(3)当方向导数在点 P 沿与方向 $\mathbf{grad}f(1,2,-2)$垂直的方向时等于零.

梯度具有如下运算法则：

请与导数或偏导数的相应运算法则进行类比.

当函数 u、v 都是可微函数时，有：

(1)若 C 为常数，则 $\mathbf{grad}C=0$；

(2)若 k_1、k_2 为常数，则 $\mathbf{grad}(k_1u+k_2v)=k_1\mathbf{grad}u+k_2\mathbf{grad}v$；

(3)$\mathbf{grad}(uv)=v\mathbf{grad}u+u\mathbf{grad}v$；

(4)$\mathbf{grad}\left(\dfrac{u}{v}\right)=\dfrac{v\mathbf{grad}u-u\mathbf{grad}v}{v^2}(v\neq 0)$；

(5)$\mathbf{grad}[f(u)]=f'(u)\mathbf{grad}u$（$f$ 是可微函数）；

(6)$\mathbf{grad}[f(u,v)]=\dfrac{\partial f}{\partial u}\mathbf{grad}u+\dfrac{\partial f}{\partial v}\mathbf{grad}v$（$f$ 是可微函数）.

这些运算法则都可以由梯度的定义结合求导法则直接验证，此处从略.

习 题 5.8

1. 求下列函数在指定点与方向上的方向导数：

(1)$z=xe^{xy}$ 在点 P 处沿着 $\overrightarrow{PQ}$ 方向，其中点 P 为$(-2,0)$，点 Q 为$(-1,3)$；

(2)$z=\ln(x^2+2y^2)$ 在点$(1,1)$处沿着对 x 轴正向的转角为$\dfrac{\pi}{3}$的向量的方向；

(3)$z=x^2y-\ln y$ 在抛物线 $y^2=4x$ 上点$(1,2)$处，沿着此抛物线在该点的切线方向；

(4)$u=xy^2+yz^2$ 在点 P 沿着 $\overrightarrow{PQ}$ 方向，其中点 P 为$(5,1,2)$，点 Q 为$(9,4,14)$；

(5)$u=xy+yz+zx$ 在球面 $x^2+y^2+z^2=1$ 上的点$\left(\dfrac{\sqrt{3}}{3},-\dfrac{\sqrt{3}}{3},\dfrac{\sqrt{3}}{3}\right)$沿着该点的内法线方向；

(6)$u=xy^2+z^3-xyz$ 在点 $P(1,2,-1)$处沿着方向角分别为$\dfrac{\pi}{3}$、$\dfrac{3\pi}{4}$、$\dfrac{2\pi}{3}$的向量的方向.

2. 求下列函数在指定点的梯度：

(1)$z=\dfrac{1}{2x^2-y^2}$在点 $P(1,-1)$处；

(2)$u=xy^2e^z$ 在点 $M(1,-1,1)$处；

(3)$u=\ln\sqrt{x^2y+y^3z+z^4x}$在点 $M(1,1,1)$处.

3. 求函数 $u=x^3y^2z$ 在点 $P(1,-1,2)$处的梯度，并回答函数 u 在该点处沿着什么方向的方向导数达到最大值，请求此最大值.

4. 函数 $u=\ln(x^2+y^2+z^2)$在点 $P(1,-2,2)$处沿着什么方向的方向导数等于零，并求这些方向所确定的平面方程.

5. 已知函数 u、v、f 都是可微函数，证明：

(1)$\mathbf{grad}\left(\dfrac{u}{v}\right)=\dfrac{v\mathbf{grad}u-u\mathbf{grad}v}{v^2}(v\neq 0)$；

(2) $\mathbf{grad}[f(u)]=f'(u)\mathbf{grad}u$;

(3) $\mathbf{grad}[f(u,v)]=\dfrac{\partial f}{\partial u}\mathbf{grad}u+\dfrac{\partial f}{\partial v}\mathbf{grad}v$.

习题 5.8 详解

5.9　多元函数的极值及其应用

5.9.1　二元函数的极值

在一元函数微分学中，我们已经讨论在一个自变量的情况下，如何解决诸如用料最省、距离最短、收益最大等问题. 但在有些问题中，往往会受到多个变量的制约，因此有必要讨论多元函数的最大值、最小值问题. 与一元函数类似，多元函数的最大值、最小值与极大值、极小值有密切联系. 下面以二元函数为例，先讨论多元函数的极值问题.

定义 5.13　设函数 $z=f(x,y)$ 在点 $P_0(x_0,y_0)$ 的某一邻域内有定义，若对于该邻域内异于点 P_0 的任何点 (x,y)，都有

> 请你与一元函数极值的定义做类比.

$$f(x,y)<f(x_0,y_0)\ [\text{或}\ f(x,y)>f(x_0,y_0)],$$

则称 $f(x_0,y_0)$ 为函数 $f(x,y)$ 的一个**极大值(或极小值)**，而点 $P_0(x_0,y_0)$ 就称为该函数的**极大值点(或极小值点)**. 极大值与极小值统称为极值，极大值点与极小值点统称为极值点.

> 请观察以下三例相应函数的图像并进行思考.

例如，函数 $z=x^2+y^2$ 在点 $(0,0)$ 处有极小值. 因为对于点 $(0,0)$ 的任一邻域内异于 $(0,0)$ 的点，函数值都为正，而在点 $(0,0)$ 处的函数值为零. 从几何上看这是显然的，因为点 $(0,0,0)$ 是开口朝上的旋转抛物面 $z=x^2+y^2$ 的顶点.

又如，函数 $z=-\sqrt{x^2+y^2}$ 在点 $(0,0)$ 处有极大值. 因为对于点 $(0,0)$ 的任一邻域内异于 $(0,0)$ 的点，函数值都为负，而在点 $(0,0)$ 处的函数值为零. 点 $(0,0,0)$ 是开口朝上的圆锥面 $z=-\sqrt{x^2+y^2}$ 的顶点.

再如，函数 $z=xy$ 在点 $(0,0)$ 处既没有极大值也没有极小值. 因为在点 $(0,0)$ 处的函数值

为零，而在点(0,0)的任一邻域内，总有使函数值为正的点，也总有使函数值为负的点．点(0,0,0)是双曲抛物面 $z=xy$ 上一点，此点上下各方均有此曲面上的点．

以上关于二元函数极值的概念可推广到三元及三元以上的函数．例如，设函数 $u=f(x,y,z)$ 在点 $P_0(x_0,y_0,z_0)$ 的某一邻域内有定义，若对于该邻域内异于点 P_0 的任何点 (x,y,z)，都有

$$f(x,y,z)<f(x_0,y_0,z_0)\ [\text{或}\ f(x,y,z)>f(x_0,y_0,z_0)],$$

则称 $f(x_0,y_0,z_0)$ 为函数 $f(x,y,z)$ 的一个极大值(或极小值)，而点 $P_0(x_0,y_0,z_0)$ 就称为该函数的极大值点(或极小值点)．

我们知道，对于可导的一元函数 $y=f(x)$ 而言，在点 x_0 处取得极值的必要条件是 $f'(x_0)=0$．而对于多元函数，我们也有类似的结论．

定理 5.21(必要条件) 设函数 $z=f(x,y)$ 在点 (x_0,y_0) 具有偏导数，且在点 (x_0,y_0) 处有极值，则有

$$f'_x(x_0,y_0)=0,\ f'_y(x_0,y_0)=0.$$

请对照一元函数极值的必要条件．

证　设函数 $z=f(x,y)$ 在点 (x_0,y_0) 处有极大值，由极大值的定义可知，在点 (x_0,y_0) 的任一邻域内，异于 (x_0,y_0) 的点 (x,y) 都满足 $f(x,y)<f(x_0,y_0)$．特殊地，在该邻域内取 $y=y_0$，而 $x\neq x_0$ 的点，也有 $f(x,y_0)<f(x_0,y_0)$，这表明一元函数 $f(x,y_0)$ 在 $x=x_0$ 处取得极大值，因而有 $f'_x(x_0,y_0)=0$．类似地可证 $f'_y(x_0,y_0)=0$．

类似可推得，如果三元函数 $u=f(x,y,z)$ 在点 (x_0,y_0,z_0) 处具有偏导数，则它在点 (x_0,y_0,z_0) 处具有极值的必要条件为

$$f'_x(x_0,y_0,z_0)=0,\ f'_y(x_0,y_0,z_0)=0,\ f'_z(x_0,y_0,z_0)=0.$$

仿照一元函数，凡是能使 $f'_x(x,y)=0$，$f'_y(x,y)=0$ 同时成立的点 (x_0,y_0) 称为函数 $z=f(x,y)$ 的驻点．由定理 5.21 知，具有偏导数的函数的极值点必定是驻点，但函数的驻点不一定是极值点．例如，点(0,0)是函数 $z=xy$ 的驻点，但函数在该点并无极值．又由定理 5.21 知，极值点可能是驻点，也可能函数在该点至少有一个偏导数不存在．例如，函数 $z=-\sqrt{x^2+y^2}$ 在点(0,0)处有极大值，但函数在该点的两个偏导数都不存在．

怎样判定二元函数的一个驻点是否为极值点呢？下面的定理回答了这个问题．

定理 5.22(充分条件) 设函数 $z=f(x,y)$ 在点 (x_0,y_0) 的某一邻域内连续且具有一阶及二阶偏导数，又 $f'_x(x_0,y_0)=0$，$f'_y(x_0,y_0)=0$，令

$$f''_{xx}(x_0,y_0)=A,\ f''_{xy}(x_0,y_0)=B,\ f''_{yy}(x_0,y_0)=C,$$

则判断 $f(x,y)$ 在点 (x_0,y_0) 处是否取得极值的条件如下：

(1) $AC-B^2>0$ 时具有极值，且当 $A<0$ 时有极大值，当 $A>0$ 时有极小值；

(2) $AC-B^2<0$ 时没有极值；

(3) $AC-B^2=0$ 时可能有极值,也可能没有极值,还需另作讨论.

请对照一元函数极值的二阶充分条件.

上述定理的证明要用到二元函数的泰勒公式,此处从略.

利用定理 5.21 与定理 5.22,我们对具有二阶连续偏导数的函数 $z=f(x,y)$ 的极值的求法叙述如下:

第一步:解方程组 $f'_x(x,y)=0$, $f'_y(x,y)=0$,求得驻点.

第二步:对于每一个驻点 (x_0,y_0),求出二阶偏导数的值 A、B 和 C.

第三步:确定 $AC-B^2$ 的符号,按定理 5.22 的结论判定 $f(x_0,y_0)$ 是否是极值,是极大值还是极小值.

例 5.60 求函数 $f(x,y)=x^3-y^3+3x^2+3y^2-9x+24y$ 的极值.

解 先解方程组

$$\begin{cases} f'_x(x,y)=3x^2+6x-9=0, \\ f'_y(x,y)=-3y^2+6y+24=0, \end{cases}$$

求得驻点为 $(1,-2)$, $(1,4)$, $(-3,-2)$, $(-3,4)$.

再求二阶偏导数

$$f''_{xx}(x,y)=6x+6, f''_{xy}(x,y)=0, f''_{yy}(x,y)=-6y+6.$$

在点 $(1,-2)$ 处, $AC-B^2=12\times18>0$,又 $A>0$,所以函数在点 $(1,-2)$ 处有极小值 $f(1,-2)=-33$;

在点 $(1,4)$ 处, $AC-B^2=12\times(-18)<0$,所以 $f(1,4)$ 不是极值;

在点 $(-3,-2)$ 处, $AC-B^2=(-12)\times18<0$,所以 $f(-3,-2)$ 不是极值;

在点 $(-3,4)$ 处, $AC-B^2=(-12)\times(-18)>0$,又 $A<0$,所以函数在点 $(-3,4)$ 处有极大值 $f(-3,4)=107$.

讨论二元函数的极值问题时,如果函数在所讨论的区域内具有偏导数,则由定理 5.21 知,极值只可能在驻点处取得,此时只需对各个驻点利用定理 5.22 判断即可;但如果函数在个别点处的偏导数不存在,这些点当然不是驻点,但也可能是极值点,需要引起注意.

5.9.2 二元函数最大值与最小值问题

与一元函数相类似,可以利用二元函数的极值来求函数的最大值和最小值.

由定理 5.2 知,如果函数 $z=f(x,y)$ 在有界闭区域 D 上连续,则 $f(x,y)$ 在 D 上必定取得最大值和最小值. 这种使函数取得最大值或最小值的点既可能在 D 的内部(内点),也可能在 D 的边界上(边界点).

如果函数 $f(x,y)$ 在闭区域 D 上连续,在 D 内可微且只有有限个驻点,此时,若函数在 D 的内部取得最大值(最小值),则这个最大值(最小值)也是函数的极大值(极小值). 因此我

们只要求出函数 $f(x,y)$ 在 D 内的所有驻点处的函数值，以及在 D 的边界上的最大值和最小值，并相互比较，其中最大的为最大值，最小的为最小值.

请对照一元函数在闭区间上最值的求法.

值得注意的是，函数 $f(x,y)$ 在区域 D 的边界上的最值往往相当复杂，通常是根据 D 的边界方程，将 $f(x,y)$ 化为定义在某个闭区间上的一元函数，再利用一元函数求最值的方法求出 $f(x,y)$ 在 D 的边界上的最值. 在实际问题中，如果根据问题的性质，可知 $f(x,y)$ 在 D 内取得最大值(最小值)，且函数在 D 内只有一个驻点，则可以肯定该驻点处的函数值就是 $f(x,y)$ 在 D 上的最大值(最小值).

例 5.61 求函数 $f(x,y)=x^2-2xy+y$ 在闭区域 D 上的最大值和最小值，其中 D 由抛物线 $y=-x^2+2x$ 与 x 轴所围.

解 如图 5-31 所示，所给闭区域为

$$D=\{(x,y)\mid 0\leqslant y\leqslant -x^2+2x, 0\leqslant x\leqslant 2\},$$

D 的边界由线段 L_1 和抛物线段 L_2 组成，它们分别可以表示为

$$L_1: y=0, 0\leqslant x\leqslant 2; L_2: y=-x^2+2x, 0\leqslant x\leqslant 2.$$

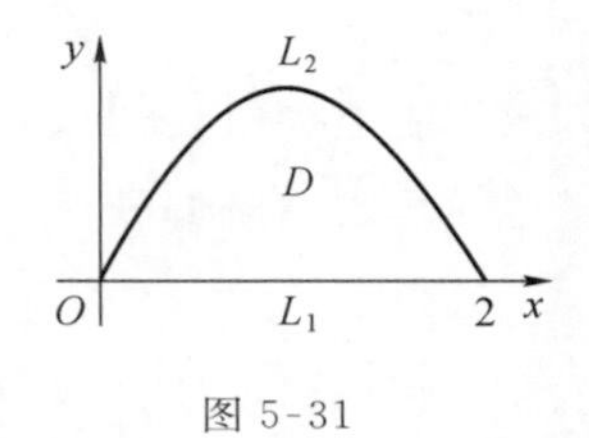

图 5-31

(1)解方程组

$$\begin{cases} f'_x(x,y)=2x-2y=0, \\ f'_y(x,y)=-2x+1=0, \end{cases}$$

得 $f(x,y)$ 在 D 内的驻点 $\left(\frac{1}{2},\frac{1}{2}\right)$，且 $f\left(\frac{1}{2},\frac{1}{2}\right)=\frac{3}{4}$.

(2)在 L_1 上，$z=f(x,0)=x^2(0\leqslant x\leqslant 2)$，故它的最大值为 4，最小值为 0.

(3)在 L_2 上，$z=f(x,-x^2+2x)=2x^3-4x^2+2x(0\leqslant x\leqslant 2)$，令

$$z'_x=6x^2-8x+2=0,$$

解得 $x=1$ 或 $x=\frac{1}{3}$，故它的可能最值为 $f(1,1)=1$，$f\left(\frac{1}{3},\frac{5}{9}\right)=\frac{27}{8}$，$f(0,0)=0$，$f(2,0)=4$.

比较以上诸函数值可得，$f(x,y)=x^2-2xy+y$ 在 D 上的最大值为 4，最小值为 0.

例 5.62 设引水渠的横截面为等腰梯形，在保持一定流量的前提下，如何选取等腰梯形各边长度，才能使渠道表面材料用料最省？

解 流量一定是指水渠的横截面面积为定值 S. 如图 5-32 所示，设横截面下底为 x，腰为 y，腰与上底的夹角为 α，则

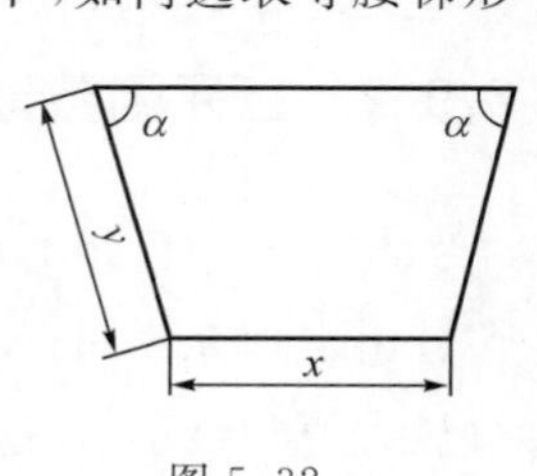

图 5-32

$$S=\frac{1}{2}(x+x+2y\cos\alpha)\cdot y\sin\alpha=xy\sin\alpha+y^2\sin\alpha\cos\alpha.$$

材料用料最省，就是梯形的两腰与下底的长度和最小，即

$$L=x+2y(x>0, y>0)$$

最小. 联立两式得到关于 $L=L(x,\alpha)$ 的隐函数方程

$$x\left(\frac{L-x}{2}\right)\sin\alpha+\left(\frac{L-x}{2}\right)^{2}\sin\alpha\cos\alpha-S=0,$$

求偏导数得

$$\frac{\partial L}{\partial x}=-\frac{(L-2x)-(L-x)\cos\alpha}{x+(L-x)\cos\alpha},$$

$$\frac{\partial L}{\partial \alpha}=-\frac{2x(L-x)\cos\alpha+(L-x)^{2}\cos(2\alpha)}{2x\sin\alpha+2(L-x)\sin\alpha\cos\alpha}.$$

令$\frac{\partial L}{\partial x}=0,\frac{\partial L}{\partial \alpha}=0$,得方程组

$$\begin{cases}(L-2x)-(L-x)\cos\alpha=0,\\ 2x(L-x)\cos\alpha+(L-x)^{2}\cos(2\alpha)=0,\end{cases}$$

解得 $x=\frac{L}{3},\cos\alpha=\frac{1}{2}$,从而得 $y=\frac{L}{3},\alpha=\frac{\pi}{3}$.

函数 $L(x,\alpha)$有唯一的驻点$\left(\frac{L}{3},\frac{\pi}{3}\right)$. 由实际问题可知最小值存在,故在流量一定的前提下,当横截面的等腰梯形的下底和两腰长度相等并且腰与上底的夹角为 60°时,用料最省.

5.9.3 多元函数的条件极值与拉格朗日乘数法

在例 5.62 中,我们是在条件 $xy\sin\alpha+y^{2}\sin\alpha\cos\alpha=S$ 的限制下求函数 $L=x+2y$ 的极值的,这里的方程 $xy\sin\alpha+y^{2}\sin\alpha\cos\alpha=S$ 称为函数 $L=x+2y$ 的限制条件.

一般情况下,多元函数在其自变量有附加条件下的极值称为条件极值. 而对于函数的自变量,除了限制在函数的定义域内以外,并无其他条件,这样的极值称为无条件极值.

请回忆中学数学中如何求条件极值.

例如,求函数 $z=f(x,y)$在条件 $\varphi(x,y)=0$ 下的极值或求函数 $u=f(x,y,z)$在条件 $\varphi(x,y,z)=0$ 下的极值都是求条件极值问题.

解决条件极值问题的关键是找出可能的极值点,可以用代入消元法将条件极值问题转化为无条件极值问题,即可以用例 5.62 那样的方法求解. 但一些复杂的条件极值问题很难化为无条件极值问题,因此我们将给出解决条件极值问题的一般方法——拉格朗日乘数法.

我们以求函数 $z=f(x,y)$在条件 $\varphi(x,y)=0$ 下的极值问题为例来介绍拉格朗日乘数法.

如果函数 $z=f(x,y)$在点(x_0,y_0)处取得极值,那么有 $\varphi(x_0,y_0)=0$. 设在点(x_0,y_0)的某邻域内,$f(x,y)$、$\varphi(x,y)$均有连续的一阶偏导数,而 $\varphi'_y(x_0,y_0)\neq 0$. 由隐函数存在定理可知,方程 $\varphi(x,y)=0$ 确定了一个连续且具有连续导数的函数 $y=y(x)$,将其代入 $z=f(x,y)$得一元函数 $z=f[x,y(x)]$,则此条件极值问题就转化为求函数 $z=f[x,y(x)]$的无条件极值问题. 因为函数 $z=f(x,y)$在点(x_0,y_0)处取得极值,相当于函数 $z=f[x,y(x)]$在 $x=x_0$

取得极值.由一元可导函数取得极值的必要条件可知

$$\left.\frac{\mathrm{d}z}{\mathrm{d}x}\right|_{x=x_0}=f'_x(x_0,y_0)+f'_y(x_0,y_0)\left.\frac{\mathrm{d}y}{\mathrm{d}x}\right|_{x=x_0}=0, \tag{5-43}$$

又由隐函数求导法则得

$$\left.\frac{\mathrm{d}y}{\mathrm{d}x}\right|_{x=x_0}=-\frac{\varphi'_x(x_0,y_0)}{\varphi'_y(x_0,y_0)}.$$

再将上式代入式(5-43),得

$$f'_x(x_0,y_0)-f'_y(x_0,y_0)\frac{\varphi'_x(x_0,y_0)}{\varphi'_y(x_0,y_0)}=0. \tag{5-44}$$

式(5-44)及 $\varphi(x_0,y_0)=0$ 是函数 $z=f(x,y)$ 在条件 $\varphi(x,y)=0$ 下在点 (x_0,y_0) 处取得极值的必要条件.设 $\frac{f'_y(x_0,y_0)}{\varphi'_y(x_0,y_0)}=-\lambda$,上述必要条件即为

$$\begin{cases}f'_x(x_0,y_0)+\lambda\varphi'_x(x_0,y_0)=0,\\ f'_y(x_0,y_0)+\lambda\varphi'_y(x_0,y_0),\\ \varphi(x_0,y_0)=0.\end{cases} \tag{5-45}$$

若引进辅助函数 $L(x,y,\lambda)=f(x,y)+\lambda\varphi(x,y)$,则不难看出式(5-45)中的前两式就是 $L'_x(x_0,y_0,\lambda)=0$,$L'_y(x_0,y_0,\lambda)=0$.函数 $L(x,y,\lambda)$ 称为拉格朗日函数,参数 λ 称为拉格朗日乘数.

由以上讨论可得下面的结论:

拉格朗日乘数法 要找函数 $z=f(x,y)$ 在条件 $\varphi(x,y)=0$ 下的可能极值点,可以先作拉格朗日函数

$$L(x,y,\lambda)=f(x,y)+\lambda\varphi(x,y),$$

其中 λ 为参数,求其对 x 与 y 的一阶偏导数,并使之为零,然后与 $\varphi(x,y)=0$ 联立起来:

$$\begin{cases}f'_x(x,y)+\lambda\varphi'_x(x,y)=0,\\ f'_y(x,y)+\lambda\varphi'_y(x,y)=0,\\ \varphi(x,y)=0.\end{cases} \tag{5-46}$$

由式(5-46)解出 x、y、λ,所求的点 (x,y) 即为函数 $z=f(x,y)$ 在条件 $\varphi(x,y)=0$ 下的可能极值点.

这一方法还可以推广到自变量多于两个而附加条件多于一个的情形.例如,要求函数 $u=f(x,y,z,t)$ 在附加条件

$$\varphi(x,y,z,t)=0,\psi(x,y,z,t)=0 \tag{5-47}$$

下的极值,可先作拉格朗日函数

$$L(x,y,z,t,\lambda,\mu)=f(x,y,z,t)+\lambda\varphi(x,y,z,t)+\mu\psi(x,y,z,t),$$

其中 λ、μ 均为参数,求其对 x、y、z、t 的一阶偏导数,并使之为零,然后与式(5-47)中的两个方程联立起来求解,这样得出的点 (x,y,z,t) 就是函数 $u=f(x,y,z,t)$ 在附加条件(5-47)下的可能的极值点.

至于如何确定所求得的点是否是极值点，在实际问题中往往可根据问题本身的实际意义来判定.

例 5.63　在第一卦限内作椭球面 $2x^2+y^2+z^2=1$ 的切平面，求切平面与三个坐标面所围成的四面体的最小体积.

解　设点 (x,y,z) 是第一卦限内椭球面的上任意一点，则椭球面在点 (x,y,z) 处的法向量为 $\boldsymbol{n}=\{4x,2y,2z\}$，切平面方程为

$$2x(X-x)+y(Y-y)+z(Z-z)=0,$$

即

$$2xX+yY+zZ=1.$$

于是切平面在三坐标轴上的截距分别为 $\frac{1}{2x}$、$\frac{1}{y}$、$\frac{1}{z}$，所以切平面与三个坐标面所围成的四面体的体积为

$$V=\frac{1}{12xyz}(x>0,y>0,z>0).$$

现在的问题是求函数 $V(x,y,z)$ 在条件 $2x^2+y^2+z^2=1$ 下的最小值. 作拉格朗日函数 $L(x,y,z,\lambda)=\frac{1}{12xyz}+\lambda(2x^2+y^2+z^2-1)$，令

$$\begin{cases}L'_x=\frac{-1}{12x^2yz}+4\lambda x=0,\\ L'_y=\frac{-1}{12xy^2z}+2\lambda x=0,\\ L'_z=\frac{-1}{12xyz^2}+2\lambda x=0,\\ 2x^2+y^2+z^2=1,\end{cases}\quad 即\quad \begin{cases}x^3yz=\frac{1}{48\lambda},\\ xy^3z=\frac{1}{24\lambda},\\ xyz^3=\frac{1}{24\lambda},\\ 2x^2+y^2+z^2=1.\end{cases}$$

由前三个方程可得 $2x=y=z$，代入第四个方程，得 $x=\frac{1}{\sqrt{10}}$，$y=z=\frac{2}{\sqrt{10}}$. 因点 $\left(\frac{1}{\sqrt{10}},\frac{2}{\sqrt{10}},\frac{2}{\sqrt{10}}\right)$ 是唯一可能的极值点，而体积 V 的最小值一定存在，故当 $x=\frac{1}{\sqrt{10}}$，$y=\frac{2}{\sqrt{10}}$，$z=\frac{2}{\sqrt{10}}$ 时，所求最小体积为

$$V=\frac{1}{12}\cdot\sqrt{10}\cdot\left(\frac{\sqrt{10}}{2}\right)^2=\frac{5\sqrt{10}}{24}.$$

例 5.64　在空间直角坐标系的原点处，有一单位正电荷，设另一单位负电荷在椭圆 $\begin{cases}z=x^2+y^2,\\ x+y+z=1\end{cases}$ 上移动. 则两电荷的引力何时最大，何时最小？

解　当负电荷在椭圆上点 (x,y,z) 处时，两电荷间的引力为

$$g=\frac{k}{x^2+y^2+z^2}(k\ 为常数).$$

问题就转化为求函数 g 在附加条件$\begin{cases}z=x^2+y^2,\\x+y+z=1\end{cases}$下的最大值和最小值.

为简便起见,考虑 $f=\dfrac{k}{g}$,即 $f=x^2+y^2+z^2$. 这样 g 的最大(小)值就是 f 的最小(大)值. 于是问题又可转化为求函数

$$f(x,y,z)=x^2+y^2+z^2$$

在条件 $x^2+y^2-z=0$ 及 $x+y+z-1=0$ 下的最大值与最小值问题. 作拉格朗日函数

$$L(x,y,z,\lambda,\mu)=x^2+y^2+z^2+\lambda(x^2+y^2-z)+\mu(x+y+z-1),$$

令

$$\begin{cases}L'_x=2x+2\lambda x+\mu=0,\\L'_y=2y+2\lambda y+\mu=0,\\L'_z=2z-\lambda+\mu=0,\\x^2+y^2-z=0,\\x+y+z-1=0.\end{cases}$$

解前三个方程得 $x=y$,代入后两个方程易得

$$x=y=\frac{-1+\sqrt{3}}{2},z=2-\sqrt{3}\text{或 }x=y=\frac{-1-\sqrt{3}}{2},z=2+\sqrt{3},$$

$$M_1\left(\frac{-1+\sqrt{3}}{2},\frac{-1+\sqrt{3}}{2},2-\sqrt{3}\right),M_2\left(\frac{-1-\sqrt{3}}{2},\frac{-1-\sqrt{3}}{2},2+\sqrt{3}\right),$$

于是 $f(M_1)=9-5\sqrt{3}$,$f(M_2)=9+5\sqrt{3}$. 从几何上看,函数 f 的最大值与最小值显然存在,所以函数 f 在点 M_1、M_2 分别达到最小值和最大值. 从而 g 在点 M_1、M_2 处分别有最大值和最小值. 即两电荷间的引力当单位负电荷位于点 M_1 时最大,位于点 M_2 时最小.

例 5.65　设某电视机厂生产一台电视机的成本为 c,每台电视机的销售价格为 p,销售量为 x. 假设该厂的生产处于平衡状态,即电视机的生产量等于销售量. 根据市场预测,销售量 x 与销售价格 p 之间有下面的关系:

$$x=M\mathrm{e}^{-ap}(M>0,a>0),$$

其中 M 为市场最大需求量,a 为价格系数. 同时,生产部门根据对生产环节的分析,对每台电视机的生产成本 c 有如下测算:

$$c=c_0-k\ln x(k>0,x>1),$$

其中 c_0 是只生产一台电视机时的成本,k 是规模系数. 根据上述条件,应如何确定电视机的售价 p,才能使该厂获得最大利润呢?

解　设厂家获得的利润为 u,每台电视机的售价为 p,每台生产成本为 c,销售量为 x,则有 $u=(p-c)x$. 作拉格朗日函数

$$L(x,p,c,\lambda,\mu)=(p-c)x+\lambda(x-M\mathrm{e}^{-ap})+\mu(c-c_0+k\ln x),$$

令

$$\begin{cases}L'_x=(p-c)+\lambda+k\dfrac{\mu}{x}=0,\\L'_p=x+\lambda aMe^{-ap}=0,\\L'_c=-x+\mu=0,\\x-Me^{-ap}=0,\\c-c_0+k\ln x=0.\end{cases}$$

由后两个方程,得

$$c=c_0-k(\ln M-ap),$$

由第四个方程及第二个方程,得 $\lambda a=-1$,即 $\lambda=-\dfrac{1}{a}$;再由第二个方程,得 $x=\mu$,即 $\dfrac{x}{\mu}=1$. 将以上这些结果代入第一个方程,得

$$p-c_0+k(\ln M-ap)-\frac{1}{a}+k=0,$$

由此得

$$p^*=\frac{c_0-k\ln M+\dfrac{1}{a}-k}{1-ak}.$$

由此问题知,其最大利润必定存在,所以当电视机的售价为 p^* 时,该厂可获得最大利润.

习 题 5.9

1. 求下列函数的极值:

(1) $z=e^{2x}(x+y^2+2y+1)$;

(2) $z=x^3+y^3-3x^2-3y^2$;

(3) $z=\sin x+\cos y+\cos(x-y)\left(0\leqslant x\leqslant\dfrac{\pi}{2},0\leqslant y\leqslant\dfrac{\pi}{2}\right)$;

(4) $z=x^4+y^4-x^2-2xy-y^2$.

2. 求由方程 $x^2+y^2+z^2-2x+2y-4z-10=0$ 所确定的函数 $z=z(x,y)$ 的极值.

3. 求函数 $f(x,y)=x^2+y^2-12x+16y$ 在闭区域 D:$x^2+y^2\leqslant 25$ 上的最大值与最小值.

4. 求函数 $f(x,y)=x^2-2xy+2y$ 在正方形区域 $D=\{(x,y)\mid 0\leqslant x\leqslant 2,0\leqslant y\leqslant 2\}$ 上的最大值与最小值.

5. 某厂为促销产品需做两种手段的广告宣传,当广告费分别为 x、y 时,销售量 $Q=\dfrac{200x}{x+5}+\dfrac{100y}{y+10}$,若销售产品所得利润 $L=\dfrac{1}{5}Q-(x+y)$. 已知两种手段的广告费共 25000 元,则如何分配两种手段的广告费才能使利润最大?

6. 求曲线$\begin{cases} z=x^2+2y^2, \\ z=6-2x^2-y^2 \end{cases}$上的 z 坐标的最大值与最小值.

7. 求椭球面$\frac{x^2}{a^2}+\frac{y^2}{b^2}+\frac{z^2}{c^2}=1$的最大内接长方体的体积.

8. 在部分球面 $x^2+y^2+z^2=5r^2(x>0,y>0,z>0)$上求一点,使

$$f(x,y,z)=\ln x+\ln y+3\ln z$$

在该点处达到最大值.

9. 已知平面上两定点 $A(1,3)$、$B(4,2)$,试在部分椭圆 $4x^2+9y^2=36(x\geqslant 0,y\geqslant 0)$上求一点 C,使$\triangle ABC$ 的面积最大.

习题 5.9 详解

复习题 5

1. 选择题

(1)极限 $\lim\limits_{(x,y)\to(0^+,0^+)}\frac{\sqrt{xy}}{x+y}=($　　$)$.

A. 0　　B. $\frac{1}{2}$　　C. $+\infty$　　D. 不存在但非∞

(2)设函数 $f(x,y)=\begin{cases}(x^2+y^2)^2\cos\frac{1}{x^2+y^2}, & x^2+y^2\neq 0, \\ 0, & x^2+y^2=0,\end{cases}$ 则(　　).

A. $f''_{xx}(0,0)=0$　　B. $f''_{yy}(0,0)=0$

C. $f''_{xy}(0,0)=0$　　D. $f''_{xy}(0,0)$不存在

(3)已知$-1<xy<0$,则函数 $z=\arcsin\sqrt{1-x^2y^2}$的全微分 $\mathrm{d}z=($　　$)$.

A. $-\frac{y\mathrm{d}x+x\mathrm{d}y}{\sqrt{1-x^2y^2}}$　　B. $\frac{y\mathrm{d}x+x\mathrm{d}y}{\sqrt{1-x^2y^2}}$

C. $\frac{y\mathrm{d}x-x\mathrm{d}y}{\sqrt{1-x^2y^2}}$　　D. $\frac{x\mathrm{d}y-y\mathrm{d}x}{\sqrt{1-x^2y^2}}$

(4)由方程 $F(x^2-z,y^2-z)=0$ 确定函数 $z=z(x,y)$,且 $xy\neq 0$,其中 F 具有连续偏导数,则$\frac{1}{x}\frac{\partial z}{\partial x}+\frac{1}{y}\frac{\partial z}{\partial y}=($　　$)$.

A. 2　　B. -2　　C. 1　　D. 以上都不对

(5)若函数 $z=f(x,y)$ 在点 M_0 处可偏导，方向 l 平行于第一卦限坐标轴的平分线，则函数在点 M_0 处沿方向 l 的方向导数为(　　).

A. $\frac{\sqrt{2}}{2}\left(\frac{\partial z}{\partial x}+\frac{\partial z}{\partial y}\right)\Big|_{M_0}$　　B. $\frac{\sqrt{2}}{2}\left(\frac{\partial z}{\partial x}-\frac{\partial z}{\partial y}\right)\Big|_{M_0}$

C. $-\frac{\sqrt{2}}{2}\left(\frac{\partial z}{\partial x}+\frac{\partial z}{\partial y}\right)\Big|_{M_0}$　　D. $\frac{\sqrt{2}}{2}\left(\frac{\partial z}{\partial y}-\frac{\partial z}{\partial x}\right)\Big|_{M_0}$

(6)设 $f(x,y)=xy(3-x-y)$，则 $f(x,y)$ 的极值为(　　).

A. 无极值　　B. $f(0,3)$ 为极大值

C. $f(1,1)$ 为极大值　　D. $f(1,1)$ 为极小值

2. 填空题

(1)设 $f(x+y,x)=x^2-y^2$，则 $f'_x(x,y)+f'_y(x,y)=$__________.

(2)已知函数 $u(x,y)$ 的全微分为 $(x+y)\mathrm{d}x+(x-2y)\mathrm{d}y$，则 $u(x,y)=$__________.

(3)设 $z=\tan(x^2-y^2)$，$y=\sin x$，则 $\frac{\partial z}{\partial x}=$__________，$\frac{\mathrm{d}z}{\mathrm{d}x}=$__________.

(4)球面 $x^2+y^2+z^2=6$ 与旋转抛物面 $z=x^2+y^2$ 的交点为 $(1,-1,2)$，则过此交点的这两张曲面的切平面的夹角为__________.

(5)已知 $f(u,v)=2u^2v$，$u=x^y$，$v=y^x$，则当 $(x,y)=(-1,1)$ 时，$f(u,v)$ 的梯度 $\mathbf{grad}\, f(u,v)=$__________.

(6)抛物线 $y=x^2$ 与直线 $x-y-2=0$ 的距离为__________.

3. 解答题

(1)证明极限 $\lim\limits_{(x,y)\to(0,0)}\frac{x\sqrt[3]{y}}{x^2+\sqrt[3]{y^2}}$ 不存在.

(2)求函数 $f(x,y)=\begin{cases}\frac{x^2y}{x^2+y^2}, & x^2+y^2\neq 0,\\ 0, & x^2+y^2=0\end{cases}$ 的一阶偏导数.

(3)设函数 $f(x,y)=\begin{cases}\frac{x^2y^2}{(x^2+y^2)^{3/2}}, & x^2+y^2\neq 0,\\ 0, & x^2+y^2=0,\end{cases}$ 证明：$f(x,y)$ 在点 $(0,0)$ 处连续且偏导数存在，但不可微.

(4)设 $z=\sqrt{|xy|}\,(xy\neq 0)$，求 $\frac{\partial z}{\partial x}$、$\frac{\partial z}{\partial y}$.

(5)设 $z=\frac{y}{f(x^2-y^2)}$，其中 f 为可导函数，证明：$\frac{1}{x}\frac{\partial z}{\partial x}+\frac{1}{y}\frac{\partial z}{\partial y}=\frac{z}{y^2}$.

(6)设 $xu-yv=0$，$yu+xv=1$ 确定隐函数 $u(x,y)$、$v(x,y)$，求 $\mathrm{d}u$、$\mathrm{d}v$.

(7)设 $xyz-\ln(yz)=-2$ 确定隐函数 $z=z(x,y)$，求 $\frac{\partial^2 z}{\partial x\partial y}\Big|_{(0,1)}$.

(8)设 $F(xy,y+z)=0$,其中 F 具有二阶连续偏导数,求$\frac{\partial^2 z}{\partial x\partial y}$.

(9)在曲面 $z=xy$ 上求一点,使该点处的法线垂直于平面 $x+3y+z=0$,并写出此法线的方程.

(10)求过直线$\begin{cases}x+2y+z-1=0,\\x-y-2z+3=0\end{cases}$的平面,使之平行于曲线 $x^2+y^2=\frac{z^2}{2}$,$x+y+2z=4$ 在点$(1,-1,2)$的切线.

(11)设 $\boldsymbol{e}_l=\{\cos\theta,\sin\theta\}$,求函数 $f(x,y)=x^2-xy+y^2$ 在点$(1,1)$处沿方向 l 的方向导数,并分别确定角 θ,使这方向导数有:①最大值;②最小值;③等于零.

(12)求函数 $u=x^2+y^2+z^2$ 在椭球面$\frac{x^2}{a^2}+\frac{y^2}{b^2}+\frac{z^2}{c^2}=1$ 上点 $M_0(x_0,y_0,z_0)$处沿外法线方向的方向导数.

(13)设 x、y、z 为非负实数,且 $x+y+z=1$,证明:

$$0\leqslant xy+yz+zx-2xyz\leqslant\frac{7}{27}.$$

(14)求函数 $z=f(x,y)=x^2y(4-x-y)$在由直线 $x+y=6$、x 轴、y 轴所围成闭区域上的最大值与最小值.

(15)求曲面$\frac{x^2}{2}+y^2+\frac{z^2}{4}=1$ 到平面 $2x+2y+z+5=0$ 的最短距离.

复习题 5 详解

第6章　多元函数积分学

数学是一门演绎的学问，从一组共设，经过逻辑的推演，获得结论.

——中国科学家　陈省身

虽然不允许我们看透自然界本质的秘密，从而认识现象的真实原因，但仍可能发生这样的情形：一定的虚构假设足以解释许多现象.

——瑞士科学家　欧拉

本章主要讨论多元函数积分学，它是多元函数微积分学的重要组成部分，其内容主要包括二重积分、三重积分、重积分的应用和曲线积分和曲面积分等. 本章看似分成关系不大的两个主要问题，即重积分与线面积分，但实质上，这两种问题之间有着密不可分的关系，在满足一定的条件下，这两种问题是可以相互转换的. 多元函数积分学给我们带来了丰富的运算工具，它在促使我们深刻地思考各种积分形式之间的关系的同时，也为我们解决许多模型问题提供了坚实的数学基础，因此，它是微积分学的重要组成部分.

6.1 二重积分

6.1.1 二重积分的定义与性质

首先，我们来探讨两个实际例子，然后从中抽象出二重积分的定义.

1. 曲顶柱体的体积

设某一曲顶柱体，它的底是 xOy 面上的有界闭区域 D，侧面是以 D 的边界曲线为准线而母线平行于 z 轴的柱面，顶是曲面 $z=f(x,y)$（见图 6-1）. 不妨假设 $f(x,y)\geqslant 0$ 且在 D 上连续，我们来求这个曲顶柱体的体积.

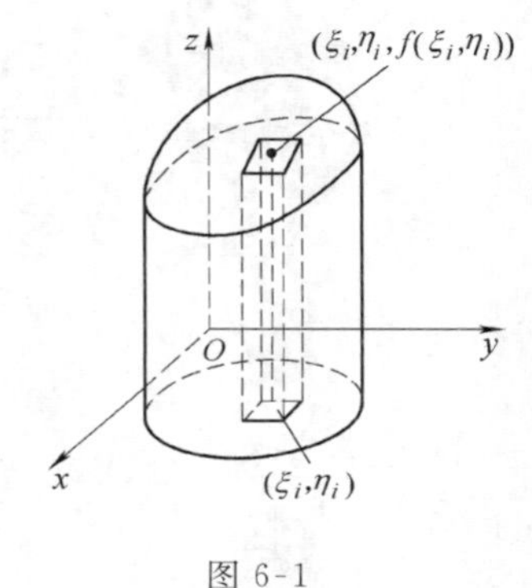

图 6-1

将区域 D 分割成 n 个小的闭区域 $\Delta\sigma_1,\Delta\sigma_2,\cdots,\Delta\sigma_n$（其面积也记作 $\Delta\sigma_i,i=1,2,\cdots,n$），分别以这些小的闭区域的边界曲线为准线，作母线平行于 z 轴的柱面，这些柱面把原来的曲顶柱体分为 n 个小曲顶柱体. 在每个小闭区域 $\Delta\sigma_i$ 上任取一点 (ξ_i,η_i)，于是，这些小曲顶柱体可近似看作以 $f(\xi_i,\eta_i)$ 为高而底为 $\Delta\sigma_i$ 的平顶柱体，其体积 ΔV_i 的近似值为

$$\Delta V_i\approx f(\xi_i,\eta_i)\Delta\sigma_i(i=1,2,\cdots,n).$$

显然，当对闭区域 D 的分割无限变细，即当各小闭区域 $\Delta\sigma_i$ 的直径（$\Delta\sigma_i$ 中任意两点间的最大距离）中的最大值 λ 趋于零时，前述和式的极限就是所论曲顶柱体的体积，即

$$V=\lim_{\lambda\to 0}\sum_{i=1}^{n}f(\xi_i,\eta_i)\Delta\sigma_i.$$

2. 平面薄板的质量

设某一平面薄板，它在 xOy 面上占有闭区域 D，不妨假设其点密度函数 $\mu(x,y)\geqslant 0$ 且在 D 上连续（见图 6-2），我们来求这个平面薄板的质量.

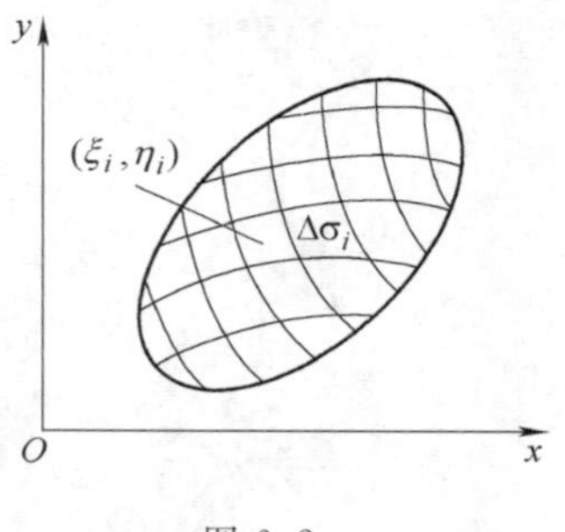

图 6-2

将区域 D 分割成 n 个小闭区域 $\Delta\sigma_1,\Delta\sigma_2,\cdots,\Delta\sigma_n$（其面积也记作 $\Delta\sigma_i,i=1,2,\cdots,n$），在每个小闭区域 $\Delta\sigma_i$ 上任取一点 $(\xi_i,$

η_i)，于是，这些小区域的质量的近似值可表示为

$$\Delta M_i \approx \mu(\xi_i, \eta_i)\Delta\sigma_i (i=1,2,\cdots,n).$$

显然，当对闭区域 D 的分割无限变细，即当各小闭区域 $\Delta\sigma_i$ 的直径（$\Delta\sigma_i$ 中任意两点间的最大距离）中的最大值 λ 趋于零时，前述和式的极限就是所论平面薄板的质量，即

$$M = \lim_{\lambda\to 0}\sum_{i=1}^{n}\mu(\xi_i, \eta_i)\Delta\sigma_i.$$

忽略上述实例的几何或物理意义，我们有如下定义：

定义 6.1　设 $f(x,y)$ 是有界闭区域 D 上的有界函数. 将闭区域 D 任意分成 n 个小闭区域

$$\Delta\sigma_1, \Delta\sigma_2, \cdots, \Delta\sigma_n,$$

并仍用 $\Delta\sigma_i (i=1,2,\cdots,n)$ 表示第 i 个小闭区域 $\Delta\sigma_i$ 的面积. 在每个 $\Delta\sigma_i$ 上任取一点 (ξ_i, η_i)，求和式 $\sum\limits_{i=1}^{n} f(\xi_i, \eta_i)\Delta\sigma_i$，如果当各小闭区域的直径中的最大值 λ 趋于零时，该和式的极限总存在，则称此极限为函数 $f(x,y)$ 在闭区域 D 上的二重积分，记作 $\iint\limits_D f(x,y)\mathrm{d}\sigma$，即

$$\iint\limits_D f(x,y)\mathrm{d}\sigma = \lim_{\lambda\to 0}\sum_{i=1}^{n} f(\xi_i, \eta_i)\Delta\sigma_i,$$

其中 $f(x,y)$ 称为被积函数，$\mathrm{d}\sigma$ 称为面积微元，x 与 y 称为积分变量，D 称为积分区域，$f(x,y)\mathrm{d}\sigma$ 称为被积表达式.

对于 $f(x,y)$ 在有界闭区域 D 上满足什么条件才可积，本书不作深入讨论，只不加证明地给出以下两个充分条件.

定理 6.1　如果函数 $f(x,y)$ 在有界闭区域 D 上连续，则 $f(x,y)$ 在 D 上可积.

定理 6.2　如果函数 $f(x,y)$ 在有界闭区域 D 上有界，且其有限个间断点分布在 D 内有限条光滑曲线上，则 $f(x,y)$ 在 D 上可积.

比较二重积分与定积分的定义可知，二重积分与定积分有类似的性质，考虑到二重积分相关性质的证明与定积分对应性质的证明具有较高的相似性，这里我们就略去其证明过程，仅将这些性质叙述如下.

性质 1　设 k_1、k_2 为两个任意常数，则

$$\iint\limits_D [k_1 f(x,y) \pm k_2 g(x,y)]\mathrm{d}\sigma = k_1\iint\limits_D f(x,y)\mathrm{d}\sigma \pm k_2\iint\limits_D g(x,y)\mathrm{d}\sigma.$$

注　性质 1 对于任意有限多个函数的和(差)都成立，我们称之为二重积分的线性性质.

性质 2　设当积分区域 D 分解为两个闭区域 D_1 与 D_2 时，则在 D 上的二重积分等于在各部分闭区域上的二重积分的和，即

$$\iint\limits_D f(x,y)\mathrm{d}\sigma = \iint\limits_{D_1} f(x,y)\mathrm{d}\sigma + \iint\limits_{D_2} f(x,y)\mathrm{d}\sigma.$$

注　性质 2 对于有限个部分闭区域也成立，这一性质表明二重积分对于积分区域具有可加性.

性质 3 如果在积分区域 D 上，$f(x,g)\equiv 1$，则

$$\iint\limits_D 1\cdot \mathrm{d}\sigma=\iint\limits_D \mathrm{d}\sigma=S_D.$$

S_D 表示区域 D 的面积.

性质 4 若在积分区域 D 上，$f(x,y)\leqslant g(x,y)$，则

$$\iint\limits_D f(x,y)\mathrm{d}\sigma\leqslant\iint\limits_D g(x,y)\mathrm{d}\sigma.$$

特别地，由于

$$-|f(x,y)|\leqslant f(x,y)\leqslant |f(x,y)|,$$

故有

$$\left|\iint\limits_D f(x,y)\mathrm{d}\sigma\right|\leqslant\iint\limits_D |f(x,y)|\mathrm{d}\sigma.$$

性质 5 设 M、m 分别是 $f(x,y)$ 在闭区域 D 上的最大值和最小值，则有

$$mS_D\leqslant\iint\limits_D f(x,y)\mathrm{d}\sigma\leqslant MS_D.$$

性质 6 设函数 $f(x,y)$ 在闭区域 D 上连续，则在 D 上至少存在一点 (ξ,η)，使得

$$\iint\limits_D f(x,y)\mathrm{d}\sigma=f(\xi,\eta)\cdot S_D.$$

注 性质 6 也称为二重积分的中值定理.

6.1.2 直角坐标系下二重积分的计算

因为上述定义的二重积分是在闭区域 D 上实现的，为了计算方便，我们在直角坐标系下引进 x-型区域与 y-型区域.

(1)x-型区域：设积分区域 D 可表示为

$$D=\{(x,y)\,|\,\varphi_1(x)\leqslant y\leqslant\varphi_2(x),a\leqslant x\leqslant b\},$$

其中函数 $\varphi_1(x)$，$\varphi_2(x)$ 在区间 $[a,b]$ 上连续，且任作平行于 y 轴的直线与区域 D 的边界线的交点不多于两点(见图 6-3 左图)，这样的区域我们称之为 x-型区域.

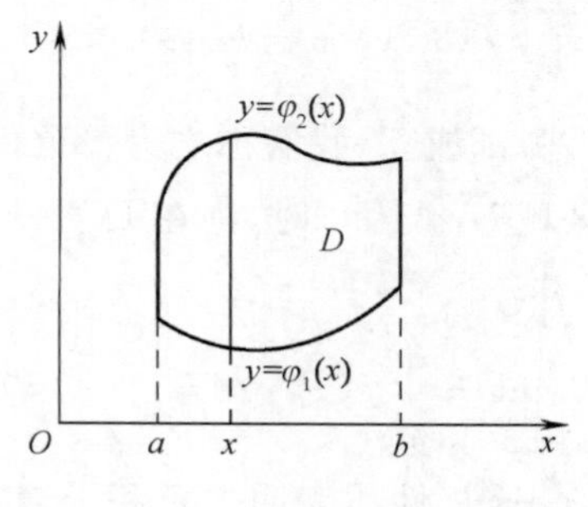

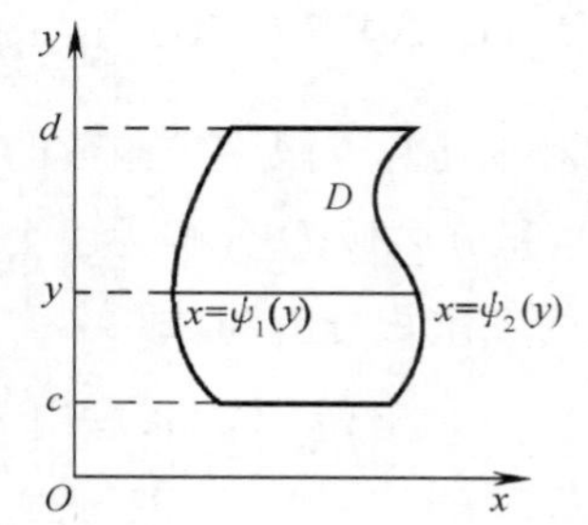

图 6-3

(2) y-型区域：设积分区域 D 可表示为

$$D=\{(x,y)\mid \psi_1(y)\leqslant x\leqslant \psi_2(y),c\leqslant y\leqslant d\},$$

其中函数 $\psi_1(y)$、$\psi_2(y)$ 在区间 $[c,d]$ 上连续，且任作平行于 x 轴的直线与区域 D 的边界线的交点不多于两点(见图 6-3 右图)，这样的区域我们称之为 y-型区域.

对于一般的积分区域 D，可划分为若干个无公共点的子区域，这些子区域可视作 x-型区域或 y-型区域，例如图 6-4 所示的区域可以划分为区域Ⅰ、Ⅱ、Ⅲ，它们可视作 x-型区域或 y-型区域.

根据二重积分的几何意义，区域 D 上以曲面 $z=f(x,y)$ 为顶的曲顶柱体的体积即为 $\iint\limits_D f(x,y)\mathrm{d}\sigma$. 下面我们应用第 3 章中计算"平行截面面积为已知的立体的体积"的方法，来计算这个曲顶柱体的体积.

为此，我们不妨假设积分区域 D 为 x-型区域，$\forall\, x_0\in[a,b]$，过该点作平行于 yOz 面的平面，这个平面截曲顶柱体所形成的截面是一个以曲线 $z=f(x_0,y)$ 为曲边，以区间 $[\varphi_1(x_0),\varphi_2(x_0)]$ 为底的曲边梯形(见图 6-5)，所以该截面的面积为

$$A(x_0)=\int_{\varphi_1(x_0)}^{\varphi_2(x_0)}f(x_0,y)\mathrm{d}y.$$

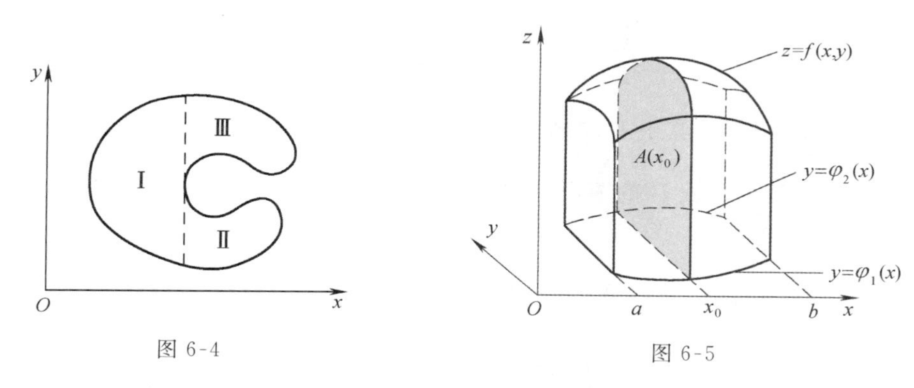

图 6-4　　　　图 6-5

一般地，过区间 $[a,b]$ 上任一点 x 且平行于 yOz 面的平面截曲顶柱体所得截面的面积为

$$A(x)=\int_{\varphi_1(x)}^{\varphi_2(x)}f(x,y)\mathrm{d}y,$$

于是，应用计算平行截面面积为已知的立体体积的方法，得曲顶柱体体积为

$$V=\int_a^b A(x)\mathrm{d}x=\int_a^b\left[\int_{\varphi_1(x)}^{\varphi_2(x)}f(x,y)\mathrm{d}y\right]\mathrm{d}x.$$

这个体积也就是所求二重积分的值，故

$$\iint\limits_D f(x,y)\mathrm{d}\sigma=\int_a^b\left[\int_{\varphi_1(x)}^{\varphi_2(x)}f(x,y)\mathrm{d}y\right]\mathrm{d}x. \tag{6-1}$$

式(6-1)右端的积分叫作先对 y，后对 x 的累次积分. 在对 y 实施积分时，先把 x 看作常数，视 $f(x,y)$ 为 y 的一元函数，在 $[\varphi_1(x),\varphi_2(x)]$ 上对 y 求定积分，然后把算得的结果(仅依赖于 x 的一元函数)再在 $[a,b]$ 上对 x 求定积分. 式(6-1)也可写成

$$\iint_D f(x,y)\mathrm{d}\sigma = \int_a^b \mathrm{d}x \int_{\varphi_1(x)}^{\varphi_2(x)} f(x,y)\mathrm{d}y. \tag{6-2}$$

类似地，若积分区域 D 为 y-型区域，我们有

$$\iint_D f(x,y)\mathrm{d}\sigma = \int_c^d \mathrm{d}y \int_{\psi_1(y)}^{\psi_2(y)} f(x,y)\mathrm{d}x. \tag{6-3}$$

上式右端的积分叫作先对 x，后对 y 的累次积分.

例 6.1 求 $\iint\limits_D xy\,\mathrm{d}\sigma$，其中 D 是由 $y=1$、$x=2$ 及 $y=x$ 所围成的闭区域.

解法一 如图 6-6 所示，将积分区域视为 x-型区域，则

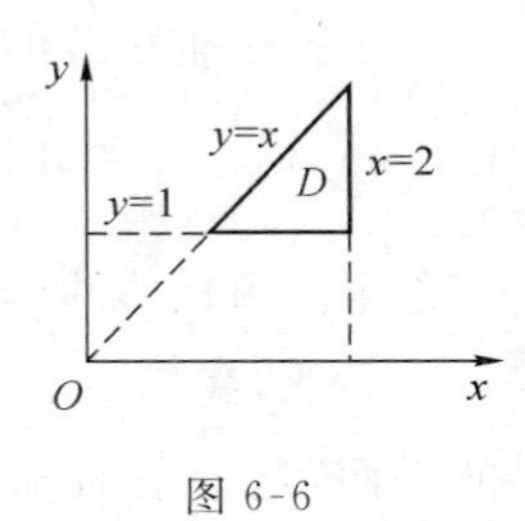

图 6-6

$$\begin{aligned}\iint_D xy\,\mathrm{d}\sigma &= \int_1^2 \left(\int_1^x xy\,\mathrm{d}y\right)\mathrm{d}x \\ &= \int_1^2 \left(x\cdot\frac{y^2}{2}\right)_1^x \mathrm{d}x \\ &= \int_1^2 \left(\frac{x^3}{2}-\frac{x}{2}\right)\mathrm{d}x = \left(\frac{x^4}{8}-\frac{x^2}{4}\right)_1^2 = \frac{9}{8}.\end{aligned}$$

解法二 将积分区域视为 x-型区域，则

$$\begin{aligned}\iint_D xy\,\mathrm{d}\sigma &= \int_1^2 \left(\int_y^2 xy\,\mathrm{d}x\right)\mathrm{d}y = \int_1^2 \left(y\cdot\frac{x^2}{2}\right)_y^2 \mathrm{d}y \\ &= \int_1^2 \left(2y-\frac{y^3}{2}\right)\mathrm{d}y = \left(y^2-\frac{y^4}{8}\right)_1^2 = \frac{9}{8}.\end{aligned}$$

例 6.2 求 $\iint\limits_D xy\,\mathrm{d}x\mathrm{d}y$，其中 D 是由直线 $y=x+2$ 及抛物线 $y=x^2$ 所围成的闭区域.

解法一 画出积分区域 D 的图形(见图 6-7)，先将 D 看作 x-型区域，则有

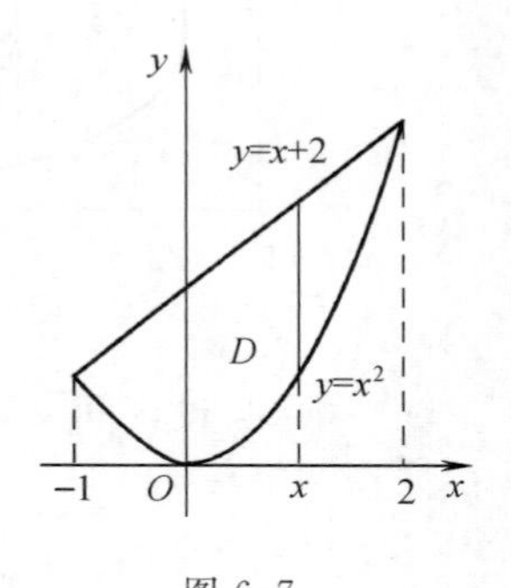

图 6-7

$$\begin{aligned}\iint_D xy\,\mathrm{d}x\mathrm{d}y &= \int_{-1}^2 \mathrm{d}x \int_{x^2}^{x+2} xy\,\mathrm{d}y \\ &= \int_{-1}^2 \left(\frac{1}{2}xy^2\right)_{x^2}^{x+2} \mathrm{d}x \\ &= \frac{1}{2}\int_{-1}^2 (x(x+2)^2-x^5)\,\mathrm{d}x \\ &= \frac{1}{2}\left(\frac{1}{4}x^4+\frac{4}{3}x^3+2x^2-\frac{1}{6}x^6\right)_{-1}^2 \\ &= \frac{45}{8}.\end{aligned}$$

解法二 若将 D 看作 y-型区域，则需用经过点$(-1,1)$且平行于轴的直线把区域 D 分成 D_1 与 D_2 两部分，其中

$$D_1=\{(x,y)\mid -\sqrt{y}\leqslant x\leqslant\sqrt{y},0\leqslant y\leqslant 1\},$$

$$D_2=\{(x,y)\mid y-2\leqslant x\leqslant\sqrt{y},1\leqslant y\leqslant 4\}.$$

根据二重积分关于积分区域的可加性，有

$$\iint_D xy\,dxdy=\iint_{D_1} xy\,dxdy+\iint_{D_2} xy\,dxdy$$
$$=\int_0^1 dy\int_{-\sqrt{y}}^{\sqrt{y}} xy\,dx+\int_1^4 dy\int_{y-2}^{\sqrt{y}} xy\,dx$$
$$=\int_0^1 y\,dy\int_{-\sqrt{y}}^{\sqrt{y}} x\,dx+\int_1^4 y\,dy\int_{y-2}^{\sqrt{y}} x\,dx$$
$$=0+\frac{1}{2}\int_1^4 y[y-(y-2)^2]dy$$
$$=\frac{1}{2}\int_1^4(-y^3+5y^2-4y)dy$$
$$=\frac{1}{2}\left[-\frac{1}{4}y^4+\frac{5}{3}y^3-2y^2\right]_1^4=\frac{45}{8}.$$

注　在例6.2的求解过程中，将 D 看作 y-型区域计算过程较为烦琐，故合理选择积分次序对重积分的计算非常重要. 由此可见，直角坐标系下二重积分的计算与积分次序有重大关系，我们可以根据解题需要，结合积分区域 D 的特征，主动改变积分次序以达到简化解题的效果，具体过程可参考《微积分及其应用导学》第 6.1 节.

例 6.3　求 $\iint_D \frac{\sin y}{y}dxdy$，其中 D 是由直线 $y=x$ 及抛物线 $y^2=x$ 所围成的闭区域.

解　画出积分区域 D 的图形，D 既是 x-型区域，又是 y-型区域. 我们先按 y-型区域来计算，有

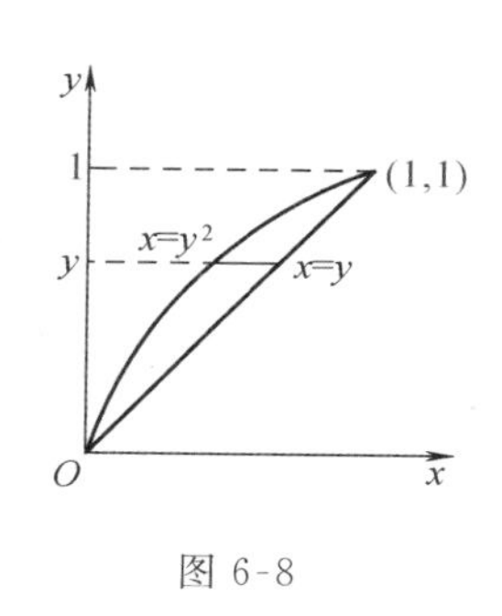

图 6-8

$$\iint_D \frac{\sin y}{y}dxdy=\int_0^1 dy\int_{y^2}^{y}\frac{\sin y}{y}dx$$
$$=\int_0^1\frac{\sin y}{y}[x]_{y^2}^{y}dy$$
$$=\int_0^1(1-y)\sin y\,dy$$
$$=1-\sin 1.$$

如果将 D 看作 x-型区域，先对 y 后对 x 积分，则有

$$\iint_D \frac{\sin y}{y}dxdy=\int_0^1 dx\int_x^{\sqrt{x}}\frac{\sin y}{y}dy,$$

由于 $\frac{\sin y}{y}$ 的原函数不能用初等函数来表达，所以上式就无法往下计算了.

6.1.3　极坐标下二重积分的计算

极坐标系是指在平面内由极点、极轴和极径组成的坐标系(见图 6-9). 在平面上取定一点 O，称为极点. 从点 O 出发引一条射线 Ox，称为极轴. 再取定一个单位长度，通常规定角度取逆时针方向为正. 这样，平面上任一点 p 的位置就可以用线段 Op 的长度 ρ 以及

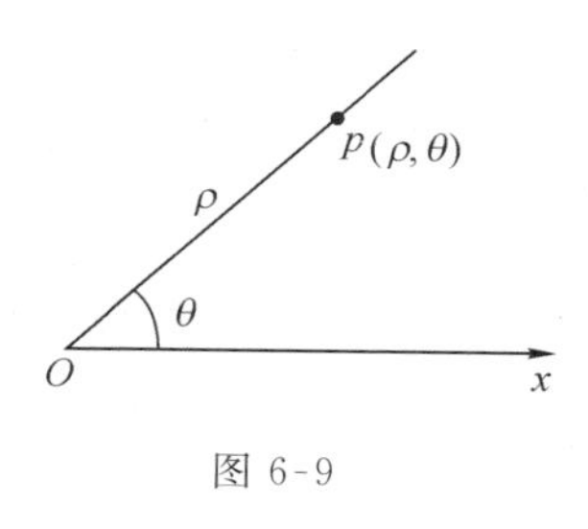

图 6-9

从 Ox 到 Op 的角度 θ 来确定，有序数对 (ρ,θ) 就称为 p 点的极坐标，记为 $p(\rho,\theta)$，其中 ρ 称为 p 点的极径，θ 称为 p 点的极角. 显然，若在图 6-9 中极点 O 同时也作为直角坐标系的原点，以极轴 Ox 方向作为 x 轴的正方向，则我们可得到极坐标系下点的坐标 $p(\rho,\theta)$，与直角坐标系下点的坐标 $p(x,y)$ 的转换关系

$$\begin{cases}x=\rho\cos\theta,\\ y=\rho\sin\theta.\end{cases} \tag{6-4}$$

为了进一步讨论二重积分在极坐标系下的计算，我们在极坐标系下引进 θ-型区域与 ρ-型区域.

(1)θ-型区域：设积分区域 D 在极坐标系下可表示为

$$D=\{(\rho,\theta)\mid\varphi_1(\theta)\leqslant\rho\leqslant\varphi_2(\theta),\alpha\leqslant\theta\leqslant\beta\},$$

其中函数 $\varphi_1(x)$、$\varphi_2(x)$ 在区间 $[\alpha,\beta]$ 上连续，且从极点出发极角为 θ 的射线与区域 D 的边界线的交点不多于两点(见图 6-10)，这样的区域我们称之为 θ-型区域. 特别地，当极点在区域 D 的内部时，可以把它看作 θ-型区域的特例，即 $\alpha=0,\beta=2\pi$(见图 6-11). 此时区域 D 可表示为

$$D=\{(\rho,\theta)\mid 0\leqslant\rho\leqslant\varphi(\theta),0\leqslant\theta\leqslant 2\pi\}.$$

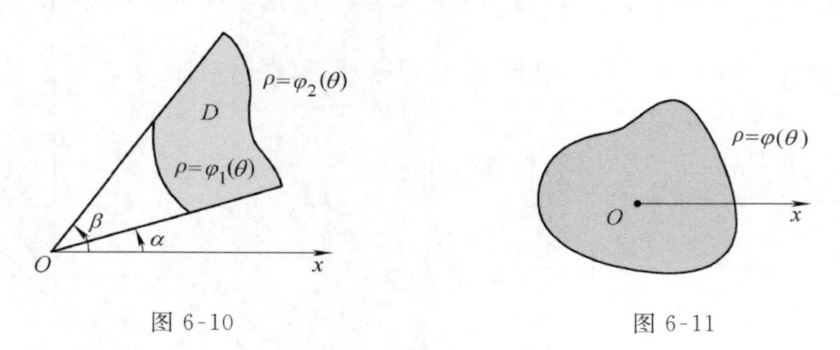

图 6-10　　图 6-11

(2)ρ-型区域：设积分区域 D 可表示为

$$D=\{(\rho,\theta)\mid\theta_1(\rho)\leqslant\theta\leqslant\theta_2(\rho),\rho_1\leqslant\rho\leqslant\rho_2\},$$

其中函数 $\theta_1(\rho)$、$\theta_2(\rho)$ 在区间 $[\rho_1,\rho_2]$ 上连续，且以极点为圆心，任作与 $\rho=\rho_1$ 平行的圆弧线与区域 D 的边界线的交点不多于两点(见图 6-12)，这样的区域我们称之为 ρ-型区域.

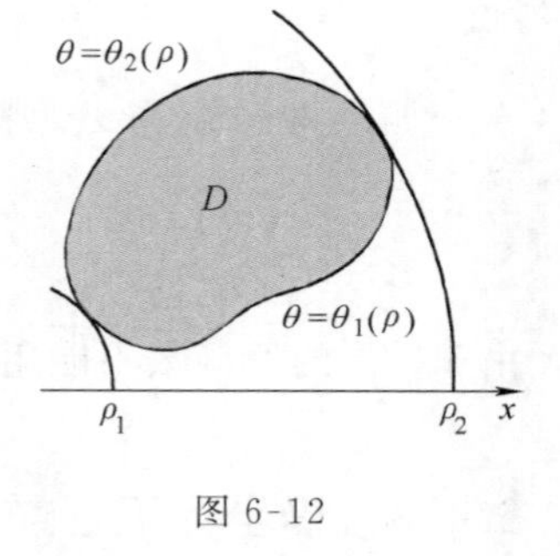

图 6-12

在极坐标系下，对于较复杂的积分区域 D，我们可将其划分为若干个无公共点的 θ-型或 ρ-型子区域，再利用二重积分对于积分区域的可加性进行计算与求解. 下面我们应用换元积分法的来计算极坐标系下的二重积分.

定理 6.3 积分区域 D 为 $\mathbf{R}^2$ 的有界闭区域，$f(x,y)$ 在 D 上连续，函数变换 $x=x(u,v)$、$y=y(u,v)$ 在 uv 平面上的有界闭区域 D' 上具有连续的一阶偏导数，使得 D' 与 D 的点一一对应，并有雅可比行列式

$$J(u,v)=\begin{vmatrix} x_u & x_v \\ y_u & y_v \end{vmatrix}\neq 0[(u,v)\in D'],$$

则有换元积分公式

$$\iint_D f(x,y)\mathrm{d}x\mathrm{d}y=\iint_{D'} f[x(u,v),y(u,v)]\,|J(u,v)|\,\mathrm{d}u\mathrm{d}v. \tag{6-5}$$

其中，$\mathrm{d}\sigma=|J(u,v)|\mathrm{d}u\mathrm{d}v$ 称为新坐标系（uv 坐标系）下的面积微元.

此定理的证明从略. 利用定理 6.3，可进一步得到：

推论　设函数 $f(x,y)$ 在 D 上连续，当定理 6.3 中的函数变换为极坐标变换 $x=\rho\cos\theta$、$y=\rho\sin\theta$时，则有

$$\iint_{D(x,y)} f(x,y)\mathrm{d}x\mathrm{d}y=\iint_{D'(\rho,\theta)} f(\rho\cos\theta,\rho\sin\theta)\rho\mathrm{d}\rho\mathrm{d}\theta. \tag{6-6}$$

其中，$D'(\rho,\theta)$是直角坐标系下积分区域积分区域 $D(x,y)$在极坐标平面上的对应区域.

证　在极坐标变换 $x=\rho\cos\theta$、$y=\rho\sin\theta$ 下，有雅可比行列式

$$J(\rho,\theta)=\begin{vmatrix} x_\rho & x_\theta \\ y_\rho & y_\theta \end{vmatrix}=\begin{vmatrix} \cos\theta & -\rho\sin\theta \\ \sin\theta & \rho\cos\theta \end{vmatrix}=\rho,$$

将(ρ,θ)代入式(6-5)，即得到式(6-6)，且 $J(\rho,\theta)$仅在极点处为零，故不论闭区域 $D'(\rho,\theta)$是否含有极点，换元公式(6-6)均成立.

注　上述积分变换定理 6.3 可推广到 $\mathbf{R}^3$ 的情形中去，我们将在下一节进一步展开讨论. 下面，我们利用公式(6-6)来计算极坐标系下的二重积分.

例 6.4　求$\iint_D \frac{\mathrm{d}x\mathrm{d}y}{1+x^2+y^2}$，其中 D 是由 $x^2+y^2\leqslant 1$ 所确定的圆域.

解　区域 D 在极坐标下可表示为θ-型区域（见图 6-13）

$$D=\{(\rho,\theta)\,|\,0\leqslant\rho\leqslant 1,0\leqslant\theta\leqslant 2\pi\},$$

故

$$\begin{aligned}\iint_D \frac{\mathrm{d}x\mathrm{d}y}{1+x^2+y^2}&=\int_0^{2\pi}\mathrm{d}\theta\int_0^1\frac{\rho\mathrm{d}\rho}{1+\rho^2}\\&=\int_0^{2\pi}\frac{1}{2}[\ln(1+\rho^2)]\Big|_0^1\mathrm{d}\theta\\&=\int_0^{2\pi}\frac{1}{2}\ln 2\mathrm{d}\theta=\frac{1}{2}\ln 2\cdot\theta\Big|_0^{2\pi}\\&=\pi\ln 2.\end{aligned}$$

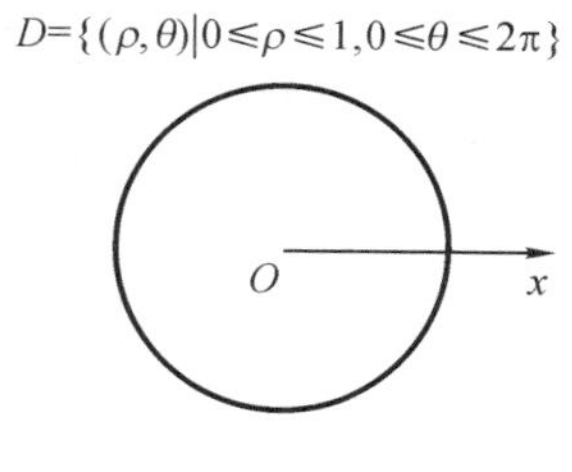

图 6-13

例 6.5　求$\iint_D \frac{y}{x\sqrt{x^2+y^2}}\mathrm{d}x\mathrm{d}y$，其中 D 由边界曲线 $x^2+y^2\leqslant 2x$、$x\geqslant 1$ 与 $y\geqslant 0$ 围成.

解　如图 6-14 所示，积分区域 D 上点的极角的变化范围为$\left[0,\frac{\pi}{4}\right]$；对这个范围内的任意一个 θ 值，作从极点出发、极角为 θ 的射线，该射线上 D 区域内点的极径从 $\sec\theta$ 变到 $2\cos\theta$. 故

$$\iint_D \frac{y}{x\sqrt{x^2+y^2}}\mathrm{d}x\mathrm{d}y = \iint_D \tan\theta \mathrm{d}\rho\mathrm{d}\theta = \int_0^{\frac{\pi}{4}} \tan\theta\mathrm{d}\theta\int_{\sec\theta}^{2\cos\theta}\mathrm{d}\rho$$

$$= \int_0^{\frac{\pi}{4}}(2\cos\theta - \sec\theta)\tan\theta\mathrm{d}\theta$$

$$= \int_0^{\frac{\pi}{4}}(2\sin\theta - \sec\theta\tan\theta)\mathrm{d}\theta$$

$$= [-2\cos\theta - \sec\theta]_0^{\frac{\pi}{4}} = 3 - 2\sqrt{2}.$$

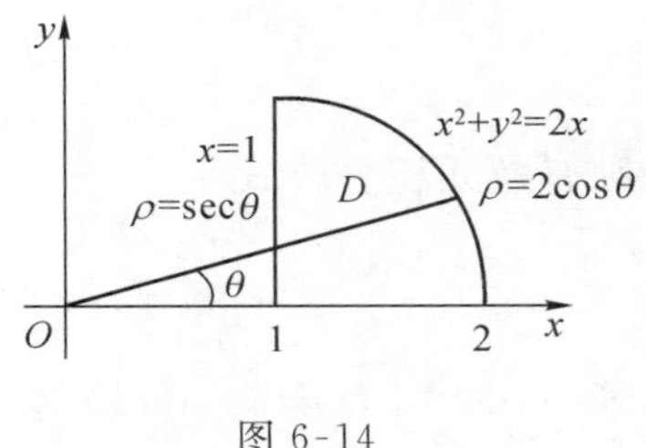
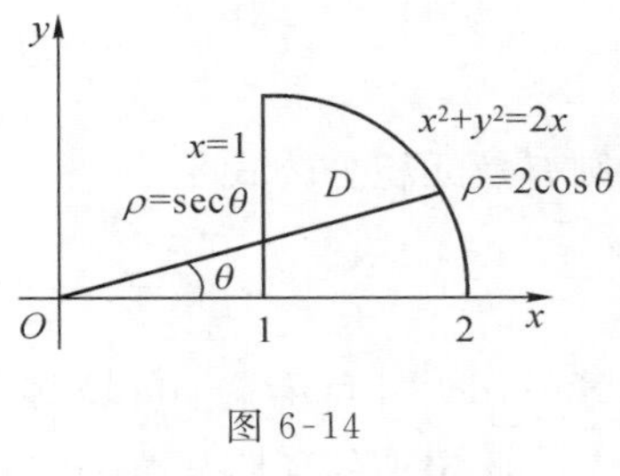

图 6-14

例 6.6 求 $\iint_D \mathrm{e}^{-x^2-y^2}\mathrm{d}\sigma$，其中 D 为 $x^2+y^2\leqslant a^2$.

解 区域 D 在极坐标下可表示为 θ-型区域(见图 6-15)

$$D=\{(\rho,\theta)\mid 0\leqslant\rho\leqslant a, 0\leqslant\theta\leqslant 2\pi\},$$

故

$$\iint_D \mathrm{e}^{-x^2-y^2}\mathrm{d}\sigma = \iint_D \mathrm{e}^{-\rho^2}\cdot\rho\mathrm{d}\rho\mathrm{d}\theta = \int_0^{2\pi}\mathrm{d}\theta\int_0^a \rho\mathrm{e}^{-\rho^2}\mathrm{d}\rho$$

$$= \int_0^{2\pi}\left[-\frac{1}{2}\mathrm{e}^{-\rho^2}\right]_0^a\mathrm{d}\theta = \frac{1}{2}(1-\mathrm{e}^{-a^2})\int_0^{2\pi}\mathrm{d}\theta$$

$$= \pi(1-\mathrm{e}^{-a^2}).$$

$D=\{(\rho,\theta)|0\leqslant\rho\leqslant a,0\leqslant\theta\leqslant 2\pi\}$

图 6-15

例 6.7 求广义积分 $I=\int_0^{+\infty}\mathrm{e}^{-x^2}\mathrm{d}x$.

解 区域 D 在极坐标下可表示为 θ-型区域(见图 6-15)

$$D=\{(\rho,\theta)\mid 0\leqslant\rho\leqslant a, 0\leqslant\theta\leqslant 2\pi\},$$

如图 6-15 所示，在第一卦限内分别取内切于 D 的四分之一圆区域 D_1 和外接于 D 的四分之一圆区域 D_2. 注意到函数 $\mathrm{e}^{-x^2-y^2}>0$，故有

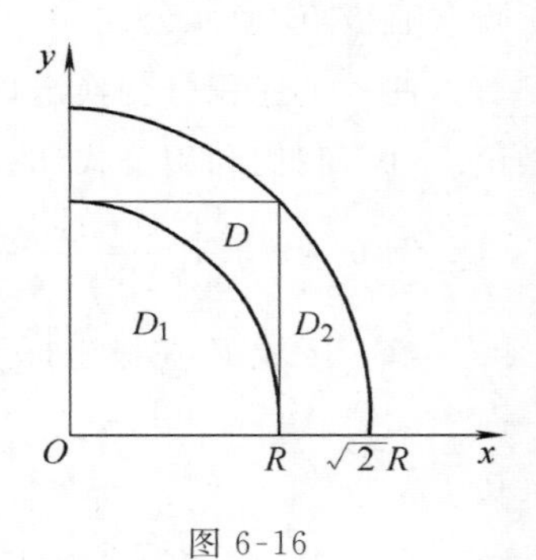

图 6-16

$$\iint_{D_1}\mathrm{e}^{-x^2-y^2}\mathrm{d}\sigma \leqslant \iint_D \mathrm{e}^{-x^2-y^2}\mathrm{d}\sigma \leqslant \iint_{D_2}\mathrm{e}^{-x^2-y^2}\mathrm{d}\sigma,$$

由例 6.6 的结论可知

$$\iint_{D_1}\mathrm{e}^{-x^2-y^2}\mathrm{d}\sigma = \frac{\pi(1-\mathrm{e}^{-R^2})}{4},$$

请思考为什么要除以 4 .

$$\iint_{D_2}\mathrm{e}^{-x^2-y^2}\mathrm{d}\sigma = \frac{\pi(1-\mathrm{e}^{-2R^2})}{4}.$$

另一方面，$I^2 = \lim\limits_{R\to+\infty}\int_0^R \mathrm{e}^{-x^2}\mathrm{d}x\cdot\int_0^R \mathrm{e}^{-y^2}\mathrm{d}y = \lim\limits_{R\to+\infty}\iint_D \mathrm{e}^{-x^2-y^2}\mathrm{d}\sigma$，则

$$\lim_{R\to+\infty}\iint_{D_1}\mathrm{e}^{-x^2-y^2}\mathrm{d}\sigma \leqslant \lim_{R\to+\infty}\iint_D \mathrm{e}^{-x^2-y^2}\mathrm{d}\sigma \leqslant \lim_{R\to+\infty}\iint_{D_2}\mathrm{e}^{-x^2-y^2}\mathrm{d}\sigma,$$

即

$$\frac{\pi}{4}=\lim_{R\to+\infty}\frac{\pi(1-e^{-R^2})}{4}\leqslant I^2\leqslant\lim_{R\to+\infty}\frac{\pi(1-e^{-2R^2})}{4}=\frac{\pi}{4},$$

所以

$$I=\int_0^{+\infty}e^{-x^2}dx=\frac{\sqrt{\pi}}{2}.$$

注　例 6.7 表述的广义积分称为泊松(Poisson)积分,在概率统计中有重要的应用.

习　题　6.1

1. 不计算二重积分,判断 $\iint\limits_{r\leqslant|x|+|y|\leqslant1}\ln(x^2+y^2)dxdy(r<1)$ 的符号.

2. 比较积分$\iint\limits_D\ln(x+y)d\sigma$与$\iint\limits_D[\ln(x+y)]^2d\sigma$的大小,其中区域 D 是三角形闭区域,三个顶点各为(1,0)、(1,1)、(2,0).

3. 证明不等式 $1\leqslant\iint\limits_D(\cos y^2+\sin x^2)dxdy\leqslant\sqrt{2}$,其中区域 D:$0\leqslant x\leqslant1,0\leqslant y\leqslant1$.

4. 计算$\iint\limits_D y\sqrt{1+x^2-y^2}d\sigma$,其中区域 D 是由直线 $y=x$、$x=-1$ 和 $y=1$ 所围成的闭区域.

5. 计算$\iint\limits_D e^{y^2}dxdy$,其中区域 D 由 $y=x$、$y=1$ 及 y 轴所围.

6. 计算$\iint\limits_D|y-x^2|dxdy$,其中区域 D:$-1\leqslant x\leqslant1,0\leqslant y\leqslant1$.

7. 计算二重积分$\iint\limits_D e^{x+y}dxdy$,其中区域 D 是由 $x=0$、$x=1$、$y=0$、$y=1$ 所围成的矩形.

8. 计算$\iint\limits_D\frac{dxdy}{1+x^2+y^2}$,其中区域 D 是由 $x^2+y^2\leqslant1$ 所确定的圆域.

9. 计算$\iint\limits_D\frac{\sin(\pi\sqrt{x^2+y^2})}{\sqrt{x^2+y^2}}dxdy$,其中积分区域 D 是由 $1\leqslant x^2+y^2\leqslant4$ 所确定的圆环.

10. 写出在极坐标系下二重积分$\iint\limits_D f(x,y)dxdy$ 的二次积分,其中区域

$$D=\{(x,y)\mid1-x\leqslant y\leqslant\sqrt{1-x^2},0\leqslant x\leqslant1\}.$$

习题 6.1 详解

6.2 三重积分

6.2.1 三重积分的定义与性质

我们延续定积分与二重积分的极限型定义,很自然地推广出下面三重积分的概念.

定义 6.2 设 $f(x,y,z)$是空间有界闭区域 Ω 上的有界函数.将 Ω 任意分割成 n 个小闭区域

$$\Delta v_1, \Delta v_2, \cdots, \Delta v_n,$$

并仍用 $\Delta v_i (i=1,2,\cdots,n)$ 表示第 i 个小闭区域 Δv_i 的体积.在每个 Δv_i 上任取一点$(\xi_i,\eta_i,\varsigma_i)$,作和 $\sum\limits_{i=1}^{n} f(\xi_i,\eta_i,\varsigma_i)\Delta v_i$.如果当各小闭区域直径中的最大值$\lambda$趋于零时,该和式的极限总存在,则称此极限为函数 $f(x,y,z)$ 在闭区域 Ω 上的三重积分,记作$\iiint\limits_{\Omega} f(x,y,z)\mathrm{d}v$,即

$$\iiint\limits_{\Omega} f(x,y,z)\mathrm{d}v = \lim_{\lambda\to 0}\sum_{i=1}^{n} f(\xi_i,\eta_i,\varsigma_i)\Delta v_i,$$

其中 $\mathrm{d}v$ 称为体积微元.从而在直角坐标系中,体积微元 $\mathrm{d}v=\mathrm{d}x\mathrm{d}y\mathrm{d}z$,而把三重积分记作

$$\iiint\limits_{\Omega} f(x,y,z)\mathrm{d}x\mathrm{d}y\mathrm{d}z.$$

注 在上述定义中,若 $\forall (x,y,z)\in\Omega, f(x,y,z)\equiv 1$ 时,$f(x,y,z)$ 在闭区域 Ω 上的三重积分在数值上等于 Ω 的体积,即

$$V=\iiint\limits_{\Omega} 1\mathrm{d}v=\iiint\limits_{\Omega}\mathrm{d}v.$$

我们同样不加证明地接受以下充分条件.

定理 6.4 如果函数 $f(x,y,z)$在有界闭区域 Ω 上连续,则 $f(x,y,z)$在 Ω 上可积.

从定积分、二重积分与三重积分的定义可知,三重积分与定积分、二重积分有类似的性质,此处不再赘述.

6.2.2 直角坐标系下三重积分的计算

在直角坐标系下计算三重积分的基本方法是将三重积分化为三次积分来计算.在具体实施过程中,大致可以分为下面两种类型.

(1)先单后重:设积分区域 Ω 可表示为

$$\Omega=\{(x,y,z)\mid z_1(x,y)\leqslant z\leqslant z_2(x,y),(x,y)\in D_{xy}\},$$

其中 D_{xy} 是闭区域 Ω 在 xOy 面上的投影区域(见图 6-17),以 D_{xy} 的边界为准线作母线平行于 z 轴的柱面,该柱面与边界曲面 S 的交线将 S 分成上、下两部分,它们的方程分别为 $\Sigma_1: z$

$=z_1(x,y)$ 与 $\Sigma_2:z=z_2(x,y)$，$z_1(x,y)\leqslant z_2(x,y)$ 且在 D_{xy} 上均连续.

根据三重积分的极限型定义，当函数 $f(x,y,z)$ 表示空间物体 Ω 在点(x,y,z) 处的密度时，三重积分 $\iiint\limits_{\Omega} f(x,y,z)\mathrm{d}v$ 表示该物体的总质量 M，即 $M=\iiint\limits_{\Omega} f(x,y,z)\mathrm{d}v$. 这为我们讨论三重积分的计算提供了理论依据.

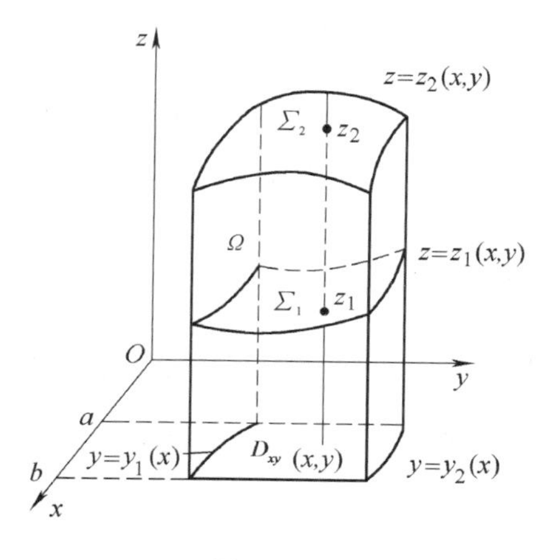

图 6-17

$\forall(x,y)\in D_{xy}$，作 z 轴的平行线，该直线与 Ω 相交成竖坐标从 $z_1(x,y)$ 变到 $z_2(x,y)$ 的线段，则定积分 $M(x,y)=\int_{z_1(x,y)}^{z_2(x,y)} f(x,y,z)\mathrm{d}z$ 表示该线段的质量，其结果是关于 x、y 的二元函数，考虑到柱体 Ω 的总质量 M 是点(x,y) 跑遍整个投影区域 D_{xy} 时所获得的所有线段的质量总和，M 可表示成 $M(x,y)$ 在 D_{xy} 上的二重积分，即

$$\iint\limits_{D_{xy}} M(x,y)\mathrm{d}\sigma=\iint\limits_{D_{xy}}\left[\int_{z_1(x,y)}^{z_2(x,y)} f(x,y,z)\mathrm{d}z\right]\mathrm{d}\sigma,$$

这个质量数值上就是所求三重积分的值，故

$$\iiint\limits_{\Omega} f(x,y,z)\mathrm{d}v=\iint\limits_{D_{xy}}\left[\int_{z_1(x,y)}^{z_2(x,y)} f(x,y,z)\mathrm{d}z\right]\mathrm{d}\sigma. \tag{6-7}$$

上述过程可理解为在 Ω 的投影区域 D_{xy} 先取定点(x,y) 的坐标，再对一元函数 $f(x,y,z)$(视 x、y 为常数) 完成从积分下限 $z_1(x,y)$ 到积分上限 $z_2(x,y)$ 的定积分，并获得该单次积分的结果 $M(x,y)$，此时，再把 x、y 视为变量，在投影区域 D_{xy} 完成二重积分 $\iint\limits_{D_{xy}} M(x,y)\mathrm{d}\sigma$ 获得三重积分的值，我们称上述方法为直角坐标系下三重积分的“先单后重”计算法.

若投影区域 D_{xy} 属于 x-型区域，即

$$D_{xy}=\{(x,y)\mid y_1(x)\leqslant y\leqslant y_2(x),a\leqslant x\leqslant b\},$$

我们可进一步把这个三重积分化为三次积分

$$\iiint\limits_{\Omega} f(x,y,z)\mathrm{d}v=\int_a^b \mathrm{d}x\int_{y_1(x)}^{y_2(x)}\mathrm{d}y\int_{z_1(x,y)}^{z_2(x,y)} f(x,y,z)\mathrm{d}z. \tag{6-8}$$

公式(6-8)把三重积分化为先对 z、再对 y 、最后对 x 的三次积分.

同理，如果平行于 x 轴或 y 轴的直线穿过柱体 Ω 内部的直线与 Ω 的边界曲面 S 相交不多于两点，也可把闭区域 Ω 投影到 yOz 面上或 xOz 面上，用类似的方法可把三重积分化为三次积分. 如果平行于坐标轴且穿过闭区域 Ω 内部的直线与边界曲面 S 的交点多于两个，则可将把 Ω 分成若干部分，保证每个部分与坐标轴平行且穿过 Ω 内部的直线与 Ω 的边界曲面相交不多于两点，这样，根据积分对区域的可加性，Ω 上的三重积分就化为各部分闭区域上的三重积分的和.

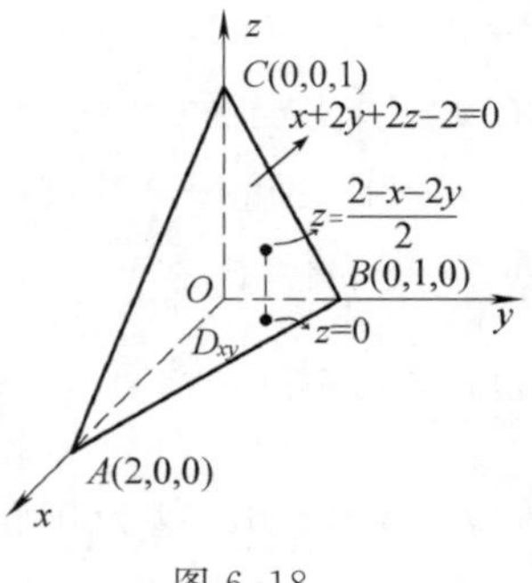

图 6-18

例 6.8 求 $\iiint\limits_{\Omega} x\mathrm{d}v$,其中 Ω 为三个坐标面及平面 $x+2y+2z-2=0$ 所围成的闭区域.

解 作闭区域 Ω 及 Ω 在 xOy 平面上的投影区域 D_{xy}(见图 6-18).

在 D_{xy} 内任取一点 (x,y),过此点作 z 轴的平行线,该直线上 Ω 内的点的竖坐标从 $z=0$ 变化到 $z=\dfrac{2-x-2y}{2}$. 由"先单后重"计算法,得

$$\iiint\limits_{\Omega} x\mathrm{d}v=\iint\limits_{D_{xy}}\left[\int_0^{\frac{2-x-2y}{2}} x\mathrm{d}z\right]\mathrm{d}\sigma,$$

又 $D_{xy}=\{(x,y)\mid 0\leqslant y\leqslant\dfrac{2-x}{2},0\leqslant x\leqslant 2\}$,进一步得三次积分

$$\begin{aligned}\iiint\limits_{\Omega} x\mathrm{d}v&=\int_0^2\mathrm{d}x\int_0^{\frac{2-x}{2}}\mathrm{d}y\int_0^{\frac{2-x-2y}{2}} x\mathrm{d}z\\&=\frac{1}{8}\int_0^2 x(2-x)^2\mathrm{d}x\\&=\frac{1}{6}.\end{aligned}$$

(2)先重后单:设积分区域 Ω 可表示为

$$\Omega=\{(x,y,z)\mid(x,y)\in D_Z,c\leqslant z\leqslant d\},$$

其中 D_z 是竖坐标为 z 的平面截空间立体 Ω 所得的平面闭区域(见图 6-19).

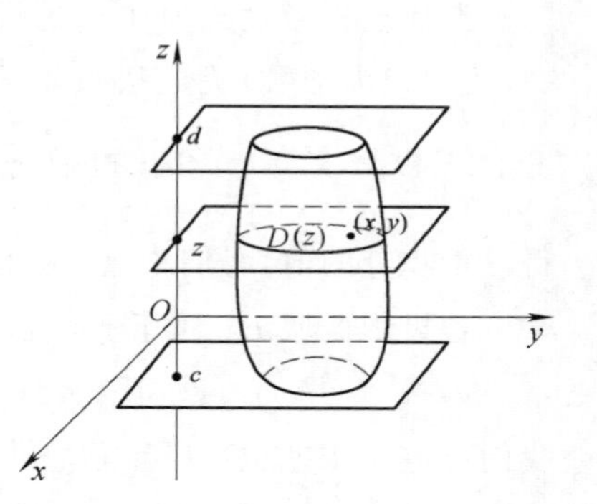

图 6-19

我们仍然假设函数 $f(x,y,z)$ 表示空间物体 Ω 在点 (x,y,z) 处的密度,则该物体的总质量 M 为

$$M=\iiint\limits_{\Omega} f(x,y,z)\mathrm{d}v.$$

$\forall z\in[c,d]$,作竖坐标为 z 的平面截空间立体 Ω 得与 xOy 面平行的平面闭区域 D_z,则在 D_z 上实施的二重积分 $M(z)=\iint\limits_{D_z} f(x,y,z)\mathrm{d}\sigma$ 表示 Ω 在竖坐标为 z 处平面闭区域 D_z 上的质量,其结果是关于 z 的一元函数,考虑到柱体 Ω 的总质量是点 z 跑遍整个区间 $[c,d]$ 所形成的所有关于形体 Ω 的截面质量总和,M 可表示成 $M(z)$ 在 $[c,d]$ 上的定积分,即

$$\int_c^d M(z)\mathrm{d}z=\int_c^d\left[\iint\limits_{D_z} f(x,y,z)\mathrm{d}\sigma\right]\mathrm{d}z,$$

这个质量数值上就是所求三重积分的值,故

$$\iiint\limits_{\Omega} f(x,y,z)\mathrm{d}v=\int_c^d\left[\iint\limits_{D_z} f(x,y,z)\mathrm{d}\sigma\right]\mathrm{d}z. \tag{6-9}$$

上述过程可理解为在 Ω 的竖坐标运行区间 $[c,d]$ 上取定截片 D_z，对二元函数 $f(x,y,z)$（视 z 为常数）先完成二重积分 $M(z)=\iint\limits_{D_z} f(x,y,z)\mathrm{d}\sigma$，再把 z 视为变量，在区间 $[c,d]$ 完成单次积分 $\int_c^d M(z)\mathrm{d}z$ 获得三重积分的值，我们称上述方法为直角坐标系下三重积分的“先重后单”计算法.

例 6.9 求 $\iiint\limits_{\Omega} x\,\mathrm{d}v$，其中 Ω 为三个坐标面及平面 $x+2y+2z-2=0$ 所围成的闭区域.

解 $\forall z\in[0,1]$，作竖坐标为 z 的平面截空间立体 Ω 得平面闭区域 D_z（见图 6-19）.

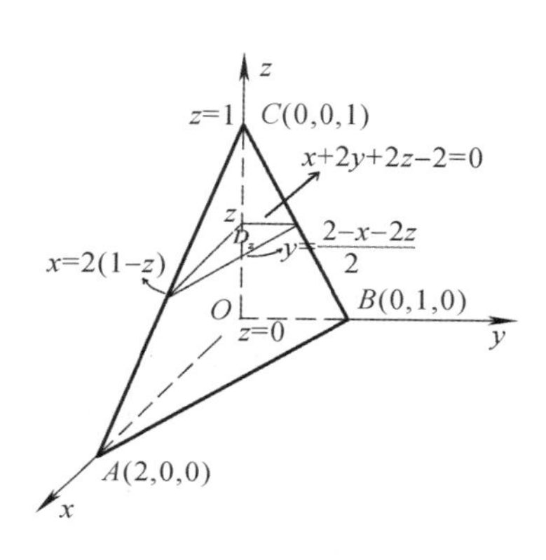

图 6-19

由“先重后单”计算法，得

$$\iiint\limits_{\Omega} x\,\mathrm{d}v=\int_0^1\left[\iint\limits_{D_z} x\,\mathrm{d}\sigma\right]\mathrm{d}z,$$

又 $D_z=\left\{(x,y)\mid 0\leqslant y\leqslant \dfrac{2-x-2z}{2},0\leqslant x\leqslant 2(1-z)\right\}$，进一步得三次积分

$$\begin{aligned}\iiint\limits_{\Omega} x\,\mathrm{d}v&=\int_0^1\mathrm{d}z\int_0^{2(1-z)}\mathrm{d}x\int_0^{\frac{2-x-2z}{2}} x\,\mathrm{d}y\\&=\frac{1}{2}\int_0^1\mathrm{d}z\int_0^{2(1-z)}[(2x-x^2)-2xz]\mathrm{d}x\\&=-\frac{2}{3}\int_0^1(z-1)^3\mathrm{d}z\\&=-\frac{2}{3}\int_0^1(z-1)^3\mathrm{d}(z-1)\\&=\frac{1}{6}.\end{aligned}$$

例 6.10 求 $\iiint\limits_{\Omega} xyz\,\mathrm{d}v$，其中 Ω 为球面 $x^2+y^2+z^2=1$ 及三个坐标面所围成的在第一卦限内的闭区域.

解 积分区域可表示为

$$\Omega=\{(x,y,z)\mid 0\leqslant z\leqslant\sqrt{1-x^2-y^2},0\leqslant y\leqslant\sqrt{1-x^2},0\leqslant x\leqslant 1\},$$

故

$$\begin{aligned}\iiint\limits_{\Omega} xyz\,\mathrm{d}v&=\int_0^1\mathrm{d}x\int_0^{\sqrt{1-x^2}}\mathrm{d}y\int_0^{\sqrt{1-x^2-y^2}} xyz\,\mathrm{d}z\\&=\int_0^1\mathrm{d}x\int_0^{\sqrt{1-x^2}}\frac{1}{2}xy(1-x^2-y^2)\mathrm{d}y\\&=\frac{1}{8}\int_0^1 x(1-x^2)^2\mathrm{d}x=\frac{1}{48}.\end{aligned}$$

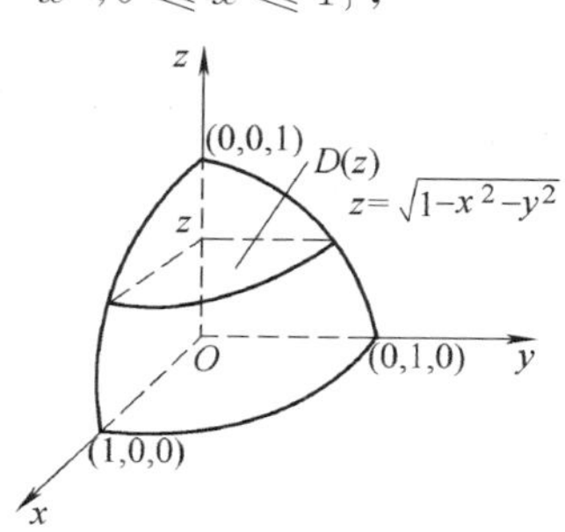

图 6-20

6.2.3 利用柱面坐标与球面坐标计算三重积分

(1) **柱面坐标**：设 $M(x,y,z)$ 为空间直角坐标系中一点，并设点 M 在 xOy 面上的投影点 P 的极坐标为 (ρ,θ)，则空间点 $M(x,y,z)$ 也可用坐标 (ρ,θ,z) 表示（见图 6-21）．(ρ,θ,z) 称为点 M 的柱面坐标，其中 ρ、θ、z 的取值范围分别是

$$0\leqslant\rho<+\infty,0\leqslant\theta\leqslant 2\pi,-\infty<z<+\infty.$$

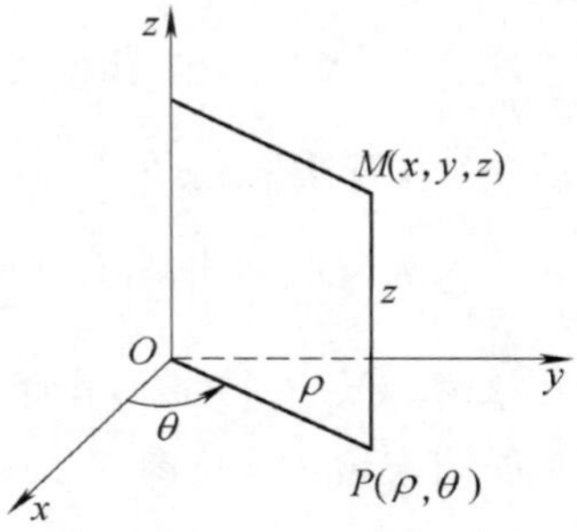

图 6-21

显然，空间点 M 的直角坐标与其柱面坐标的关系为

$$\begin{cases}x=\rho\cos\theta,\\ y=\rho\sin\theta,\\ z=z.\end{cases}\tag{6-10}$$

(2) **球面坐标**：设 $M(x,y,z)$ 为空间直角坐标中一点，并设点 M 与原点 O 的距离为 r，φ 为向量 $\overrightarrow{OM}$ 与 z 轴正向的夹角，将点 $M(x,y,z)$ 投影至 xOy 面得点 P，则 θ 表示自 x 轴正向按逆时针方向转到向量 $\overrightarrow{OP}$ 的旋转角（见图 6-22）．称有序数组 (r,φ,θ) 为点 M 的球面坐标，其中 r、φ、θ 的取值范围分别是

$$0\leqslant r<+\infty,0\leqslant\varphi\leqslant\pi,0\leqslant\theta\leqslant 2\pi.$$

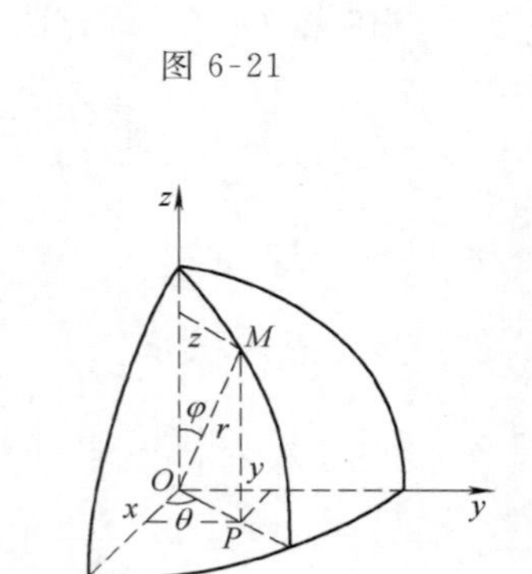

图 6-22

显然，空间点 M 的直角坐标与其球面坐标的关系为

$$\begin{cases}x=r\sin\varphi\cos\theta,\\ y=r\sin\varphi\sin\theta,\\ z=r\cos\varphi.\end{cases}\tag{6-11}$$

另外，我们将积分变换定理 6.3 推广到 $\mathbf{R}^3$ 的情形中，则有

定理 6.5 积分区域 Ω 为 $\mathbf{R}^3$ 的有界闭区域，$f(x,y,z)$ 在 Ω 上连续，函数变换 $x=x(u,v,w)$、$y=y(u,v,w)$、$z=z(u,v,w)$ 在 uvw 坐标系下的有界闭区域 Ω' 上具有连续的一阶偏导数，使得 Ω' 与 Ω 的点一一对应，并且雅可比行列式

$$J(u,v,w)=\begin{vmatrix}x_u & x_v & x_w\\ y_u & y_v & y_w\\ z_u & z_v & z_w\end{vmatrix}\neq 0,(u,v,z)\in\Omega',$$

则有换元积分公式

$$\iiint\limits_{\Omega}f(x,y,z)\mathrm{d}x\mathrm{d}y\mathrm{d}z=\iiint\limits_{\Omega'}f[x(u,v,w),y(u,v,w),z(u,v,w)]\,|J(u,v,w)|\,\mathrm{d}u\mathrm{d}v\mathrm{d}w.\tag{6-12}$$

其中，$\mathrm{d}v=|J(u,v,w)|\mathrm{d}u\mathrm{d}v\mathrm{d}w$ 称为新坐标系（uvw 坐标系）下的体积微元．

此定理的证明从略．下面，我们介绍柱面坐标与球面坐标在定理 6.5 意义下的变换公式．

推论1　设$f(x,y,z)$在Ω上连续，当定理6.5中的函数变换为柱面坐标变换$x=\rho\cos\theta$、$y=\rho\sin\theta$、$z=z$时，则有

$$\iiint_{\Omega(x,y,z)} f(x,y,z)\mathrm{d}x\mathrm{d}y\mathrm{d}z=\iiint_{\Omega'(\rho,\theta,z)} f(\rho\cos\theta,\rho\sin\theta,z)\rho\mathrm{d}\rho\mathrm{d}\theta\mathrm{d}z. \tag{6-13}$$

其中，区域$\Omega'(\rho,\theta,z)$是直角坐标系下区域$\Omega(x,y,z)$在柱面坐标系下的对应区域. $\rho\mathrm{d}\rho\mathrm{d}\theta\mathrm{d}z$称为柱面坐标系中的体积微元.

证　在柱面坐标变换$x=\rho\cos\theta$、$y=\rho\sin\theta$、$z=z$下，雅可比行列式

$$J(\rho,\theta,z)=\begin{vmatrix} x_\rho & x_\theta & x_z \\ y_\rho & y_\theta & y_z \\ z_\rho & z_\theta & z_z \end{vmatrix}=\begin{vmatrix} \cos\theta & -\rho\sin\theta & 0 \\ \sin\theta & \rho\cos\theta & 0 \\ 0 & 0 & 1 \end{vmatrix}=\rho,$$

将$J(\rho,\theta,z)$代入式(6-12)，即得到式(6-13)，且$J(\rho,\theta,z)$仅在原点处为零，故不论闭区域$\Omega'(\rho,\theta,z)$是否含有原点，柱面坐标变换公式(6-13)均成立.

推论2　设$f(x,y,z)$在Ω上连续，当定理6.5中的函数变换为球面坐标变换$x=r\sin\varphi\cos\theta$、$y=r\sin\varphi\sin\theta$、$z=r\cos\varphi$时，则有

$$\begin{aligned}&\iiint_{\Omega(x,y,z)} f(x,y,z)\mathrm{d}x\mathrm{d}y\mathrm{d}z \\ &\quad=\iiint_{\Omega'(r,\varphi,\theta)} f(r\sin\varphi\cos\theta,r\sin\varphi\sin\theta,r\cos\varphi)r^2\sin\varphi\mathrm{d}r\mathrm{d}\varphi\mathrm{d}\theta.\end{aligned} \tag{6-14}$$

其中，区域$\Omega'(r,\varphi,\theta)$是直角坐标系下区域$\Omega(x,y,z)$在球面坐标系下的对应区域. 其中$r^2\sin\varphi\mathrm{d}r\mathrm{d}\varphi\mathrm{d}\theta$称为球面坐标系中的体积微元.

证　在柱面坐标变换$x=r\sin\varphi\cos\theta$、$y=r\sin\varphi\sin\theta$、$z=r\cos\varphi$下，雅可比行列式

$$\begin{aligned}J(r,\varphi,\theta)&=\begin{vmatrix} x_r & x_\varphi & x_\theta \\ y_r & y_\varphi & y_\theta \\ z_r & z_\varphi & z_\theta \end{vmatrix} \\ &=\begin{vmatrix} \sin\varphi\cos\theta & r\cos\varphi\cos\theta & -r\sin\varphi\sin\theta \\ \sin\varphi\sin\theta & r\cos\varphi\sin\theta & r\sin\varphi\cos\theta \\ \cos\varphi & -r\sin\varphi & 0 \end{vmatrix}=r^2\sin\varphi,\end{aligned}$$

将$J(r,\varphi,\theta)$代入式(6-12)，即得到式(6-14)，且$J(r,\varphi,\theta)$仅在z轴处为零，故不论闭区域$\Omega'(r,\varphi,\theta)$是否含有$z$轴上的点，球面坐标变换公式(6-14)均成立.

注意：在三重积分的计算过程中，一题多解是较为普遍的现象，但如果坐标系的选择失当，计算过程就会十分烦琐.

例6.11　利用柱面坐标计算三重积分$\iiint_\Omega (z-\sqrt{x^2+y^2})\mathrm{d}v$，其中$\Omega$是由圆柱面$x^2+y^2=a^2$、平面$z=0$和$z=1$所围成的闭区域.

解　如图6-23所示，设空间闭区域Ω在xOy平面上的投影区域为D_{xy}，过D_{xy}内任意一点(x,y)作z轴的平行线，该直线上Ω内的点的竖坐标从$z=0$变到$z=1$，故

$$\iiint_{\Omega}(z-\sqrt{x^2+y^2})\mathrm{d}v=\iiint_{\Omega}(z-\sqrt{\rho^2})\cdot\rho\mathrm{d}\rho\mathrm{d}\theta\mathrm{d}z$$
$$=\int_0^{2\pi}\mathrm{d}\theta\int_0^a\rho\mathrm{d}\rho\int_0^1(z-\rho)\mathrm{d}z$$
$$=\int_0^{2\pi}\mathrm{d}\theta\int_0^a\rho\left(\frac{1}{2}-\rho\right)\mathrm{d}\rho$$
$$=2\pi\cdot\left[\frac{1}{4}\rho^2-\frac{1}{3}\rho^3\right]_0^a$$
$$=\frac{1}{6}\pi a^2(3-4a).$$

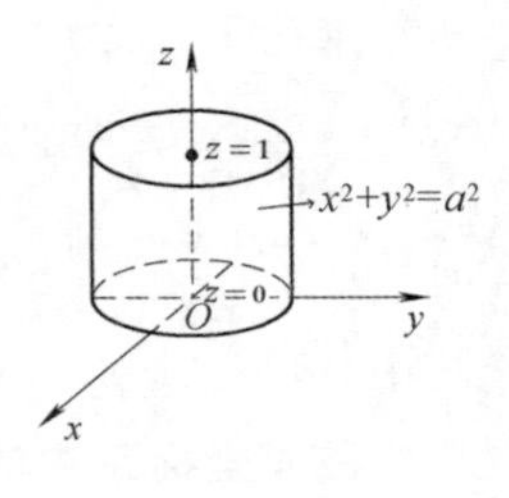

图 6-23

例 6.12 求上半球面 $z=\sqrt{2-x^2-y^2}$ 与抛物面 $z=x^2+y^2$ 所围成的立体的体积.

解 如图 6-24 所示,设空间闭区域 Ω 在 xOy 平面上的投影区域为 D_{xy},过 D_{xy} 内任意一点(x,y)作 z 轴的平行线,该直线上 Ω 内的点的竖坐标从 $z=x^2+y^2$ 变化到 $z=\sqrt{2-x^2-y^2}$,对应于柱坐标下从 $z=\rho^2$ 变化到 $z=\sqrt{2-\rho^2}$,故所求体积

$$v=\iiint_{\Omega}\mathrm{d}v=\iiint_{\Omega}\rho\mathrm{d}\rho\mathrm{d}\theta\mathrm{d}z=\int_0^{2\pi}\mathrm{d}\theta\int_0^1\rho\mathrm{d}\rho\int_{\rho^2}^{\sqrt{2-\rho^2}}\mathrm{d}z$$
$$=\int_0^{2\pi}\mathrm{d}\theta\int_0^1\rho(\sqrt{2-\rho^2}-\rho^2)\mathrm{d}\rho$$
$$=2\pi\cdot\left[-\frac{1}{3}(2-\rho^2)^{\frac{3}{2}}-\frac{1}{4}\rho^4\right]_0^1=\left(\frac{4\sqrt{3}}{3}-\frac{7}{6}\right)\pi.$$

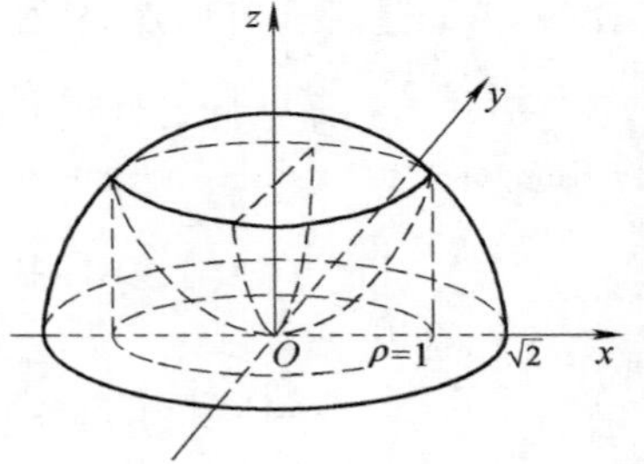

图 6-24

例 6.13 求 $\iiint_{\Omega}(x^2+y^2+z^2)\mathrm{d}v$,其中 Ω 是由球面 $x^2+y^2+z^2=1$ 所围成的闭区域.

解 如图 6-25 所示,在球面坐标下积分区域 Ω 可表示为

$$\Omega=\{(r,\varphi,\theta)\mid 0\leqslant r\leqslant 1,0\leqslant\varphi\leqslant\pi,0\leqslant\theta\leqslant 2\pi\},$$

故

$$\iiint_{\Omega}(x^2+y^2+z^2)\mathrm{d}v=\iiint_{\Omega}r^4\cdot\sin\varphi\mathrm{d}r\mathrm{d}\varphi\mathrm{d}\theta$$
$$=\int_0^{2\pi}\mathrm{d}\theta\int_0^{\pi}\sin\varphi\mathrm{d}\varphi\int_0^1 r^4\mathrm{d}r=\frac{4}{5}\pi.$$

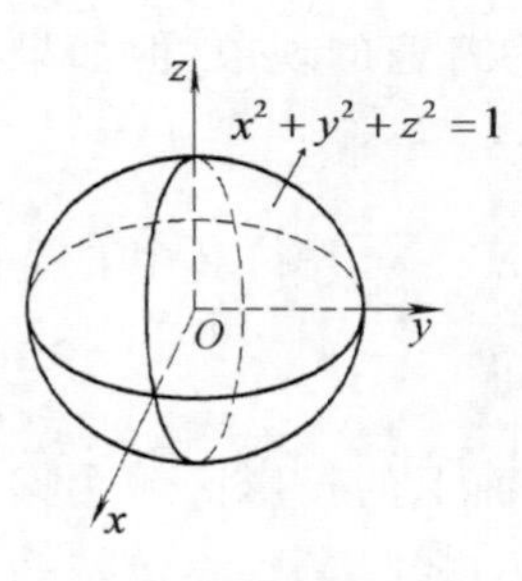

图 6-25

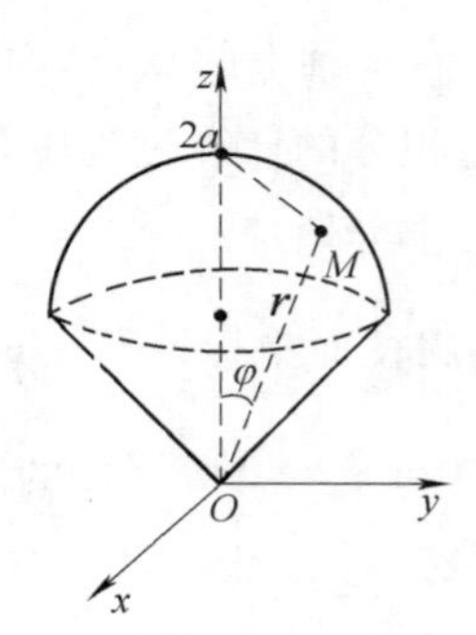

图 6-26

例 6.14　求 $\iiint\limits_{\Omega} z\mathrm{d}v$，其中闭区域 Ω 是曲面 $x^2+y^2+(z-a)^2 \leqslant a^2$ 与曲面 $x^2+y^2 \leqslant z^2$ 所围成的闭区域.

解　如图 6-26 所示，在球面坐标下，积分区域 Ω 可表示为

$$\Omega=\left\{(r,\varphi,\theta)\,|\,0\leqslant r\leqslant 2a\cos\varphi, 0\leqslant\varphi\leqslant\frac{\pi}{4}, 0\leqslant\theta\leqslant 2\pi\right\},$$

故

$$\begin{aligned}\iiint\limits_{\Omega} z\mathrm{d}v &= \iiint\limits_{\Omega} r\cos\varphi \cdot r^2\sin\varphi\mathrm{d}r\mathrm{d}\varphi\mathrm{d}\theta \\ &= \int_0^{2\pi}\mathrm{d}\theta\int_0^{\frac{\pi}{4}}\sin\varphi\cos\varphi\mathrm{d}\varphi\int_0^{2a\cos\varphi} r^3\mathrm{d}r \\ &= 2\pi\cdot\frac{1}{4}\int_0^{\frac{\pi}{4}}\sin\varphi\cos\varphi\cdot(2a\cos\varphi)^4\mathrm{d}\varphi \\ &= 8\pi a^4\int_0^{\frac{\pi}{4}}\sin\varphi\cos^5\varphi\mathrm{d}\varphi = \frac{7}{6}\pi a^4.\end{aligned}$$

习　题　6.2

1. 化三重积分 $I=\iiint\limits_{\Omega} f(x,y,z)\mathrm{d}x\mathrm{d}y\mathrm{d}z$ 为三次积分，其中积分区域 Ω 分别是：

(1) 由双曲抛物面 $xy=z$ 及平面 $x+y-1=0$、$z=0$ 所围成的闭区域；

(2) 由曲面 $z=x^2+y^2$ 及平面 $z=1$ 所围成的闭区域.

2. 设有一物体，占有空间闭区域

$$\Omega=\{(x,y,z)\mid 0\leqslant z\leqslant 1, 0\leqslant y\leqslant 1, 0\leqslant x\leqslant 1\},$$

在点 (x,y,z) 处的密度为 $\rho(x,y,z)=x+y+z$，计算该物体的质量.

3. 计算 $\iiint\limits_{\Omega} xy^2z^3\mathrm{d}x\mathrm{d}y\mathrm{d}z$，其中 Ω 是由曲面 $z=xy$ 与平面 $y=x$、$x=1$ 和 $z=0$ 所围成的闭区域.

4. 计算 $\iiint\limits_{\Omega}\dfrac{\mathrm{d}x\mathrm{d}y\mathrm{d}z}{(1+x+y+z)^3}$，其中 Ω 为平面 $x=0$、$y=0$、$z=0$、$x+y+z=1$ 所围成的四面体.

5. 计算 $\iiint\limits_{\Omega} xyz\mathrm{d}x\mathrm{d}y\mathrm{d}z$，其中 Ω 为球面 $x^2+y^2+z^2=1$ 及三个坐标面所围成的在第一卦限内的闭区域.

6. 计算 $\iiint\limits_{\Omega} xz\mathrm{d}x\mathrm{d}y\mathrm{d}z$，其中 Ω 是由平面 $z=0$、$y=1$、$z=y$ 以及抛物柱面 $y=x^2$ 所围成的闭区域.

7. 计算$\iiint\limits_{\Omega} z\,\mathrm{d}x\mathrm{d}y\mathrm{d}z$，其中$\Omega$是由锥面$z=\dfrac{h}{R}\sqrt{x^2+y^2}$与平面$z=h(R>0,h>0)$所围成的闭区域.

8. 利用柱面坐标计算下列三重积分：

(1)$\iiint\limits_{\Omega} z\,\mathrm{d}v$，其中$\Omega$是由曲面$z=\sqrt{2-x^2-y^2}$及$z=x^2+y^2$所围成的闭区域；

(2)$\iiint\limits_{\Omega}(x^2+y^2)\mathrm{d}v$，其中$\Omega$是由曲面$2z=x^2+y^2$及平面$z=2$所围成的闭区域.

9. 利用球面坐标计算下列三重积分：

(1)$\iiint\limits_{\Omega}(x^2+y^2+z^2)\mathrm{d}v$，其中$\Omega$是由球面$x^2+y^2+z^2=1$所围成的闭区域.

(2)$\iiint\limits_{\Omega} z\,\mathrm{d}v$，其中闭区域$\Omega$由不等式$x^2+y^2+(z-a)^2\leqslant a^2$、$x^2+y^2\leqslant z^2$所确定.

10. 球心在原点、半径为R的球体，在其上任意一点的密度的大小与该点到球心的距离成正比，求该球体的质量.

习题 6.2 详解

6.3 曲线积分

6.3.1 第一类曲线积分(对弧长的曲线积分)

本章的前两节主要把积分的概念拓展到了平面或空间的一个封闭区域上，本节我们主要在一段曲弧上对积分的概念进一步实施拓展.

1. 第一类曲线积分的概念与性质

(1)曲弧形构件的质量

假设构件占有面内的一段曲线弧$L=AB$(见图 6-27)，连续函数$\mu(x,y)$表示L上任一点(x,y)处的线密度. 求该构件的质量M.

我们在曲弧L上任取$n-1$个分点$M_1,M_2,\cdots,M_{n-1}$，把L分成n个小段，记$A=M_0$，$B=M_n$，$\Delta s_i=\overset{\frown}{M_{i-1}M_i}$. 任取一点$(\xi_i,\eta_i)\in\Delta s_i$，若让该点处的密度近似代替小段上其他各点处的线密度，则获得Δs_i质量的近似值为$\mu(\xi_i,\eta_i)\Delta s_i$. 若$\lambda$表示$n$个小弧段的最大长度，则$M$可表示为

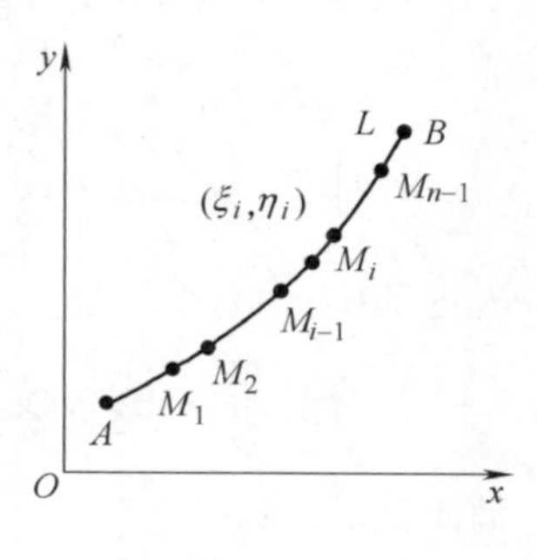

图 6-27

$$M=\lim_{\lambda\to 0}\sum_{i=1}^{n}\mu(\xi_i,\eta_i)\Delta s_i.$$

(2)第一类曲线积分的定义与性质

根据上述背景问题,我们抽象出下述概念.

定义 6.3　设函数 $f(x,y)$ 在 xOy 平面内某条分段光滑的曲弧 L 连续且有界,在曲弧 L 上任取 $n-1$ 个分点 $M_1,M_2,\cdots,M_{n-1}$,把 L 分成 n 个小段,记 $A=M_0,B=M_n,\Delta s_i=\overset{\frown}{M_{i-1}M_i}$. 任取一点 $(\xi_i,\eta_i)\in\Delta s_i$,若 n 个小曲弧段的最大长度 $\lambda\to 0$ 时,极限 $\lim\limits_{\lambda\to 0}\sum\limits_{i=1}^{n}\mu(\xi_i,\eta_i)\Delta s_i$ 存在,则称此极限为函数 $f(x,y)$ 在曲线弧 L 上的第一类曲线积分或对弧长的曲线积分,并且记作 $\int_L f(x,y)\mathrm{d}s$,即

$$\int_L f(x,y)\mathrm{d}s=\lim_{\lambda\to 0}\sum_{i=1}^{n}f(\xi_i,\eta_i)\Delta s_i\ ,\tag{6-15}$$

其中 $f(x,y)$ 叫作被积函数,L 叫作积分弧段.

我们指出,当 $f(x,y)$ 在分段光滑曲线弧 L 上连续时,对弧长的曲线积分 $\int_L f(x,y)\mathrm{d}s$ 一定存在,故以后我们总假定 $f(x,y)$ 在 L 上是连续的.

注意:若 L 是闭曲线,则 $\oint_L f(x,y)\mathrm{d}s$ 表示 $f(x,y)$ 在 L 上的第一类曲线积分. 根据上述定义,背景问题所提及的曲弧形构件 L 的质量 M 可表示为

$$M=\int_L\mu(x,y)\mathrm{d}s.$$

由对第一类曲线积分的定义可知,它有以下与定积分和重积分类似的性质.

性质 1　对于常数 k_1 与 k_2,有

$$\int_L[k_1f(x,y)\pm k_2g(x,y)]\mathrm{d}s=k_1\int_L f(x,y)\mathrm{d}s\pm k_2\int_L g(x,y)\mathrm{d}s.$$

性质 2　如果曲线可分成两段光滑曲线弧 L_1、L_2,则

$$\int_L f(x,y)\mathrm{d}s=\int_{L_1}f(x,y)\mathrm{d}s+\int_{L_2}f(x,y)\mathrm{d}s.$$

性质 3　$\int_L 1\mathrm{d}s=\int_L\mathrm{d}s=s$ (s 是 L 的弧长).

性质 4　如果在曲线 L 上,$f(x,y)\leqslant g(x,y)$,则

$$\int_L f(x,y)\mathrm{d}s\leqslant\int_L g(x,y)\mathrm{d}s.$$

2.第一类曲线积分的计算

由《微积分及其应用教程(上册)》3.9 节中的相关介绍,若曲线弧由参数方程

$$\begin{cases}x=\varphi(t),\\ y=\psi(t),\end{cases}(\alpha\leqslant t\leqslant\beta)$$

给出,且 $\varphi(t)$、$\psi(t)$ 在区间 $[\alpha,\beta]$ 上具有一阶连续导数,则弧长微元

$$ds=\sqrt{(dx)^2+(dy)^2}=\sqrt{\varphi'^2(t)+\psi'^2(t)}\,dt.$$

若曲线弧由在直角坐标系下的函数

$$y=f(x),(a\leqslant x\leqslant b)$$

给出，且 $f(x)$ 在区间 $[a,b]$ 上具有一阶连续导数，则弧长微元

$$ds=\sqrt{(dx)^2+(dy)^2}=\sqrt{1+y'^2}dx.$$

于是，我们得到计算第一类曲线积分的如下定理：

定理 6.6 设 $f(x,y)$ 在曲线弧上连续，满足参数方程

$$\begin{cases}x=\varphi(t),\\ y=\psi(t),\end{cases}(\alpha\leqslant t\leqslant\beta),$$

$\varphi(t)$、$\psi(t)$ 在区间 $[\alpha,\beta]$ 上具有一阶连续导数，则

$$\int_L f(x,y)ds=\int_\alpha^\beta f[\varphi(t),\psi(t)]\sqrt{\varphi'^2(t)+\psi'^2(t)}dt,(\alpha<t<\beta). \tag{6-16}$$

注意：公式(6-16)表明，计算第一类曲线积分 $\int_L f(x,y)ds$ 时，只要把 x、y、ds 依次换为 $\varphi(t)$、$\psi(t)$、$\sqrt{\varphi'^2(t)+\psi'^2(t)}dt$，然后从 α 到 β 做定积分就行了. 这里必须注意，定积分的下限 α 一定要小于上限 β.

定理 6.6 及下面介绍的推论的证明从略.

推论(1)若曲线弧由在直角坐标系下的函数

$$y=y(x),(a\leqslant x\leqslant b)$$

给出，且 $y(x)$ 在区间 $[a,b]$ 上具有一阶连续导数，则

$$\int_L f(x,y)ds=\int_a^b f[x,y(x)]\sqrt{1+y'^2(x)}dx. \tag{6-17}$$

(2) 若曲线弧由在直角坐标系下的函数

$$x=x(y),(c\leqslant x\leqslant d)$$

给出，且 $x(y)$ 在区间 $[c,d]$ 上具有一阶连续导数，则

$$\int_L f(x,y)ds=\int_c^d f[x(y),y]\sqrt{1+x'^2(y)}dy. \tag{6-18}$$

例 6.15 求 $\int_L(2x+y)ds$，其中 L 是半径为 R 的上半圆周弧.

解 依题，L 满足参数方程

$$\begin{cases}x=R\cos t,\\ y=R\sin t,\end{cases}(0\leqslant t\leqslant\pi),$$

由公式(6-16)，得

$$\int_L(2x+y)ds=\int_0^\pi(2R\cos t+R\sin t)\sqrt{(R\cos t)'^2+(R\sin t)'^2}dt$$

$$=R^2\int_0^\pi(2\cos t+\sin t)dt=R^2[2\sin t-\cos t]_0^\pi$$

$$= 2R^2.$$

例 6.16　求 $\int_L \sqrt{y}\,\mathrm{d}s$，其中 L 是抛物线 $y=x^2$ 上点 $O(0,0)$ 与点 $B(1,1)$ 之间的一段弧（见图 6-28）.

解 1　由于 L 由方程

$$y=x^2,(0\leqslant x\leqslant 1)$$

给出，故根据公式(6-17)，得

$$\int_L \sqrt{y}\,\mathrm{d}s = \int_0^1 \sqrt{x^2}\,\sqrt{1+(x^2)'^2}\,\mathrm{d}x$$

$$= \int_0^1 x\sqrt{1+4x^2}\,\mathrm{d}x$$

$$= \left[\frac{1}{12}(1+4x^2)^{\frac{3}{2}}\right]_0^1$$

$$= \frac{1}{12}(5\sqrt{5}-1).$$

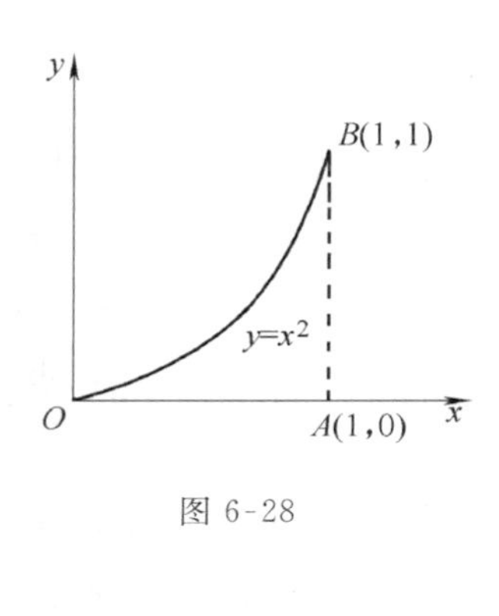

图 6-28

解 2　由于 L 由方程

$$x=\sqrt{y},(0\leqslant y\leqslant 1)$$

给出，故根据公式(6-18)，得

$$\int_L \sqrt{y}\,\mathrm{d}s = \int_0^1 \sqrt{y}\,\sqrt{1+(\sqrt{y})'^2}\,\mathrm{d}y = \int_0^1 \sqrt{y}\sqrt{1+\frac{1}{4y}}\,\mathrm{d}y$$

$$= \frac{1}{2}\int_0^1 \sqrt{4y+1}\,\mathrm{d}y$$

$$= \frac{1}{2}\left[\frac{1}{6}(4y+1)^{\frac{3}{2}}\right]_0^1$$

$$= \frac{1}{12}(5\sqrt{5}-1).$$

例 6.17　求 $\oint_L \sqrt{x^2+y^2}\,\mathrm{d}s$，其中 L 是 $x^2+y^2=ax$，$(y\geqslant 0)$ 与 x 轴围成闭区域的整个边界（见图 6-29）.

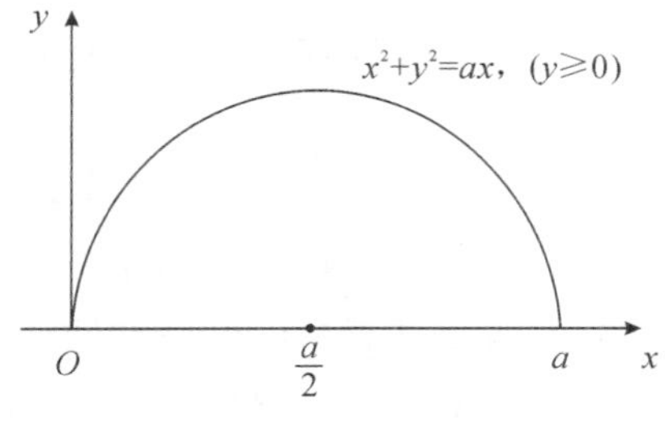

图 6-29

解　把 L 分成 L_1 和 L_2 两段，其中

$$L_1: x^2+y^2=ax,(y\geqslant 0),$$

$$L_2: y=0,(0\leqslant x\leqslant a).$$

L_1 可改写为参数方程形式

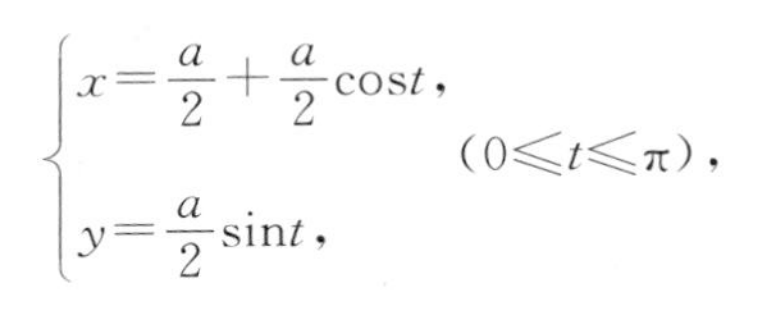

$$\begin{cases} x=\dfrac{a}{2}+\dfrac{a}{2}\cos t, \\ y=\dfrac{a}{2}\sin t, \end{cases} (0\leqslant t\leqslant \pi),$$

其中

$$\int_{L_1}\sqrt{x^2+y^2}\mathrm{d}s=\int_0^{\pi}\sqrt{(\frac{a}{2}+\frac{a}{2}\cos t)^2+(\frac{a}{2}\sin t)^2}\sqrt{(\frac{a}{2}+\frac{a}{2}\cos t)'^2+(\frac{a}{2}\sin t)'^2}\mathrm{d}t$$

$$=\frac{\sqrt{2}}{4}a^2\int_0^{\pi}\sqrt{1+\cos t}\mathrm{d}t=\frac{1}{2}a^2\int_0^{\pi}\cos\frac{t}{2}\mathrm{d}t=a^2,$$

$$\int_{L_2}\sqrt{x^2+y^2}\mathrm{d}s=\int_0^a\sqrt{x^2+0^2}\sqrt{1+0'^2}\mathrm{d}x=\int_0^a x\mathrm{d}x=\frac{1}{2}a^2,$$

由第一类曲线积分的性质 2,得

$$\oint_L\sqrt{x^2+y^2}\mathrm{d}s=\int_{L_1}\sqrt{x^2+y^2}\mathrm{d}s+\int_{L_2}\sqrt{x^2+y^2}\mathrm{d}s=\frac{3}{2}a^2.$$

6.3.2 第二类曲线积分(对坐标的曲线积分)

1.第二类曲线积分的概念与性质

(1)变力沿曲线所做的功

设一个质点在外力

$$\boldsymbol{F}(x,y)=P(x,y)\boldsymbol{i}+Q(x,y)\boldsymbol{j}$$

作用下沿着 xOy 平面内一条光滑曲线弧 $L=AB$ 从起点 A 移动到终点 B(见图 6-30),在移动过程中,求变力 $\boldsymbol{F}(x,y)$ 所做的功.

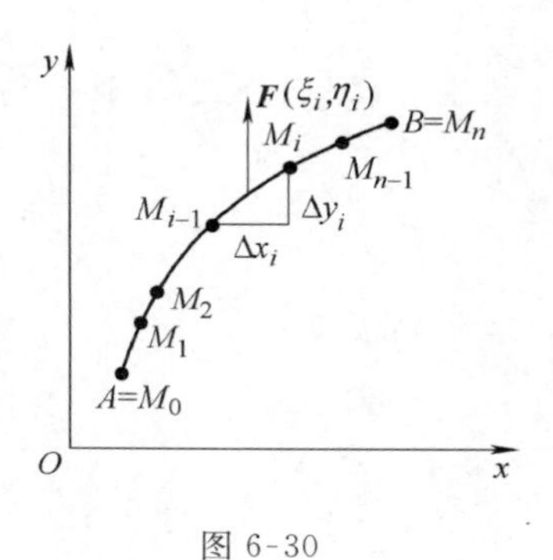

图 6-30

从起点 A 到终点 B 依次插入 $n-1$ 个分点 $M_1(x_1,y_1)$, $M_2(x_2,y_2)$,…,$M_{n-1}(x_{n-1},y_{n-1})$ 把 L 分成 n 个小弧段,记 $A=M_0$,$B=M_n$. 用 $\widehat{M_{i-1}M_i}$ 上任一点 (ξ_i,η_i) 处的力 $F(\xi_i,\eta_i)$ 来近似代替这小弧段上各点处的力. 这样,当质点从 M_{i-1} 沿小弧段移动到 M_i 时,力 $\boldsymbol{F}(x,y)$ 所做的功

$$\Delta W_i\approx\boldsymbol{F}(\xi_i,\eta_i)\cdot\widehat{M_{i-1}M_i},$$

即
$$\Delta W_i\approx P(\xi_i,\eta_i)\cdot\Delta x_i+Q(\xi_i,\eta_i)\cdot\Delta y_i.$$

用 λ 表示 n 个小弧段的最大长度,则质点从起点 A 移动到终点 B 变力 $\boldsymbol{F}(x,y)$ 所做的总功

$$W=\lim_{\lambda\to 0}\sum_{i=1}^{n}[P(\xi_i,\eta_i)\cdot\Delta x_i+Q(\xi_i,\eta_i)\cdot\Delta y_i].$$

(2)第二类曲线积分的定义与性质

根据上述背景问题,我们抽象出下述概念.

定义 6.4 设函数 $P(x,y)$、$Q(x,y)$ 在 xOy 平面内一条按段光滑曲线弧 $L=AB$ 上有界. 分点 $M_1(x_1,y_1)$,$M_2(x_2,y_2)$,…,$M_{n-1}(x_{n-1},y_{n-1})$ 从起点 A 到终点 B 依次插入,且把 L 分成 n 个小弧段,记 $A=M_0$,$B=M_n$. 记 $\Delta x_i=x_i-x_{i-1}$,$\Delta y_i=y_i-y_{i-1}$,$\forall(\xi_i,\eta_i)\in$ 为 $\widehat{M_{i-1}M_i}$,若各小弧段长度的最大值 $\lambda\to 0$ 时,$\lim\limits_{\lambda\to 0}\sum\limits_{i=1}^{n}P(\xi_i,\eta_i)\Delta x_i$ 存在,则称此极限为函数 $P(x,y)$ 在有向曲线弧 L 上的第二类曲线积分或对坐标的曲线积分,记作 $\int_L P(x,y)\mathrm{d}x$. 同

样，若$\lim\limits_{\lambda\to 0}\sum\limits_{i=1}^{n}Q(\xi_i,\eta_i)\Delta y_i$存在，则称此极限为函数$Q(x,y)$在有向曲线弧$L$上的第二类曲线积分或对坐标的曲线积分，记作$\int_L Q(x,y)\mathrm{d}y$，即

$$\begin{cases}\int_L P(x,y)\mathrm{d}x=\lim\limits_{\lambda\to 0}\sum\limits_{i=1}^{n}P(\xi_i,\eta_i)\Delta x_i,\\ \int_L Q(x,y)\mathrm{d}y=\lim\limits_{\lambda\to 0}\sum\limits_{i=1}^{n}Q(\xi_i,\eta_i)\Delta y_i.\end{cases}\tag{6-19}$$

且记

$$\int_L P(x,y)\mathrm{d}x+Q(x,y)\mathrm{d}y=\int_L P(x,y)\mathrm{d}x+\int_L Q(x,y)\mathrm{d}y.\tag{6-20}$$

其中$P(x,y)$、$Q(x,y)$称为被积函数，L称为积分弧段.

注意：当函数$P(x,y)$、$Q(x,y)$都在有向光滑曲线弧L上连续时，第二类曲线积分$\int_L P(x,y)\mathrm{d}x$及$\int_L Q(x,y)\mathrm{d}y$都存在. 根据上述定义，背景问题所讨论的变力$\boldsymbol{F}(x,y)=P(x,y)\boldsymbol{i}+Q(x,y)\boldsymbol{j}$沿曲线弧$L$移动所做的功可以表示为

$$W=\int_L P(x,y)\mathrm{d}x+Q(x,y)\mathrm{d}y.$$

由对第二类曲线积分的定义可知，它有以下与定积分和重积分类似的性质.

性质 1　设k_1、k_2为任意常数，则

$$\int_L[k_1P_1(x,y)\pm k_2P_2(x,y)]\mathrm{d}x=k_1\int_L P_1(x,y)\mathrm{d}x\pm k_2\int_L P_2(x,y)\mathrm{d}x.$$

性质 2　若有向曲线弧可分成两段光滑的有向曲线弧L_1和L_2，则

$$\int_L P(x,y)\mathrm{d}x=\int_{L_1}P(x,y)\mathrm{d}x+\int_{L_2}P(x,y)\mathrm{d}x.$$

性质 3　设L是有向光滑曲线弧，L^-是L的反向曲线弧，则

$$\int_L P(x,y)\mathrm{d}x=-\int_{L^-}P(x,y)\mathrm{d}x.$$

注意：上述性质只列举了坐标x的曲线积分的情形，对坐标y的曲线积分的情形完全类似. 同时，性质 3 表明，当积分弧段的方向改变时，第二类曲线积分要变号. 因此关于对坐标的曲线积分，我们必须注意积分弧段的方向. 这一性质是第二类曲线积分区别于第一类曲线积分的重要标志.

2. 第二类曲线积分的计算

定理 6.7　设$P(x,y)$、$Q(x,y)$在有向光滑曲线弧L上连续，L满足参数方程

$$\begin{cases}x=\varphi(t),\\ y=\psi(t),\end{cases}(t:\alpha\to\beta),$$

当参数t单调地由α变到β时，其对应点从L的起点A沿L运动到点B，$\varphi(t)$、$\psi(t)$在以α和β为端点的区间上具有连续导数，且$\varphi'^2(t)+\psi'^2(t)\neq 0$，则

$$\int_L P(x,y)\mathrm{d}x+Q(x,y)\mathrm{d}y=\int_\alpha^\beta\{P[\varphi(t),\psi(t)]\varphi'(t)+Q[\varphi(t),\psi(t)]\psi'(t)\}\mathrm{d}t. \tag{6-21}$$

注意:公式(6-21)表明,计算第二类曲线积分$\int_L P(x,y)\mathrm{d}x+Q(x,y)\mathrm{d}y$时,只要把$x$、$y$、$\mathrm{d}x$、$\mathrm{d}y$依次换为$\varphi(t)$、$\psi(t)$、$\varphi'(t)\mathrm{d}t$、$\psi'(t)\mathrm{d}t$,然后从$L$的起点参数$\alpha$到终点参数$\beta$做定积分就行了. 这里必须注意,定积分的下限$\alpha$不一定要小于上限$\beta$.

定理6.7及下面介绍的推论的证明从略.

推论 (1)若曲线弧由在直角坐标系下的函数

$y=y(x)$,(a、b分别对应L的起点与终点横坐标)

给出,且$y(x)$在以a、b为端点的区间上具有一阶连续导数,则

$$\int_L P(x,y)\mathrm{d}x+Q(x,y)\mathrm{d}y=\int_a^b\{P[x,y(x)]+Q[x,y(x)]y'(x)\}\mathrm{d}x. \tag{6-22}$$

(2)若曲线弧由在直角坐标系下的函数

$x=x(y)$,(c、d分别对应L的起点与终点纵坐标)

给出,且$x(y)$以c、d为端点的区间上具有一阶连续导数,则

$$\int_L P(x,y)\mathrm{d}x+Q(x,y)\mathrm{d}y=\int_c^d\{P[x(y),y]x'(y)+Q[x(y),y]\}\mathrm{d}y. \tag{6-23}$$

例6.18 求$\int_L y\mathrm{d}x+x\mathrm{d}y$,其中$L$是沿上半椭圆$x^2+\frac{y^2}{4}=1(y\geqslant 0)$从点$A(1,0)$到点$B(0,2)$的一段弧(见图6-31).

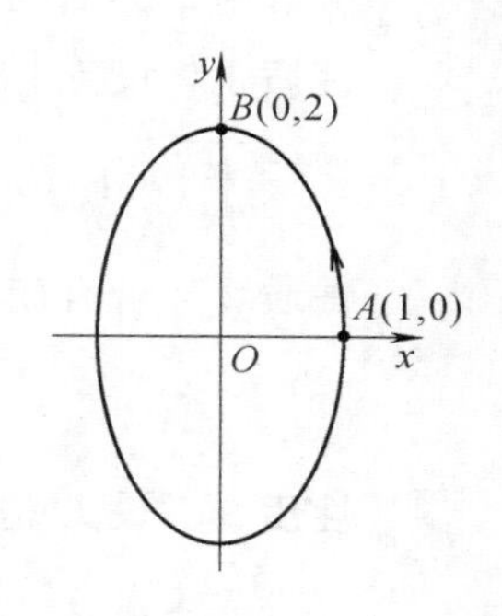

图 6-31

解 满足参数方程

$$\begin{cases}x=\cos t,\\ y=2\sin t,\end{cases}\left(t:0\to\frac{\pi}{2}\right),$$

即起点$A(1,0)$对应$t=0$,终点$B(0,2)$对应$t=\frac{\pi}{2}$,故按公式(6-21),有

$$\begin{aligned}\int_L y\mathrm{d}x+x\mathrm{d}y&=\int_0^{\frac{\pi}{2}}[2\sin t\cdot(-\sin t)+\cos t\cdot 2\cos t]\mathrm{d}t\\&=2\int_0^{\frac{\pi}{2}}\cos 2t\mathrm{d}t=\sin 2t\Big|_0^{\frac{\pi}{2}}=0.\end{aligned}$$

注意:若在例6.18中,沿$A\to O\to B$方向运动,则

$$\int_L y\mathrm{d}x+x\mathrm{d}y=\int_{AO}y\mathrm{d}x+x\mathrm{d}y+\int_{OB}y\mathrm{d}x+x\mathrm{d}y=0,$$

但若将例6.18中的积分式改为求$\int_L y\mathrm{d}x+2x\mathrm{d}y$,且$L$的路径与方向不变,则有

$$\int_L y\mathrm{d}x+2x\mathrm{d}y=0+2\int_0^{\frac{\pi}{2}}\cos^2 t\mathrm{d}t=2\int_0^{\frac{\pi}{2}}\frac{1+\cos 2t}{2}\mathrm{d}t=\frac{\pi}{2}\neq 0,$$

可见,当起点和终点相同时,一般情况下,第二类曲线积分沿着不同的路径积分的值是不同的.

例 6.19　求$\int_L 2xy\,\mathrm{d}x + x^2\,\mathrm{d}y$，其中 L 为(见图 6-32)：

(1)直线 $y=x$ 上从 $O(0,0)$到 $B(1,1)$的一线段；

(2)抛物线 $x=y^2$ 上从 $O(0,0)$到 $B(1,1)$的一段弧.

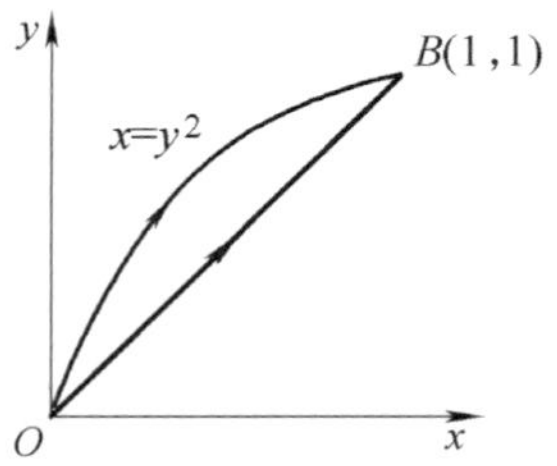

解(1)由于 $L: y=x$，其中 x 由 0 变到 1，故由公式(6-22)，得

$$\int_L 2xy\,\mathrm{d}x + x^2\,\mathrm{d}y = \int_0^1 (2x\cdot x + x^2\cdot 1)\,\mathrm{d}x = 3\int_0^1 x^2\,\mathrm{d}x = 1.$$

图 6-32

(2)由于 $L: x=y^2$，其中 y 由 0 变到 1，故由公式(6-23)，得

$$\int_L 2xy\,\mathrm{d}x + x^2\,\mathrm{d}y = \int_0^1 [2y^2\cdot y\cdot 2y + (y^2)^2]\,\mathrm{d}y = 5\int_0^1 y^4\,\mathrm{d}y = 1.$$

注意：从例 6.18 和例 6.19 中可以看出，改变第二类曲线积分的路径，其积分值可能随之改变，也可能不随之改变. 这与例 6.18 获得的结论形成矛盾了吗？我们可以初步得出以下结论，第二类曲线积分与路径无关，应当需要满足一定的前提条件，我们也将在 6.6 节进行此类问题的讨论.

习　题　6.3

1. 求$\oint_L (x^2+y^2)^n\,\mathrm{d}s$，其中 L 为圆周 $x=a\cos t, y=a\sin t\ (a>0, 0\leqslant t\leqslant 2\pi)$.

2. 求$\oint_L \mathrm{e}^{\sqrt{x^2+y^2}}\,\mathrm{d}s$，其中 L 为圆周 $x^2+y^2=a^2$、直线 $y=x$ 及 x 轴在第一象限内所围成的扇形的整个边界.

3. 求$\int_\Gamma x^2yz\,\mathrm{d}s$，其中 Γ 为折线段 $ABCD$，这四个点的坐标为 $A(0,0,0)$、$B(0,0,2)$、$C(1,0,2)$、$D(1,2,3)$.

4. 求$\oint_L (4x^3+x^2y)\,\mathrm{d}s$，其中 L 为折线段 $|x|+|y|=1$ 所围成区域的整个边界.

5. 求$\oint_L \sqrt{x^2+y^2}\,\mathrm{d}s$，其中 L 为圆周 $x^2+y^2=ax$，$(a>0)$.

6. 求$\oint_\Gamma (x^2+y^2+2z)\,\mathrm{d}s$，其中 Γ 为：$\begin{cases} x^2+y^2+z^2=R^2, \\ x+y+z=0. \end{cases}$

7. 计算$\int_L (x+y)\,\mathrm{d}x + (y-x)\,\mathrm{d}y$，其中 L 是：

(1) 抛物线 $y=x^2$ 上从点$(1,1)$ 到点$(4,2)$ 的一段弧；

(2) 从点$(1,1)$ 到点$(4,2)$ 的直线段.

8. 求$\int_L (2a-y)\,\mathrm{d}x + x\,\mathrm{d}y$，其中 L 是摆线 $x=a(t-\sin t), y=a(1-\cos t)$ 上对应 t 从 0 到 2π 的一段弧.

9. 求$\int_L (x^2+y^2)\mathrm{d}x+(x^2-y^2)\mathrm{d}y$，其中$L$是曲线$y=1-|1-x|$对应于$x=0$的点到$x=2$的点.

10. 求$\oint_\Gamma xyz\mathrm{d}z$，其中$\Gamma$是用平面$y=z$截球面$x^2+y^2+z^2=1$所得的截痕，从$x$轴的正向看去，沿逆时针方向.

习题 6.3 详解

6.4 曲面积分

6.4.1 第一类曲面积分(对面积的曲面积分)

本节我们主要把积分的概念进一步拓展到空间的曲面上.

1. 第一类曲面积分的概念与性质

(1) 曲面形构件的质量

假设构件占有空间内的一块有界曲面Σ(见图 6-33)，连续函数$\mu(x,y,z)$表示Σ上任一点(x,y,z)处的点密度. 求此构件的质量M.

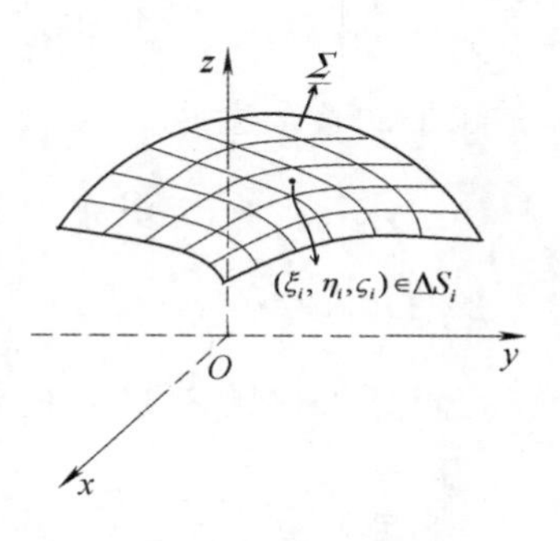

图 6-33

我们在曲面Σ上做分割$\Delta S_1,\Delta S_2,\cdots,\Delta S_n$，把$\Sigma$分成$n$块小曲面($\Delta S_i$同时也表示第$i$块小曲面$\Delta S_i$的面积)，任取一点$(\xi_i,\eta_i,\varsigma_i)\in\Delta S_i$，若让该点处的点密度近似代替其所在小曲面上其他各点处的点密度，则获得ΔS_i质量的近似值为$\mu(\xi_i,\eta_i,\varsigma_i)\Delta S_i$. 若$\lambda$表示$n$块小曲面任意两点间距离的最大值，则$M$可表示为

$$M=\lim_{\lambda\to 0}\sum_{i=1}^{n}\mu(\xi_i,\eta_i,\varsigma_i)\Delta S_i.$$

(2) 第一类曲面积分的定义与性质

根据上述背景问题，我们抽象出下述概念.

定义 6.5 设函数$f(x,y,z)$在空间光滑曲面Σ上有界，做某种分割$\Delta S_1,\Delta S_2,\cdots,\Delta S_n$，把$\Sigma$分成$n$块小曲面($\Delta S_i$同时也表示第$i$块小曲面$\Delta S_i$的面积)，任取一点$(\xi_i,\eta_i,\varsigma_i)\in\Delta S_i$，若表示$n$块小曲面任意两点间距离的最大值$\lambda\to 0$时，极限$\lim\limits_{\lambda\to 0}\sum\limits_{i=1}^{n}f(\xi_i,\eta_i,\varsigma_i)\Delta S_i$存在. 则称

此极限为函数 $f(x,y,z)$ 在 Σ 上的第一类曲面积分或对面积的曲面积分，并且记作 $\iint\limits_{\Sigma} f(x,y,z)\mathrm{d}S$，即

$$\iint\limits_{\Sigma} f(x,y,z)\mathrm{d}S = \lim_{\lambda\to 0}\sum_{i=1}^{n} f(\xi_i,\eta_i,\varsigma_i)\Delta S_i, \tag{6-24}$$

其中 $f(x,y,z)$ 叫作被积函数，Σ 叫作积分曲面.

我们指出，当 $f(x,y,z)$ 在分片光滑的曲面 Σ 上连续时，第一类曲面积分 $\iint\limits_{\Sigma} f(x,y,z)\mathrm{d}S$ 一定存在，故以后我们总假定 $f(x,y,z)$ 在 Σ 上是连续的.

注意：若 Σ 是空间某一封闭曲体的边界光滑曲面，则 $\oiint\limits_{\Sigma} f(x,y,z)\mathrm{d}S$ 表示 $f(x,y,z)$ 在 Σ 上的第一类曲面积分. 根据上述定义，背景问题所提及的曲面形构件 Σ 的质量 M 可表示为

$$M = \iint\limits_{\Sigma} f(x,y,z)\mathrm{d}S.$$

由对第一类曲面积分的定义可知，它有以下与定积分和重积分类似的性质.

性质1 对于常数 k_1 与 k_2，有

$$\iint\limits_{\Sigma}[k_1 f(x,y,z) \pm k_2 g(x,y,z)]\mathrm{d}S = k_1\iint\limits_{\Sigma} f(x,y,z)\mathrm{d}S \pm k_2\iint\limits_{\Sigma} g(x,y,z)\mathrm{d}S.$$

性质2 如果曲面 Σ 可分成两片光滑曲面 Σ_1、Σ_2，则

$$\iint\limits_{\Sigma} f(x,y,z)\mathrm{d}S = \iint\limits_{\Sigma_1} f(x,y,z)\mathrm{d}S + \iint\limits_{\Sigma_2} f(x,y,z)\mathrm{d}S.$$

性质3 $\iint\limits_{\Sigma} 1\mathrm{d}S = \iint\limits_{\Sigma}\mathrm{d}S = S_{\Sigma}$（$S_{\Sigma}$ 是 Σ 的面积）.

性质4 如果在曲面 Σ 上，$f(x,y,z) \leqslant g(x,y,z)$，则

$$\iint\limits_{\Sigma} f(x,y,z)\mathrm{d}S \leqslant \iint\limits_{\Sigma} g(x,y,z)\mathrm{d}S.$$

2.第一类曲面积分的计算

(1)曲面的面积计算公式

设光滑曲面 Σ 由方程

$$z = z(x,y)$$

给出，且曲面 Σ 在 xOy 面上的投影区域为 D_{xy}，假设函数 $z(x,y)$ 在 D_{xy} 上具有连续的一阶偏导数. 我们可使用二重积分的微元法来计算曲面 Σ 的面积 S_{Σ}.

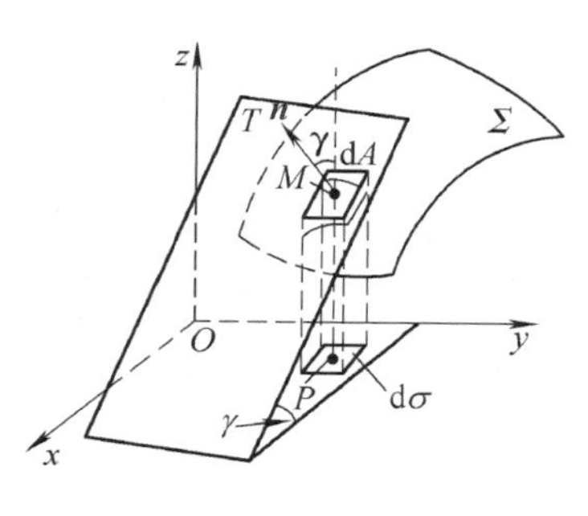

图6-34

在闭区域 D_{xy} 上任取一直径很小的闭区域 $\mathrm{d}\sigma$（$\mathrm{d}\sigma$ 同时也表示这小闭区域的面积）. $\forall P(x,y) \in \mathrm{d}\sigma$，对应地曲面 Σ 上有一点 $M(x,y,z(x,y))$，过点 M 作曲面 Σ 的切平面 T. 以小闭区域 $\mathrm{d}\sigma$ 的边界为准线作母线平行于 z 轴的柱面，此柱面在曲面 Σ

上截下一小片曲面，在切平面 T 上截下一小片平面 $\mathrm{d}A$（见图 6-34）. 由于 $\mathrm{d}\sigma$ 的直径很小，所以可以用切平面 T 上的那一小片平面的面积 $\mathrm{d}A$ 来近似代替相应的那小片曲面的面积. 由于曲面 $\Sigma: z=z(x,y)$ 在点 M 处指向朝上的一个法向量是

$$\boldsymbol{n}=(-z_x(x,y),-z_y(x,y),1),$$

故 $\boldsymbol{n}$ 与 z 轴正向的夹角 γ 的余弦为

$$\cos\gamma=\frac{1}{\sqrt{1+z_x^2(x,y)+z_y^2(x,y)}},$$

而小片切平面的面积满足关系式

$$\mathrm{d}A=\frac{\mathrm{d}\sigma}{\cos\gamma},$$

所以

$$\mathrm{d}A=\sqrt{1+z_x^2(x,y)+z_y^2(x,y)}\,\mathrm{d}\sigma, \tag{6-25}$$

式(6-25)就是曲面 Σ 的面积微元，由"微元法"的思想，以它为被积表达式在闭区域 D_{xy} 上积分，便得曲面的面积公式

$$S_\Sigma=\iint_{D_{xy}}\sqrt{1+z_x^2(x,y)+z_y^2(x,y)}\,\mathrm{d}\sigma=\iint_{D_{xy}}\sqrt{1+\left(\frac{\partial z}{\partial x}\right)^2+\left(\frac{\partial z}{\partial y}\right)^2}\,\mathrm{d}x\mathrm{d}y. \tag{6-26}$$

类似地，若光滑曲面 Σ 的方程为 $x=x(y,z)$ 或 $y=y(z,x)$ 给出，则分别把曲面投影到 yOz 面或 xOz 面，其投影区域分别为 D_{yz} 或 D_{zx}，同理可得曲面的面积为

$$S_\Sigma=\iint_{D_{yz}}\sqrt{1+\left(\frac{\partial x}{\partial y}\right)^2+\left(\frac{\partial x}{\partial z}\right)^2}\,\mathrm{d}y\mathrm{d}z$$

或

$$S_\Sigma=\iint_{D_{zx}}\sqrt{1+\left(\frac{\partial y}{\partial z}\right)^2+\left(\frac{\partial y}{\partial x}\right)^2}\,\mathrm{d}z\mathrm{d}x.$$

例 6.20 求曲面 $z=xy$ 被圆柱面 $x^2+y^2=1$ 所割下部分的面积.

解 由 $z=xy$ 得 $\frac{\partial z}{\partial x}=y, \frac{\partial z}{\partial y}=x$，按公式(6-26)，得

$$S_\Sigma=\iint_{D_{xy}}\sqrt{1+\left(\frac{\partial z}{\partial x}\right)^2+\left(\frac{\partial z}{\partial y}\right)^2}\,\mathrm{d}x\mathrm{d}y=\iint_{D_{xy}}\sqrt{1+x^2+y^2}\,\mathrm{d}x\mathrm{d}y,$$

其中 $D_{xy}=\{(x,y)\mid x^2+y^2\leqslant 1\}$，利用极坐标计算上述二重积分，得

$$S_\Sigma=\iint_{D_{xy}}\sqrt{1+\rho^2}\,\rho\mathrm{d}\rho\mathrm{d}\theta=\int_0^{2\pi}\mathrm{d}\theta\int_0^1\rho\sqrt{1+\rho^2}\,\mathrm{d}\rho=\frac{2}{3}\pi(2\sqrt{2}-1).$$

(2)第一类曲面积分的计算公式

于是，我们得到计算第一类曲面积分的如下定理：

定理 6.8 设函数 $f(x,y,z)$ 在空间光滑曲面 Σ 上连续，Σ 由方程

$$z=z(x,y)$$

给出，且曲面 Σ 在 xOy 面上的投影区域为 D_{xy}，函数 $z(x,y)$ 在 D_{xy} 上具有连续的一阶偏导

数,则

$$\iint_{\Sigma} f(x,y,z)\mathrm{d}S = \iint_{D_{xy}} f[x,y,z(x,y)]\sqrt{1+\left(\frac{\partial z}{\partial x}\right)^2+\left(\frac{\partial z}{\partial y}\right)^2}\mathrm{d}x\mathrm{d}y. \tag{6-27}$$

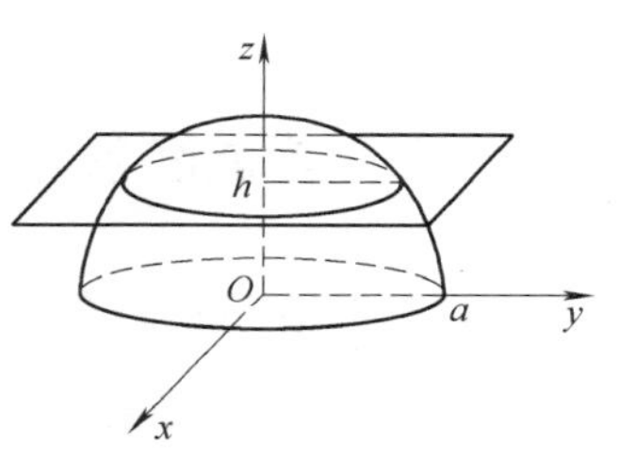

图 6-35

注意:公式(6-27)表明,计算第一类曲面积分$\iint_{\Sigma} f(x,y,z)\mathrm{d}S$时,只要把 z、$\mathrm{d}S$ 依次换为 $z(x,y)$、$\sqrt{1+\left(\frac{\partial z}{\partial x}\right)^2+\left(\frac{\partial z}{\partial y}\right)^2}\mathrm{d}x\mathrm{d}y$,然后在 Σ 关于 xOy 面上的投影区域 D_{xy} 上实施二重积分就可以了.定理 6.8 的证明从略.

例 6.21　求$\iint_{\Sigma}(x+y+z)\mathrm{d}S$,其中 Σ 为球面 $x^2+y^2+z^2=a^2$ 上的部分$(0<h<a)$.

解　如图 6-35 所示,$\Sigma: z=\sqrt{a^2-x^2-y^2}$ 在 xOy 面上的投影区域为 $D_{xy}: x^2+y^2\leqslant a^2-h^2$,由公式(6-25)得 Σ 的面积微元

$$\mathrm{d}A=\sqrt{1+z_x^2+z_y^2}\mathrm{d}x\mathrm{d}y=\sqrt{1+\left(\frac{-x}{\sqrt{a^2-x^2-y^2}}\right)^2+\left(\frac{-y}{\sqrt{a^2-x^2-y^2}}\right)^2}\mathrm{d}x\mathrm{d}y$$

$$=\frac{a}{\sqrt{a^2-x^2-y^2}}\mathrm{d}x\mathrm{d}y,$$

故

$$\begin{aligned}\iint_{\Sigma}(x+y+z)\mathrm{d}S &= \iint_{D_{xy}}(x+y+\sqrt{a^2-x^2-y^2})\frac{a}{\sqrt{a^2-x^2-y^2}}\mathrm{d}x\mathrm{d}y \\ &= \iint_{D_{xy}}(x+y)\frac{a}{\sqrt{a^2-x^2-y^2}}\mathrm{d}x\mathrm{d}y + a\iint_{D_{xy}}\mathrm{d}x\mathrm{d}y \\ &= 0+a\,|D_{xy}| = \pi a(a^2-h^2).\end{aligned}$$

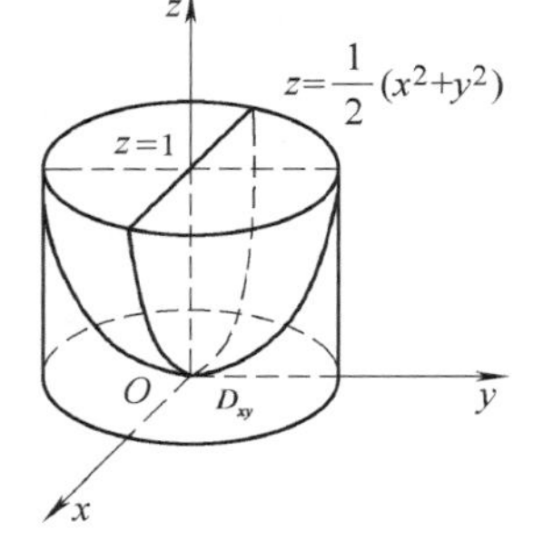

图 6-36

注意:$\iint_{D_{xy}}(x+y)\frac{a}{\sqrt{a^2-x^2-y^2}}\mathrm{d}x\mathrm{d}y=0$ 利用了 D_{xy} 关于坐标轴的对称性以及被积函数的奇函数属性.

例 6.22　求抛物面壳 $z=\frac{1}{2}(x^2+y^2)(0\leqslant z\leqslant 1)$ 的质量 M,此壳的点密度函数为 $\mu=z$.

解　如图 6-36 所示,抛物面壳 $\Sigma: z=\frac{1}{2}(x^2+y^2)$ 在 xOy 面上的投影区域为 $D_{xy}: x^2+y^2\leqslant 2$,由公式(6-25)得 Σ 的面积微元

$$\mathrm{d}A=\sqrt{1+z_x^2+z_y^2}\mathrm{d}x\mathrm{d}y=\sqrt{1+x^2+y^2}\mathrm{d}x\mathrm{d}y,$$

故

$$M=\iint_{\Sigma}z\,\mathrm{d}S=\iint_{D_{xy}}\frac{1}{2}(x^2+y^2)\sqrt{1+x^2+y^2}\,\mathrm{d}x\mathrm{d}y$$

$$=\int_0^{2\pi}\mathrm{d}\theta\int_0^{\sqrt{2}}\frac{1}{2}\rho^2\sqrt{1+\rho^2}\rho\mathrm{d}\rho=\frac{2\pi}{15}(6\sqrt{3}+1).$$

6.4.2 第二类曲面积分(对坐标的曲面积分)

1.第二类曲面积分的概念与性质

(1)曲面的侧与投影

对于第二类曲面积分的讨论,我们认定的曲面都是双侧曲面,例如,对于曲面 $z=z(x,y)$,若取其法向量朝上($\boldsymbol{n}$ 与 z 轴正向的夹角为锐角),则我们约定曲面取定上侧,否则为下侧;对于曲面 $x=x(y,z)$,若取其法向量朝前($\boldsymbol{n}$ 与 x 轴正向的夹角为锐角),则我们约定曲面取定前侧,否则为后侧;对于曲面 $y=y(x,z)$,若取其法向量朝右($\boldsymbol{n}$ 与 y 轴正向的夹角为锐角),则我们约定曲面取定右侧,否则为左侧.若曲面为封闭曲面,则取法向量的指向朝外,则此时取定曲面的外侧,否则为内侧,取定了法向量即选定了曲面的侧,这种曲面称为有向曲面.

设 Σ 是有向曲面,在 Σ 上取一小块曲面 ΔS,把 ΔS 投影到 xOy 面上,得其投影域 $(\Delta\sigma)_{xy}$($(\Delta\sigma)_{xy}$ 同时也表示自身的面积),假定 ΔS 上任一点的法向量与 z 轴夹角 γ 的余弦值保持同号,则规定投影 $(\Delta S)_{xy}$ 为

$$(\Delta S)_{xy}=\begin{cases}(\Delta\sigma)_{xy},\cos\gamma>0,\\-(\Delta\sigma)_{xy},\cos\gamma<0,\\0,\cos\gamma\equiv0.\end{cases}$$

实质将投影面积附以一定的符号,同理可以定义 ΔS 在 yOz 面、xOz 面上的投影 $(\Delta S)_{yz}$、$(\Delta S)_{zx}$.

(2)流向曲面一侧的流量

设密度为单位1的不可压缩的流体以速度

$$\boldsymbol{v}=P(x,y,z)\boldsymbol{i}+Q(x,y,z)\boldsymbol{j}+R(x,y,z)\boldsymbol{k}$$

通过有向曲面 Σ,假设函数 $P(x,y,z)$、$Q(x,y,z)$、$R(x,y,z)$ 在 Σ 上连续,求单位时间内流向 Σ 指定侧的流体总量 Φ(见图6-37).

我们在曲面 Σ 上做分割 $\Delta S_1,\Delta S_2,\cdots,\Delta S_n$,把 Σ 分成 n 块小曲面(ΔS_i 同时也表示第 i 块小曲面 ΔS_i 的面积),任取一点 $(\xi_i,\eta_i,\varsigma_i)\in\Delta S_i$,因为 ΔS_i 充分小,所以不妨假设流体在经过 ΔS_i 这块小曲面上每点的速度均为

$$\boldsymbol{v}(\xi_i,\eta_i,\varsigma_i)=P(\xi_i,\eta_i,\varsigma_i)\boldsymbol{i}+Q(\xi_i,\eta_i,\varsigma_i)\boldsymbol{j}+R(\xi_i,\eta_i,\varsigma_i)\boldsymbol{k},$$

设点 $(\xi_i,\eta_i,\varsigma_i)$ 处的法向量为 $\boldsymbol{n}_i$,它与 z 轴正向的夹角为 γ_i,过点 $(\xi_i,\eta_i,\varsigma_i)$ 作曲面 Σ 的切平面,把 ΔS_i 投影到 xOy 面上,得其投影域 $(\Delta S_i)_{xy}$,以 $(\Delta S_i)_{xy}$ 的边界为准线作母线平行于 z 轴的柱面,此柱面在 Σ 的切平面上截下一小片切平面 S_i,由于 $(\Delta S_i)_{xy}$ 的直径充分小,所以可

以用小片切平面 S_i 来近似代替相应的那小片曲面 ΔS_i 的面积(见图 6-38).

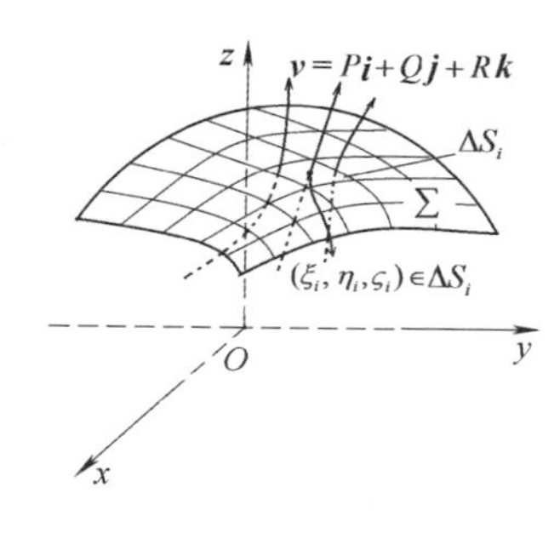

图 6-37

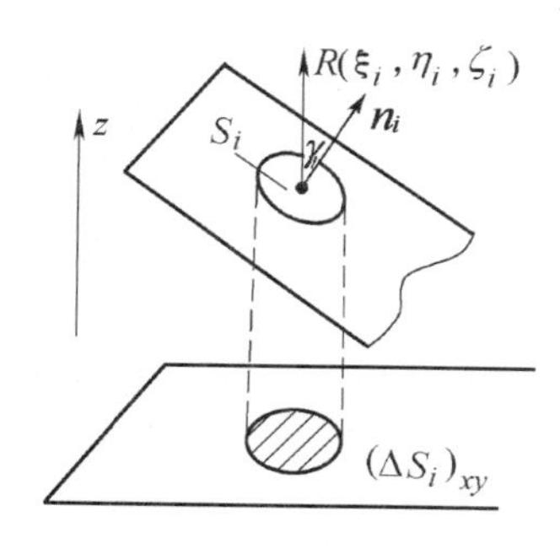

图 6-38

对于 z 轴方向,流过小曲面 ΔS_i 的流量为

$$\Phi_{iz} \approx R(\xi_i, \eta_i, \varsigma_i)\Delta S_i \cos\gamma_i \approx R(\xi_i, \eta_i, \varsigma_i) S_i \cos\gamma_i = R(\xi_i, \eta_i, \varsigma_i)(\Delta S_i)_{xy},$$

同理,对于 x、y 轴方向,流过小曲面 ΔS_i 的流量分别为

$$\Phi_{ix} \approx P(\xi_i, \eta_i, \varsigma_i)(\Delta S_i)_{yz}, \Phi_{iy} \approx Q(\xi_i, \eta_i, \varsigma_i)(\Delta S_i)_{zx},$$

于是,经过 ΔS_i 这块小曲面的流体 Φ_i 可近似表示为

$$\Phi_i \approx P(\xi_i, \eta_i, \varsigma_i)(\Delta S_i)_{yz} + Q(\xi_i, \eta_i, \varsigma_i)(\Delta S_i)_{zx} + R(\xi_i, \eta_i, \varsigma_i)(\Delta S_i)_{xy},$$

则当表示 n 块小曲面任意两点间距离的最大值 $\lambda \to 0$ 时,单位时间内流向 Σ 指定侧的流体总量 Φ 可表示为

$$\lim_{\lambda \to 0}\sum_{i=1}^{n}[P(\xi_i, \eta_i, \varsigma_i)(\Delta S_i)_{yz} + Q(\xi_i, \eta_i, \varsigma_i)(\Delta S_i)_{zx} + R(\xi_i, \eta_i, \varsigma_i)(\Delta S_i)_{xy}].$$

(3) 第二类曲面积分的定义与性质

根据上述背景问题,我们抽象出下述概念.

定义 6.6　设函数 $R(x,y,z)$ 在空间光滑有向曲面 Σ 上有界,做某种分割 $\Delta S_1, \Delta S_2, \cdots, \Delta S_n$,把 Σ 分成 n 块小曲面(ΔS_i 同时也表示第 i 块小曲面 ΔS_i 的面积),任取一点 $(\xi_i, \eta_i, \varsigma_i) \in \Delta S_i$,$(\Delta S_i)_{xy}$ 为 ΔS_i 在 xOy 面上的投影区域,若表示 n 块小曲面任意两点间距离的最大值 $\lambda \to 0$ 时,极限

$$\lim_{\lambda \to 0}\sum_{i=1}^{n} R(\xi_i, \eta_i, \varsigma_i)(\Delta S_i)_{xy}$$

存在,则称此极限为函数 $R(x,y,z)$ 在 Σ 上的第二类曲面积分或对坐标 x、y 的曲面积分,并且记作 $\iint\limits_{\Sigma} R(x,y,z)\mathrm{d}x\mathrm{d}y$,即

$$\iint\limits_{\Sigma} R(x,y,z)\mathrm{d}x\mathrm{d}y = \lim_{\lambda \to 0}\sum_{i=1}^{n} R(\xi_i, \eta_i, \varsigma_i)(\Delta S_i)_{xy}, \tag{6-28}$$

其中 $R(x,y,z)$ 叫作被积函数,Σ 叫作积分曲面.

类似地,我们可同样定义 $P(x,y,z)$ 在 Σ 上对于坐标 y、z 的曲面积分

$$\iint\limits_{\Sigma} P(x,y,z)\mathrm{d}y\mathrm{d}z = \lim_{\lambda \to 0}\sum_{i=1}^{n} P(\xi_i, \eta_i, \varsigma_i)(\Delta S_i)_{yz}, \tag{6-29}$$

以及 $Q(x,y,z)$ 在 Σ 上对于坐标 z、x 的曲面积分

$$\iint_{\Sigma} Q(x,y,z)\mathrm{d}z\mathrm{d}x = \lim_{\lambda\to 0}\sum_{i=1}^{n} Q(\xi_i,\eta_i,\varsigma_i)(\Delta S_i)_{zx}, \tag{6-30}$$

我们指出，当 $P(x,y,z)$、$Q(x,y,z)$、$R(x,y,z)$ 在分片光滑的曲面 Σ 上连续时，第二类曲面积分式(6-28)、(6-29)、(6-30)表示的极限均存在，故以后我们总假定它们在 Σ 上是连续的.

注意：根据上述定义，背景问题所提及的单位时间内流向 Σ 指定侧的流体总量 Φ 可表示为

$$\Phi = \iint_{\Sigma} P(x,y,z)\mathrm{d}y\mathrm{d}z + \iint_{\Sigma} Q(x,y,z)\mathrm{d}z\mathrm{d}x + \iint_{\Sigma} R(x,y,z)\mathrm{d}x\mathrm{d}y,$$

上式右端常合并简写为

$$\iint_{\Sigma} P(x,y,z)\mathrm{d}y\mathrm{d}z + Q(x,y,z)\mathrm{d}z\mathrm{d}x + R(x,y,z)\mathrm{d}x\mathrm{d}y.$$

由对第二类曲面积分的定义可知，它具有与定积分和重积分类似的性质. 这里仅特别列出其中的两条性质.

性质 1　如果曲面 Σ 可分成两片光滑曲面 Σ_1、Σ_2，则

$$\iint_{\Sigma} P\mathrm{d}y\mathrm{d}z + Q\mathrm{d}z\mathrm{d}x + R\mathrm{d}x\mathrm{d}y = \iint_{\Sigma_1} P\mathrm{d}y\mathrm{d}z + Q\mathrm{d}z\mathrm{d}x + R\mathrm{d}x\mathrm{d}y + \iint_{\Sigma_2} P\mathrm{d}y\mathrm{d}z + Q\mathrm{d}z\mathrm{d}x + R\mathrm{d}x\mathrm{d}y.$$

性质 2　如果曲面 Σ^- 表示曲面 Σ 的反侧曲面，则

$$\iint_{\Sigma^-} P\mathrm{d}y\mathrm{d}z + Q\mathrm{d}z\mathrm{d}x + R\mathrm{d}x\mathrm{d}y = -\iint_{\Sigma} P\mathrm{d}y\mathrm{d}z + Q\mathrm{d}z\mathrm{d}x + R\mathrm{d}x\mathrm{d}y.$$

2. 第二类曲面积分的计算

于是，我们得到计算第二类曲面积分的如下定理.

定理 6.9　设函数 $R(x,y,z)$ 在空间光滑有向曲面 Σ 上连续，Σ 由方程

$$z = z(x,y)$$

给出，且曲面 Σ 在 xOy 面上的投影区域为 D_{xy}，函数 $z(x,y)$ 在 D_{xy} 上具有连续的一阶偏导数，则

$$\iint_{\Sigma} R(x,y,z)\mathrm{d}x\mathrm{d}y = \pm\iint_{D_{xy}} R[x,y,z(x,y)]\mathrm{d}x\mathrm{d}y, \tag{6-31}$$

其中，Σ 取上侧($\cos\gamma > 0$) 时，等式右边取正号；Σ 取下侧($\cos\gamma < 0$) 时，等式右边取负号.

注意：公式(6-31)表明，计算第二类曲面积分 $\iint_{\Sigma} R(x,y,z)\mathrm{d}x\mathrm{d}y$ 时，首先要根据曲面 Σ 的侧来确定积分式的符号，再把 z 换为 $z(x,y)$，然后在 Σ 关于 xOy 面上的投影区域 D_{xy} 上实施二重积分就可以了. 定理 6.9 的证明从略.

类似地，设函数 $P(x,y,z)$ 在空间光滑有向曲面 Σ 上连续，Σ 由方程

$$x=x(y,z)$$

给出,则有

$$\iint_{\Sigma} P(x,y,z)\mathrm{d}x\mathrm{d}y=\pm\iint_{D_{yz}} P[x(y,z),y,z]\mathrm{d}y\mathrm{d}z, \tag{6-32}$$

其中,Σ 取前侧($\cos\alpha>0$)时,等式右边取正号;Σ 取后侧($\cos\alpha<0$)时,等式右边取负号.

设函数 $Q(x,y,z)$ 在空间光滑有向曲面 Σ 上连续,Σ 由方程

$$y=y(z,x)$$

给出,则有

$$\iint_{\Sigma} Q(x,y,z)\mathrm{d}x\mathrm{d}y=\pm\iint_{D_{zx}} Q[x,y(z,x),z]\mathrm{d}z\mathrm{d}x, \tag{6-33}$$

其中,Σ 取右侧($\cos\beta>0$)时,等式右边取正号;Σ 取左侧($\cos\beta<0$)时,等式右边取负号.

例 6.23　求 $\iint_{\Sigma} x^2y^2z\mathrm{d}x\mathrm{d}y$,其中 Σ 是半径为 R 的球面的下半部分的下侧.

解　Σ 的方程为 $z=-\sqrt{R^2-x^2-y^2}$,$D_{xy}=\{(x,y)\mid x^2+y^2\leqslant R^2\}$,如图 6-39 所示,于是

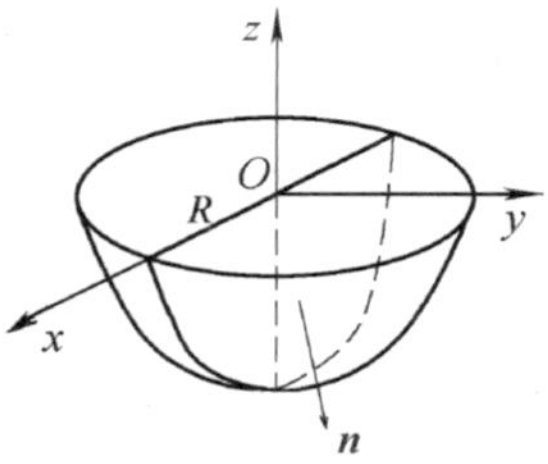

图 6-39

$$\begin{aligned}
\iint_{\Sigma} x^2y^2z\mathrm{d}x\mathrm{d}y &=-\iint_{D_{xy}} x^2y^2\left(-\sqrt{R^2-x^2-y^2}\right)\mathrm{d}x\mathrm{d}y\\
&=\int_0^{2\pi}\mathrm{d}\theta\int_0^R \rho^2\cos^2\theta\rho^2\sin^2\theta\sqrt{R^2-\rho^2}\rho\mathrm{d}\rho\\
&=\frac{1}{4}\int_0^{2\pi}\sin^2 2\theta\mathrm{d}\theta\int_0^R\sqrt{R^2-\rho^2}\rho^5\mathrm{d}\rho\\
&=\frac{1}{4}\int_0^{2\pi}\frac{1-\cos 4\theta}{2}\mathrm{d}\theta\int_0^R\sqrt{R^2-\rho^2}\rho^5\mathrm{d}\rho\\
&=\frac{\pi}{4}\int_0^{\pi/2}\sqrt{R^2-R^2\sin^2 t}R^5\sin^5 tR\cos t\mathrm{d}t\quad(\rho=R\sin t)\\
&=-\frac{\pi R^7}{4}\int_0^{\pi/2}\cos^2 t(1-\cos^2 t)^2\mathrm{d}\cos t\\
&=-\frac{\pi R^7}{4}\int_0^{\pi/2}(\cos^6 t-2\cos^4 t+\cos^2 t)\mathrm{d}\cos t\\
&=-\frac{\pi R^7}{4}\left(\frac{1}{7}\cos^7 t\Big|_0^{\pi/2}-\frac{2}{5}\cos^5 t\Big|_0^{\pi/2}+\frac{1}{3}\cos^3 t\Big|_0^{\pi/2}\right)\\
&=\frac{\pi R^7}{4}\left(\frac{1}{7}-\frac{2}{5}+\frac{1}{3}\right)\\
&=\frac{2}{105}\pi R^7.
\end{aligned}$$

例 6.24　求 $\oiint_{\Sigma} xz\mathrm{d}x\mathrm{d}y+xy\mathrm{d}y\mathrm{d}z+yz\mathrm{d}z\mathrm{d}x$,其中 Σ 是由三坐标平面与平面 $x+y+z=1$ 所围成的空间区域的整个边界曲面的外侧(见图 6-40).

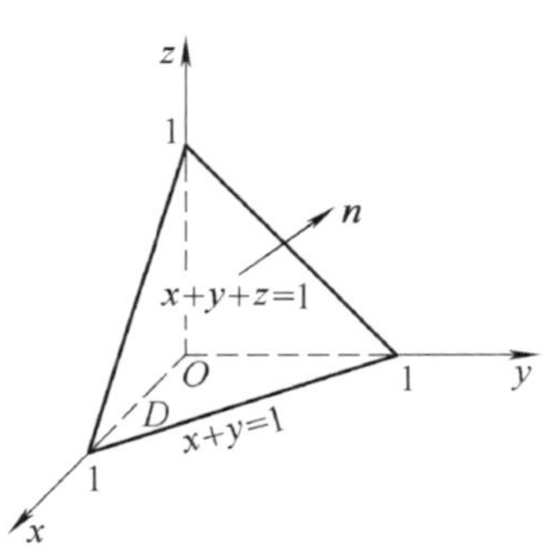

图 6-40

解　$\Sigma = \Sigma_1 + \Sigma_2 + \Sigma_3 + \Sigma_4$，其中

$\Sigma_1: x = 0, D_{yz} = \{(y,z) \mid 0 \leqslant y \leqslant 1, 0 \leqslant z \leqslant 1-y\}$；

$\Sigma_2: y = 0, D_{zx} = \{(z,x) \mid 0 \leqslant z \leqslant 1, 0 \leqslant x \leqslant 1-z\}$；

$\Sigma_3: z = 0, D_{xy} = \{(x,y) \mid 0 \leqslant x \leqslant 1, 0 \leqslant y \leqslant 1-x\}$；

$\Sigma_4: z = 1-x-y, D_{xy} = \{(x,y) \mid 0 \leqslant x \leqslant 1, 0 \leqslant y \leqslant 1-x\}$，

于是

$$\begin{aligned}\oint\!\!\!\!\oint_{\Sigma} xz\,dx\,dy &= \left(\iint_{\Sigma_1} + \iint_{\Sigma_2} + \iint_{\Sigma_3} + \iint_{\Sigma_4}\right) xz\,dx\,dy \\ &= 0 + 0 + 0 + \iint_{\Sigma_4} xz\,dx\,dy = \iint_{D_{xy}} x(1-x-y)\,dx\,dy \\ &= \int_0^1 x\,dx \int_0^{1-x} (1-x-y)\,dy = \frac{1}{24}.\end{aligned}$$

由积分变元的轮换对称性，可知

$$\oint\!\!\!\!\oint_{\Sigma} xy\,dy\,dz = \oint\!\!\!\!\oint_{\Sigma} yz\,dz\,dx = \frac{1}{24},$$

因此

$$\oint\!\!\!\!\oint_{\Sigma} xz\,dx\,dy + xy\,dy\,dz + yz\,dz\,dx = 3 \times \frac{1}{24} = \frac{1}{8}.$$

习　题　6.4

1. 求$\iint_{\Sigma}\left(z + 2x + \frac{4}{3}y\right)dS$，其中 Σ 为平面$\frac{x}{2} + \frac{y}{3} + \frac{z}{4} = 1$ 在第一卦限的部分.

2. 求$\iint_{\Sigma}(xy + yz + zx)\,dS$，其中 Σ 为锥面 $z = \sqrt{x^2 + y^2}$ 被圆柱面 $x^2 + y^2 = 2ax$ 所截得的有限部分.

3. 求$\iint_{\Sigma}\frac{1}{x^2 + y^2 + z^2}dS$，其中 Σ 是介于平面 $z = 0$ 及 $z = H(H > 0)$ 之间的圆柱面 $x^2 + y^2 = R^2$.

4. 求均匀曲面 $\Sigma: z = \sqrt{a^2 - x^2 - y^2}$ 的重心坐标.

5. 求$\iint_{\Sigma}\frac{dS}{(1 + x + y)^2}$，$\Sigma$ 由 $x + y + z \leqslant 1$、$x \geqslant 0$、$y \geqslant 0$、$z \geqslant 0$ 的边界组成.

6. 当 Σ 为 xOy 面内的一个闭区域时，曲面积分$\iint_{\Sigma}R(x,y,z)\,dx\,dy$ 与二重积分有什么关系？

7. 求$\iint_{\Sigma}x\,dy\,dz + y\,dx\,dz + z\,dx\,dy$，$\Sigma$ 为 $x^2 + y^2 + z^2 = a^2$、$z \geqslant 0$ 的上侧.

8. 计算下列对坐标的曲面积分：

(1) $\iint_{\Sigma}x^2y^2z\,dx\,dy$，其中 Σ 是球面 $x^2 + y^2 + z^2 = R^2$ 的下半部分的下侧；

(2) $\iint\limits_{\Sigma} z\mathrm{d}x\mathrm{d}y + x\mathrm{d}y\mathrm{d}z + y\mathrm{d}z\mathrm{d}x$，其中 z 是柱面 $x^2 + y^2 = 1$ 被平面 $z = 0$ 及 $z = 3$ 所截得的第一卦限内的部分的前侧.

9. 求 $\iint\limits_{\Sigma}(x + z)\mathrm{d}x\mathrm{d}y$，其中 Σ 为平面 $x + z = a$ 含在柱面 $x^2 + y^2 = a^2$ 内部分的上侧.

10. 求 $\iint\limits_{\Sigma}(y + z)\mathrm{d}x\mathrm{d}y + (x - 2)\mathrm{d}y\mathrm{d}z$，其中 Σ 是抛物柱面 $y = \sqrt{x}$ 被平面 $x + z = 1$ 和 $z = 0$ 所截下的那部分的后侧曲面.

习题 6.4 详解

6.5　格林公式 · 斯托克斯公式 · 高斯公式

本章我们学习了二重积分、三重积分、曲线积分和曲面积分，现在我们来研究这些积分运算之间的关系.

6.5.1　格林公式

对平面闭区域 D 及其边界曲线 L，我们规定 L 的正向如下：当观察者沿 L 的这个方向行走时，D 内在他近旁的那一部分总位于他的左侧. 依据此规定可知，如图 6-41 所示，其边界曲线 L 的正向是逆时针方向；如图 6-42 所示，其边界曲线 L（由外边界 L_1 和内边界 L_2、L_3 组成）为正向时，其外边界是逆时针方向，内边界是顺时针方向.

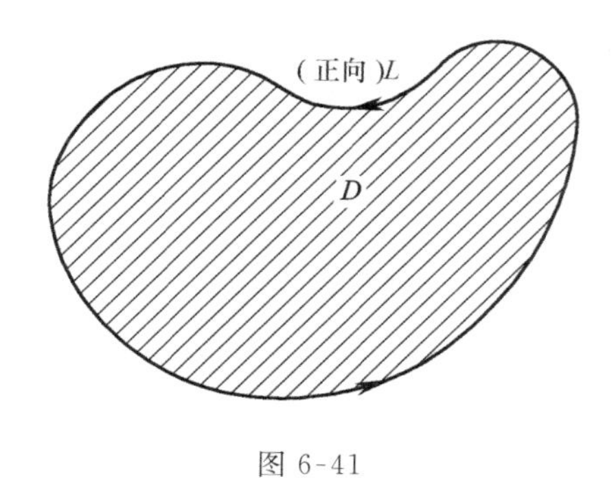

图 6-41

(正向)L_1　(正向)L_2　(正向)L_3　D

图 6-42

同时，我们注意到，像图 6-41 所示的闭区域 D 这样，其内任一闭曲线所围的部分均属于 D（通俗地说，D 不含有“洞”），称 D 为平面单连通区域，否则称为复连通区域（图 6-42 所示的闭区域 D 为复连通区域）.

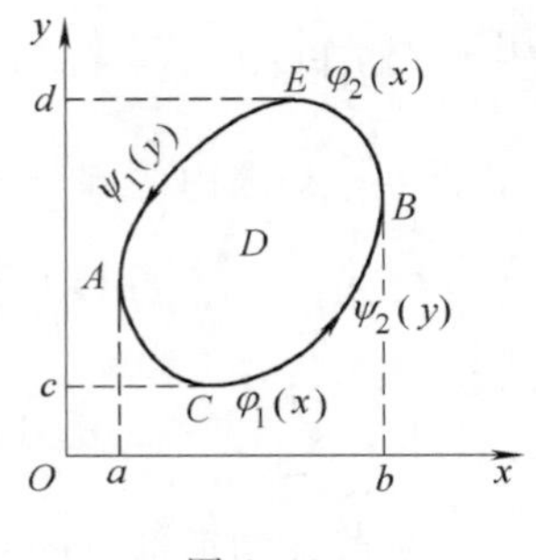

图 6-43

定理 6.9(格林公式) 设有界闭区域 D 由分段光滑的曲线 L 围成,函数 $P(x,y)$及在 D 上具有一阶连续偏导数,则有

$$\iint_D\left(\frac{\partial Q}{\partial x}-\frac{\partial P}{\partial y}\right)\mathrm{d}x\mathrm{d}y=\pm\oint_L P\mathrm{d}x+Q\mathrm{d}y, \tag{6-34}$$

其中 L 是 D 的正向边界曲线时,公式(6-34)右端取正号,否则取负号.

证 先考虑特殊情况,假设 D 既是 x-型区域又是 y-型区域(见图 6-43).

由于积分区域 D 是 x-型区域,故 $D:\varphi_1(x)\leqslant y\leqslant\varphi_2(x),a\leqslant x\leqslant b$,根据二重积分的计算法有

$$\begin{aligned}\iint_D\frac{\partial P}{\partial y}\mathrm{d}x\mathrm{d}y&=\int_a^b\mathrm{d}x\int_{\varphi_1(x)}^{\varphi_2(x)}\frac{\partial P(x,y)}{\partial y}\mathrm{d}y\\&=\int_a^b\{P[x,\varphi_2(x)]-P[x,\varphi_1(x)]\}\mathrm{d}x.\end{aligned}$$

另一方面,由对坐标的曲线积分的性质及计算法有

$$\begin{aligned}\oint_L P\mathrm{d}x&=\int_{\overset{\frown}{ACB}}P(x,y)\mathrm{d}x+\int_{\overset{\frown}{BEA}}P(x,y)\mathrm{d}x\\&=\int_a^b P[x,\varphi_1(x)]\mathrm{d}x+\int_b^a P[x,\varphi_2(x)]\mathrm{d}x\\&=\int_a^b\{P[x,\varphi_1(x)]-P[x,\varphi_2(x)]\}\mathrm{d}x,\end{aligned}$$

即

$$-\iint_D\frac{\partial P}{\partial y}\mathrm{d}x\mathrm{d}y=\oint_L P\mathrm{d}x. \tag{6-35}$$

又由于积分区域 D 是 y-型区域,故 $D:\psi_1(y)\leqslant x\leqslant\psi_2(y),c\leqslant y\leqslant d$,类似可得

$$\iint_D\frac{\partial Q}{\partial x}\mathrm{d}x\mathrm{d}y=\oint_L Q\mathrm{d}y. \tag{6-36}$$

将(6-35)、(6-36)两式合并即得公式(6-34).

对于一般情况,若 D 不满足既是 x-型区域又是 y-型区域这一条件,此时我们可以在 D 内引进若干条辅助曲线把 D 分成有限个部分闭区域,使得每个部分闭区域既是 x-型区域又是 y-型区域(见图 6-44).此时,在每个子区域上使用格林公式,则有

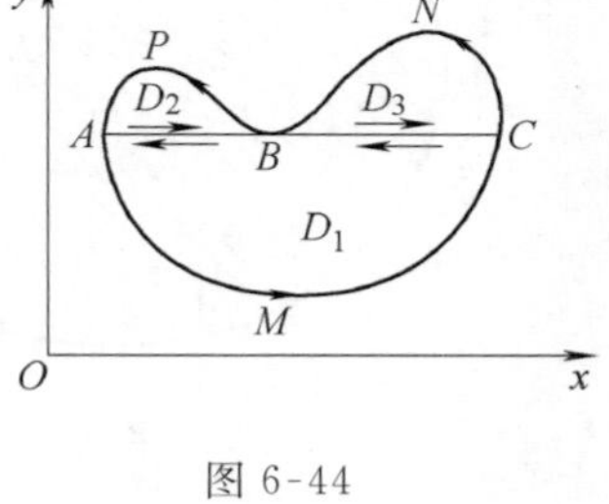

图 6-44

$$\iint_{D_1}\left(\frac{\partial Q}{\partial x}-\frac{\partial P}{\partial y}\right)\mathrm{d}x\mathrm{d}y=\oint_{\overset{\frown}{AMCBA}}P\mathrm{d}x+Q\mathrm{d}y,$$

$$\iint_{D_2}\left(\frac{\partial Q}{\partial x}-\frac{\partial P}{\partial y}\right)\mathrm{d}x\mathrm{d}y=\oint_{\overset{\frown}{ABPA}}P\mathrm{d}x+Q\mathrm{d}y,$$

$$\iint_{D_3}\left(\frac{\partial Q}{\partial x}-\frac{\partial P}{\partial y}\right)\mathrm{d}x\mathrm{d}y=\oint_{\overset{\frown}{BCNB}}P\mathrm{d}x+Q\mathrm{d}y,$$

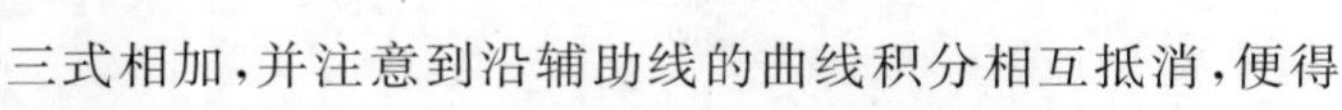

三式相加,并注意到沿辅助线的曲线积分相互抵消,便得

$$\iint_D \left(\frac{\partial Q}{\partial x} - \frac{\partial P}{\partial y}\right) \mathrm{d}x\mathrm{d}y = \oint_L P\mathrm{d}x + Q\mathrm{d}y,$$

证毕.

推论 1　设平面闭区域 D 的正向封闭光滑曲线为 L，则区域 D 的面积

$$S_D = \frac{1}{2}\oint_L x\mathrm{d}y - y\mathrm{d}x, \tag{6-37}$$

证　在格林公式(6-34)中，若取 $P=-y, Q=x$，则得

$$2\iint_D \mathrm{d}x\mathrm{d}y = \oint_L x\mathrm{d}y - y\mathrm{d}x,$$

注意到$\iint\limits_D \mathrm{d}x\mathrm{d}y$ 在数值上表示闭区域 D 的面积，则

$$S_D = \frac{1}{2}\oint_L x\mathrm{d}y - y\mathrm{d}x.$$

推论 2　设 D 是平面上的单连通区域，函数 $P(x,y)$、$Q(x,y)$ 在 D 内具有一阶连续偏导数，则下列三个命题等价：

(1) 对 D 内每一点，都有$\dfrac{\partial P}{\partial y}=\dfrac{\partial Q}{\partial x}$；

(2) 对 D 内任一闭曲线 L，都有$\oint_L P(x,y)\mathrm{d}x + Q(x,y)\mathrm{d}y = 0$；

(3) 曲线积分$\int_L P(x,y)\mathrm{d}x + Q(x,y)\mathrm{d}y$ 在 D 内与路径无关.

证　先证(1)⇒(2).

如图 6-45 所示，设 L 是 D 内任一闭曲线，由于 D 是单连通区域，所以 L 所围成的闭区域 G 包含在 D 内，应用格林公式，有

$$\oint_L P(x,y)\mathrm{d}x + Q(x,y)\mathrm{d}y = \iint_G \left(\frac{\partial Q}{\partial x} - \frac{\partial P}{\partial y}\right)\mathrm{d}x\mathrm{d}y = 0.$$

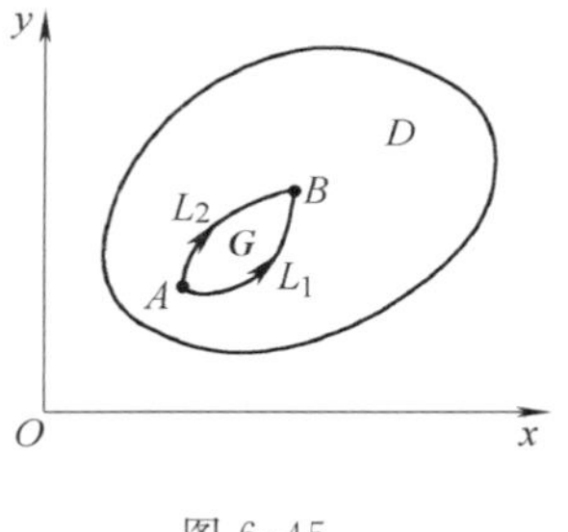

图 6-45

故(2)成立.

再证(2)⇒(3).

设 A、B 是 D 内任意指定的两点，L_1、L_2 是 D 内从起点 A 到终点 B 的任意两条曲线，则 $L_1+L_2^-$ 可看作一条从 A 点出发移动一周回到 A 点的闭曲线，由假设(2)成立，得

$$\oint_{L_1+L_2^-} P(x,y)\mathrm{d}x + Q(x,y)\mathrm{d}y = 0.$$

又由曲线积分的性质可知

$$\int_{L_2^-} P(x,y)\mathrm{d}x + Q(x,y)\mathrm{d}y = -\int_{L_2} P(x,y)\mathrm{d}x + Q(x,y)\mathrm{d}y,$$

所以

$$\int_{L_1} P\mathrm{d}x + Q\mathrm{d}y = \int_{L_2} P\mathrm{d}x + Q\mathrm{d}y,$$

故曲线积分$\int_L P(x,y)\mathrm{d}x+Q(x,y)\mathrm{d}y$在$D$内与路径无关.

最后证(3)⇒(1).

反设在D内至少存在一点$M_0(x_0,y_0)$，使得$\frac{\partial P}{\partial y}\big|_{M_0}\neq\frac{\partial Q}{\partial x}\big|_{M_0}$，不妨设$\left(\frac{\partial P}{\partial y}-\frac{\partial Q}{\partial x}\right)\big|_{M_0}=\eta>0$，由于$\frac{\partial P}{\partial y}$、$\frac{\partial Q}{\partial x}$在$D$内连续，故可在$D$内取一个以$M_0$为圆心、半径足够小的闭区域$G$，使得$G$上恒有$\frac{\partial P}{\partial y}-\frac{\partial Q}{\partial x}\geqslant\frac{\eta}{2}$，于是，在闭区域$G$上，结合二重积分的性质并使用格林公式，有

$$\oint_{L_G} P(x,y)\mathrm{d}x+Q(x,y)\mathrm{d}y=\iint_G\left(\frac{\partial Q}{\partial x}-\frac{\partial P}{\partial y}\right)\mathrm{d}x\mathrm{d}y\geqslant\frac{\eta}{2}\cdot S_G>0,$$

其中，L_G为G的正向边界曲线，S_G为G的面积，如图6-45所示，不妨设L_1、L_2是G的从起点A到终点B的两条边界曲线，则

$$\oint_{L_G} P(x,y)\mathrm{d}x+Q(x,y)\mathrm{d}y=\oint_{L_1+L_2^-} P(x,y)\mathrm{d}x+Q(x,y)\mathrm{d}y>0,$$

即

$$\int_{L_1} P(x,y)\mathrm{d}x+Q(x,y)\mathrm{d}y-\int_{L_2} P(x,y)\mathrm{d}x+Q(x,y)\mathrm{d}y>0,$$

或

$$\int_{L_1} P(x,y)\mathrm{d}x+Q(x,y)\mathrm{d}y>\int_{L_2} P(x,y)\mathrm{d}x+Q(x,y)\mathrm{d}y,$$

这与(3)的题设矛盾，故对D内每一点，都有$\frac{\partial P}{\partial y}=\frac{\partial Q}{\partial x}$. 证毕.

例 6.25 求$I=\int_L(\mathrm{e}^x\sin y-x-y)\mathrm{d}x+(\mathrm{e}^x\cos y+x)\mathrm{d}y$，其中$L$是在圆周$y=\sqrt{2x-x^2}$上由点$A(2,0)$到$O(0,0)$的一段弧.

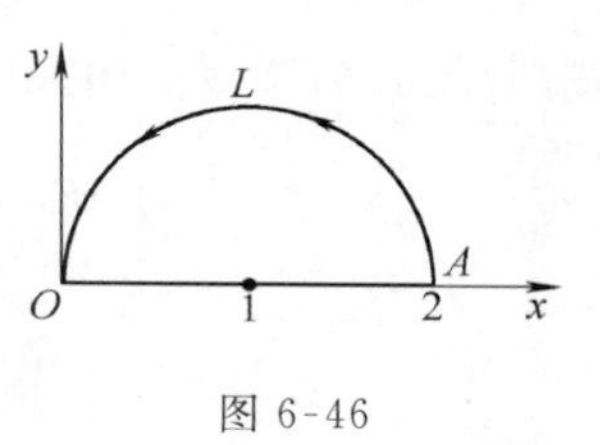

图 6-46

解 因曲线L不是封闭的，故不能直接使用格林公式. 如图6-46所示，添加一段从点$O(0,0)$到$A(2,0)$的有向线段$\overrightarrow{OA}$，则L与$\overrightarrow{OA}$一起构成一条封闭曲线，其围成的闭区域记为D. 利用格林公式，得

$$\oint_{L+\overrightarrow{OA}}(\mathrm{e}^x\sin y-x-y)\mathrm{d}x+(\mathrm{e}^x\cos y+x)\mathrm{d}y=\iint_D 2\mathrm{d}\sigma=2\cdot\frac{1}{2}\cdot\pi\cdot1^2=\pi.$$

又因为$\overrightarrow{OA}$：$y=0$，其中x从0变到2，故

$$\int_{\overrightarrow{OA}}(\mathrm{e}^x\sin y-x-y)\mathrm{d}x+(\mathrm{e}^x\cos y+x)\mathrm{d}y=\int_0^2(-x)\mathrm{d}x=-2,$$

所以

$$I=\oint_{L+\overrightarrow{OA}}(\mathrm{e}^x\sin y-x-y)\mathrm{d}x+(\mathrm{e}^x\cos y+x)\mathrm{d}y$$
$$-\int_{\overrightarrow{OA}}(\mathrm{e}^x\cos y-x-y)\mathrm{d}x+(\mathrm{e}^x\cos y+x)\mathrm{d}y=\pi+2.$$

例 6.26　证明：在整个 xOy 平面内，曲线积分

$$I=\int_L(x+\mathrm{e}^y)\mathrm{d}x+(y+x\mathrm{e}^y)\mathrm{d}y$$

与路径无关，并求 $\int_{(0,0)}^{(1,1)}(x+\mathrm{e}^y)\mathrm{d}x+(y+x\mathrm{e}^y)\mathrm{d}y$.

证　记 $P=x+\mathrm{e}^y, Q=y+x\mathrm{e}^y$，且

$$\frac{\partial Q}{\partial x}=\mathrm{e}^y=\frac{\partial P}{\partial y},$$

上述条件满足定理 6.9 推论 2 的条件(1)，故曲线积分与路径无关，现选取有向折线 OBA(见图 6-47)计算 I.

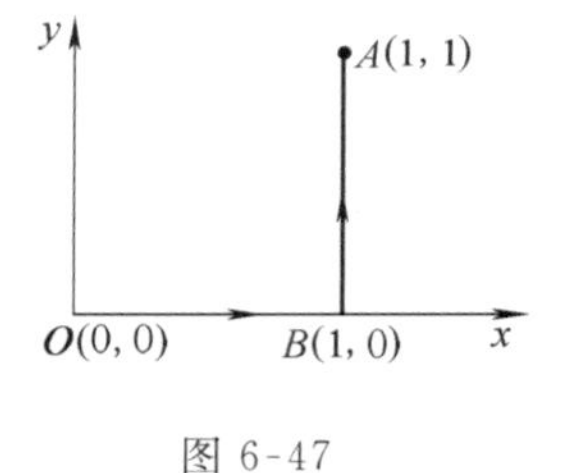

图 6-47

在 OB 上，$y=0$，x 从 0 变到 1，故

$$\int_{OB}(x+\mathrm{e}^y)\mathrm{d}x+(y+x\mathrm{e}^y)\mathrm{d}y=\int_0^1(x+1)\mathrm{d}x=\frac{3}{2};$$

在 BA 上，$x=1$，y 从 0 变到 1，故

$$\int_{BA}(x+\mathrm{e}^y)\mathrm{d}x+(y+x\mathrm{e}^y)\mathrm{d}y=\int_0^1(y+\mathrm{e}^y)\mathrm{d}y=\mathrm{e}-\frac{1}{2},$$

所以，

$$I=\int_{OB}(x+\mathrm{e}^y)\mathrm{d}x+(y+x\mathrm{e}^y)\mathrm{d}y+\int_{BA}(x+\mathrm{e}^y)\mathrm{d}x+(y+x\mathrm{e}^y)\mathrm{d}y=\mathrm{e}+1.$$

6.5.2　斯托克斯公式

定理 6.10(斯托克斯公式)　设 Γ 为分段光滑的空间有向闭曲线，Σ 是以 Γ 为边界的分片光滑的有向曲面，Γ 的正向与 Σ 的侧符合右手规则，$P(x,y,z)$、$Q(x,y,z)$、$R(x,y,z)$ 在包含曲面 Σ 以及它的边界 Γ 上具有一阶连续偏导数，则有

$$\begin{aligned}&\iint_\Sigma\left(\frac{\partial R}{\partial y}-\frac{\partial Q}{\partial z}\right)\mathrm{d}y\mathrm{d}z+\left(\frac{\partial P}{\partial z}-\frac{\partial R}{\partial x}\right)\mathrm{d}z\mathrm{d}x+\left(\frac{\partial Q}{\partial x}-\frac{\partial P}{\partial y}\right)\mathrm{d}x\mathrm{d}y\\&=\oint_\Gamma P\mathrm{d}x+Q\mathrm{d}y+R\mathrm{d}z.\end{aligned}\tag{6-38}$$

注意：定理 6.10 的证明略去，但为便于记忆，公式(6-38) 也可以写成下面格式

$$\iint_\Sigma\begin{vmatrix}\mathrm{d}y\mathrm{d}z & \mathrm{d}z\mathrm{d}x & \mathrm{d}x\mathrm{d}y\\ \dfrac{\partial}{\partial x} & \dfrac{\partial}{\partial y} & \dfrac{\partial}{\partial z}\\ P & Q & R\end{vmatrix}=\oint_L P\mathrm{d}x+Q\mathrm{d}y+R\mathrm{d}z.\tag{6-39}$$

结合两类曲面积分间关系(见《微积分及其应用导学(下册)》6.3 节)，斯托克斯公式还可以表述成另一形式

$$\iint_\Sigma\begin{vmatrix}\cos\alpha & \cos\beta & \cos\gamma\\ \dfrac{\partial}{\partial x} & \dfrac{\partial}{\partial y} & \dfrac{\partial}{\partial z}\\ P & Q & R\end{vmatrix}=\oint_\Gamma P\mathrm{d}x+Q\mathrm{d}y+R\mathrm{d}z,\tag{6-40}$$

其中，$\boldsymbol{n}=(\cos\alpha,\cos\beta,\cos\gamma)$ 为 Σ 的单位法向量.

特别地，若 Σ 是 xOy 面上的一块闭区域，则在(6-39)式中，令 $\mathrm{d}z=0$，于是斯托克斯公式变为

$$\iint_{\Sigma}\begin{vmatrix}0 & 0 & \mathrm{d}x\mathrm{d}y\\ \frac{\partial}{\partial x} & \frac{\partial}{\partial y} & \frac{\partial}{\partial z}\\ P & Q & R\end{vmatrix}=\iint_{\Sigma}\left(\frac{\partial Q}{\partial x}-\frac{\partial P}{\partial y}\right)\mathrm{d}x\mathrm{d}y=\oint_{L}P\,\mathrm{d}x+Q\mathrm{d}y,$$

可见，格林公式为斯托克斯公式的特例.

例 6.27 计算 $\oint_{\Gamma}z\,\mathrm{d}x+x\mathrm{d}y+y\mathrm{d}z$，其中 Γ 为平面 $x+y+z=1$ 被三个坐标面所截成的三角形的整个边界，它的方向与这个三角形上侧的法向量间符合右手规则(见图 6-48).

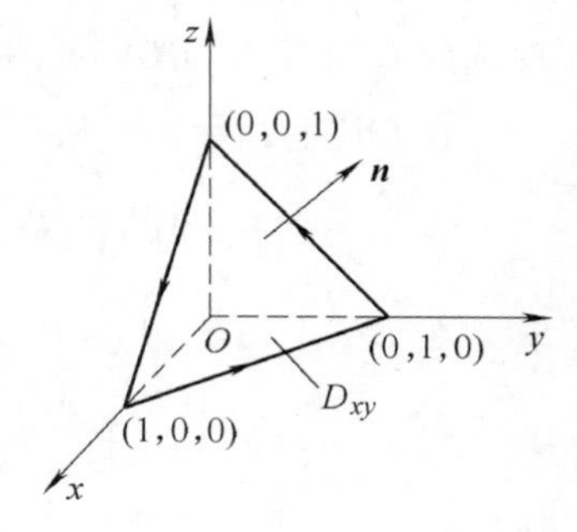

图 6-48

解 令 $P=z,Q=x,R=y$，则

$$\frac{\partial P}{\partial y}=0,\frac{\partial Q}{\partial x}=1,$$

$$\frac{\partial R}{\partial y}=1,\frac{\partial Q}{\partial z}=0,$$

$$\frac{\partial R}{\partial x}=0,\frac{\partial P}{\partial z}=1.$$

由斯托克斯公式，有

$$\oint_{\Gamma}z\,\mathrm{d}x+x\mathrm{d}y+y\mathrm{d}z=\iint_{\Sigma}\mathrm{d}y\mathrm{d}z+\mathrm{d}z\mathrm{d}x+\mathrm{d}x\mathrm{d}y,$$

因为 Γ 所围平面的法向量方向余弦均为正，且由积分的对称性，得

$$\oint_{\Gamma}z\,\mathrm{d}x+x\mathrm{d}y+y\mathrm{d}z=3\iint_{\Sigma}\mathrm{d}x\mathrm{d}y=3\iint_{D_{xy}}\mathrm{d}\sigma=3\cdot\frac{1}{2}=\frac{3}{2}.$$

6.5.3 高斯公式

定理 6.11(高斯公式) 设空间闭区域 Ω 是由分片光滑的闭曲面 Σ 所围成，函数 $P(x,y,z)$、$Q(x,y,z)$、$R(x,y,z)$ 在 Ω 上具有一阶连续偏导数，则

$$\iiint_{\Omega}\left(\frac{\partial P}{\partial x}+\frac{\partial Q}{\partial y}+\frac{\partial R}{\partial z}\right)\mathrm{d}v=\oiint_{\Sigma}P\,\mathrm{d}y\mathrm{d}z+Q\mathrm{d}z\mathrm{d}x+R\mathrm{d}x\mathrm{d}y$$
$$=\oiint_{\Sigma}(P\cos\alpha+Q\cos\beta+R\cos\gamma)\mathrm{d}S,\qquad(6\text{-}41)$$

其中，Σ 是 Ω 的整个边界曲面的外侧，$\cos\alpha$、$\cos\beta$、$\cos\gamma$ 是 Σ 上点 (x,y,z) 处的法向量的方向余弦.

证 高斯公式(6-41)的第二个等号的证明可由两类曲面积分的转换关系获得(详见《微积分及其应用导学(下册)》第 6.4 节)，我们仅就第一个等号提供证明. 设 Ω 在 xOy 面上

的投影区域为 D_{xy}，且过 Ω 内部且平行于 z 轴的直线与 Ω 的边界曲面 Σ 的交点恰好有两个，则 Σ 由 Σ_1、Σ_2、Σ_3 组成，其中，

$\Sigma_1: z = z_1(x,y)$，取下侧，

$\Sigma_2: z = z_2(x,y)$，取上侧，$(z_1(x,y) \leqslant z_2(x,y))$（见图 6-49），

Σ_3 是以区域 D_{xy} 的边界曲线为准线，母线平行于 z 轴的柱面的一部分，取外侧. 由三重积分的“先单后重”法，

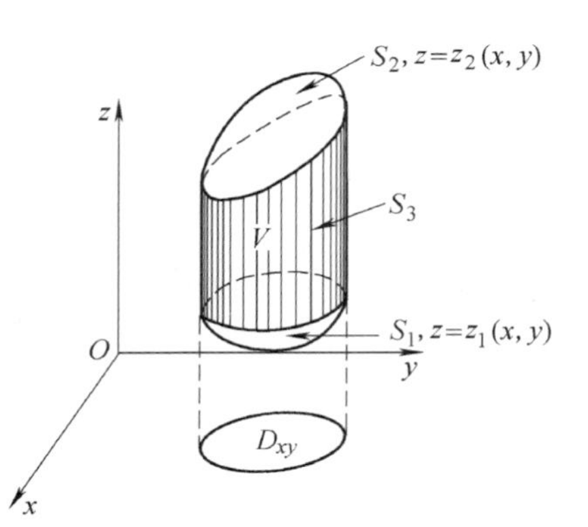

图 6-49

$$\iiint\limits_{\Omega} \frac{\partial R}{\partial z} \mathrm{d}v = \iint\limits_{D_{xy}} \left[\int_{z_1(x,y)}^{z_2(x,y)} \frac{\partial R}{\partial z} \mathrm{d}z\right] \mathrm{d}x\mathrm{d}y$$

$$= \iint\limits_{D_{xy}} \{R[x,y,z_2(x,y)] - R[x,y,z_1(x,y)]\} \mathrm{d}x\mathrm{d}y,$$

而

$$\iint\limits_{\Sigma_1} R(x,y,z)\mathrm{d}x\mathrm{d}y = -\iint\limits_{D_{xy}} R[x,y,z_1(x,y)]\mathrm{d}x\mathrm{d}y,$$

$$\iint\limits_{\Sigma_2} R(x,y,z)\mathrm{d}x\mathrm{d}y = \iint\limits_{D_{xy}} R[x,y,z_2(x,y)]\mathrm{d}x\mathrm{d}y,$$

由于 Σ_3 在 xOy 面上的投影区域的面积为零，则

$$\iint\limits_{\Sigma_3} R(x,y,z)\mathrm{d}x\mathrm{d}y = 0,$$

所以，将上述三个曲面积分式相加，得

$$\iint\limits_{\Sigma} R(x,y,z)\mathrm{d}x\mathrm{d}y = \iint\limits_{D_{xy}} \{R[x,y,z_2(x,y)] - R[x,y,z_1(x,y)]\}\mathrm{d}x\mathrm{d}y,$$

即

$$\iiint\limits_{\Omega} \frac{\partial R}{\partial z} \mathrm{d}v = \iint\limits_{\Sigma} R(x,y,z)\mathrm{d}x\mathrm{d}y.$$

类似地，若过 Ω 内部且平行于 x 轴、y 轴的直线与 Ω 的边界曲面 Σ 的交点有且仅有两个时，有

$$\iiint\limits_{\Omega} \frac{\partial P}{\partial x} \mathrm{d}v = \iint\limits_{\Sigma} P(x,y,z)\mathrm{d}y\mathrm{d}z,$$

$$\iiint\limits_{\Omega} \frac{\partial Q}{\partial z} \mathrm{d}v = \iint\limits_{\Sigma} Q(x,y,z)\mathrm{d}z\mathrm{d}x.$$

将这三个三重积分式相加，即可证得高斯公式.

若 Ω 不满足上述条件，可添加辅助面将其分成若干个符合条件的若干个小闭区域，因为在辅助面两侧曲面积分之和为零，所以式(6-41)在刚才所提及的闭区域 Ω 上仍然成立.

例 6.28 求 $I=\oiint\limits_{\Sigma}x(y-z)\mathrm{d}y\mathrm{d}z+(z-x)\mathrm{d}z\mathrm{d}x+(x-y)\mathrm{d}x\mathrm{d}y$，其中，$\Sigma$ 是由 $z^2=x^2+y^2$ 与 $z=h>0$ 围成表面的外侧(见图 6-50).

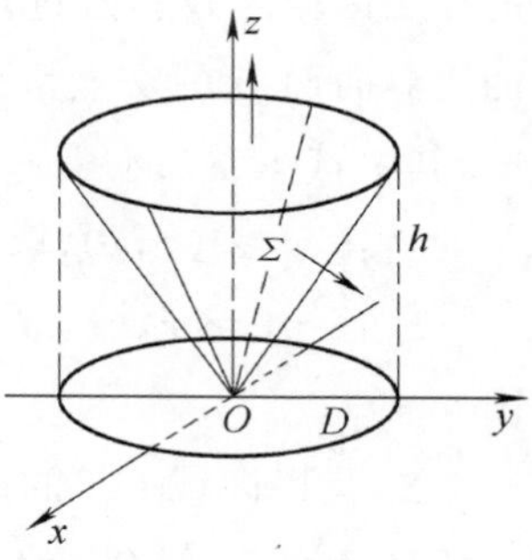

解 令 $P=x(y-z),Q=z-x,R=x-y$，则

$$\frac{\partial P}{\partial x}+\frac{\partial Q}{\partial y}+\frac{\partial R}{\partial z}=y-z,$$

$$\begin{aligned}I&=\iiint\limits_{\Omega}(y-z)\mathrm{d}v\\&=\int_0^{2\pi}\mathrm{d}\theta\int_0^h\rho\mathrm{d}\rho\int_{\sqrt{\rho^2}}^h(\rho\sin\theta-z)\mathrm{d}z\\&=\int_0^{2\pi}\sin\theta\mathrm{d}\theta\int_0^h\rho^2(h-\rho)\mathrm{d}\rho-\pi\int_0^h\rho(h^2-\rho^2)\mathrm{d}\rho\\&=0-\pi\left(\frac{1}{2}h^4-\frac{1}{4}h^4\right)\\&=-\frac{\pi h^4}{4}.\end{aligned}$$

图 6-50

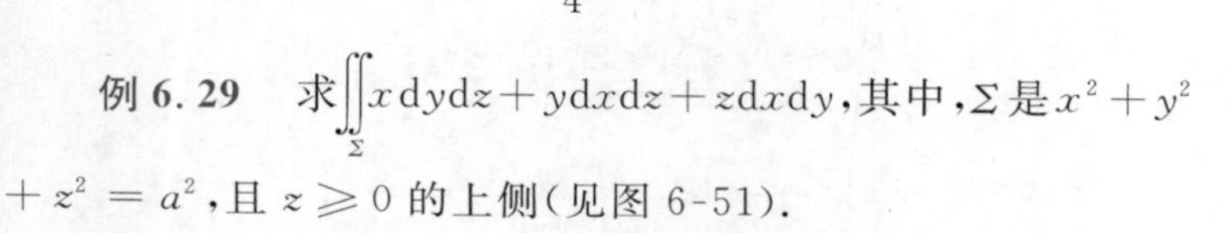

例 6.29 求 $\iint\limits_{\Sigma}x\mathrm{d}y\mathrm{d}z+y\mathrm{d}x\mathrm{d}z+z\mathrm{d}x\mathrm{d}y$，其中，$\Sigma$ 是 $x^2+y^2+z^2=a^2$，且 $z\geqslant 0$ 的上侧(见图 6-51).

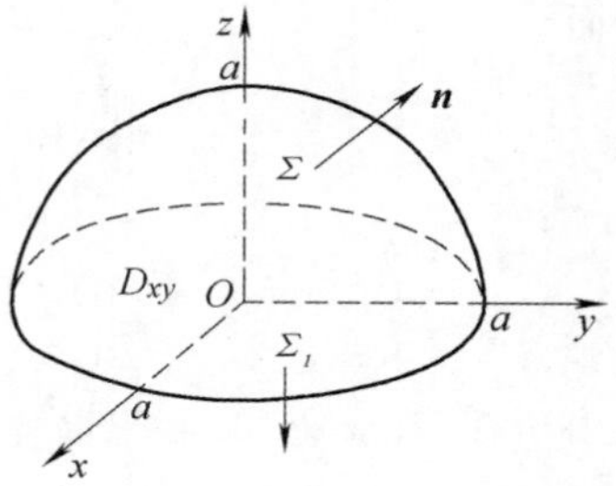

解 依题，Σ 是上半球体的上侧曲面，添上 Σ_1：$\begin{cases}x^2+y^2\leqslant a^2,\\z=0\end{cases}$ 与 Σ 构成封闭曲面. 令 $P=x,Q=y,R=z$，则 $\frac{\partial P}{\partial x}+\frac{\partial Q}{\partial y}+\frac{\partial R}{\partial z}=3$，由高斯公式，得

$$\oiint\limits_{\Sigma_1+\Sigma}x\mathrm{d}y\mathrm{d}z+y\mathrm{d}x\mathrm{d}z+z\mathrm{d}x\mathrm{d}y=\iiint\limits_{\Omega}3\mathrm{d}V=3\cdot\frac{2}{3}\pi a^3=2\pi a^3.$$

图 6-51

而

$$\iint\limits_{\Sigma_1}x\mathrm{d}y\mathrm{d}z+y\mathrm{d}x\mathrm{d}z+z\mathrm{d}x\mathrm{d}y=0,$$

所以

$$\iint\limits_{\Sigma}x\mathrm{d}y\mathrm{d}z+y\mathrm{d}x\mathrm{d}z+z\mathrm{d}x\mathrm{d}y=2\pi a^3.$$

*6.5.4 场论初步

物理量有的是向量(如力、磁场强度)，有的是数量(如温度、密度)，它们在空间的分布在

物理中分别称为向量场和数量场，下面我们结合斯托克斯公式与高斯公式，关于场论的知识，做初步介绍.

（1）旋度、环流量

设向量场

$$\boldsymbol{A}(x,y,z)=P(x,y,z)\boldsymbol{i}+Q(x,y,z)\boldsymbol{j}+R(x,y,z)\boldsymbol{k},$$

则向量$\left\{\left(\frac{\partial R}{\partial y}-\frac{\partial Q}{\partial z}\right),\left(\frac{\partial P}{\partial z}-\frac{\partial R}{\partial x}\right),\left(\frac{\partial Q}{\partial x}-\frac{\partial P}{\partial y}\right)\right\}$称为向量场$\boldsymbol{A}$的旋度，记 $\mathrm{rot}\boldsymbol{A}$，即

$$\mathrm{rot}\boldsymbol{A}=\left(\frac{\partial R}{\partial y}-\frac{\partial Q}{\partial z}\right)\boldsymbol{i}+\left(\frac{\partial P}{\partial z}-\frac{\partial R}{\partial x}\right)\boldsymbol{j}+\left(\frac{\partial Q}{\partial x}-\frac{\partial P}{\partial y}\right)\boldsymbol{k}=\begin{vmatrix}\boldsymbol{i} & \boldsymbol{j} & \boldsymbol{k}\\ \frac{\partial}{\partial x} & \frac{\partial}{\partial y} & \frac{\partial}{\partial z}\\ P & Q & R\end{vmatrix}.$$

结合斯托克斯公式，我们假设向量场$\boldsymbol{A}$的定义域内的某一个有向曲面Σ在点(x,y,z)处的单位法向量为$\boldsymbol{n}=\{\cos\alpha,\cos\beta,\cos\gamma\}$，则

$$\mathrm{rot}\boldsymbol{A}\cdot\boldsymbol{n}=\begin{vmatrix}\cos\alpha & \cos\beta & \cos\gamma\\ \frac{\partial}{\partial x} & \frac{\partial}{\partial y} & \frac{\partial}{\partial z}\\ P & Q & R\end{vmatrix},$$

若Γ是Σ的分段光滑的有向边界闭曲线，曲线Γ的切向量为$\boldsymbol{\tau}$，我们可得到斯托克斯公式(6-38)的向量形式

$$\iint_{\Sigma}\mathrm{rot}\boldsymbol{A}\cdot\boldsymbol{n}\mathrm{d}S=\oint_{\Gamma}\boldsymbol{A}\cdot\boldsymbol{\tau}\mathrm{d}s=\oint_{\Gamma}P\mathrm{d}x+Q\mathrm{d}y+R\mathrm{d}z,\tag{6-42}$$

其中，$\oint_{\Gamma}P\mathrm{d}x+Q\mathrm{d}y+R\mathrm{d}z=\oint_{\Gamma}\boldsymbol{A}\cdot\boldsymbol{\tau}\mathrm{d}s$ 称为向量场$\boldsymbol{A}$沿有向闭曲线Γ的环流量.

例 6.30　求向量场$\boldsymbol{A}=-y\boldsymbol{i}+x\boldsymbol{j}+C\boldsymbol{k}$沿着闭曲线$\Gamma:\begin{cases}x^2+y^2=1,\\ z=0\end{cases}$（从$z$轴正向看按逆时针方向）的环流量，其中，$C$为某一常数.

解　$$\oint_{\Gamma}-y\mathrm{d}x+x\mathrm{d}y+C\mathrm{d}z=\int_0^{2\pi}[(-\sin\theta)(-\sin\theta)+\cos\theta\cos\theta+0]\mathrm{d}\theta$$

$$=\int_0^{2\pi}\mathrm{d}\theta=2\pi.$$

（2）散度、通量

设密度为单位 1 的不可压缩的流体以速度

$$\boldsymbol{v}=P(x,y,z)\boldsymbol{i}+Q(x,y,z)\boldsymbol{j}+R(x,y,z)\boldsymbol{k}$$

通过有向封闭曲面Σ，假设函数$P(x,y,z)$、$Q(x,y,z)$、$R(x,y,z)$在Σ上连续，则单位时间内流向Σ指定侧的流体总量Φ可由高斯公式(6-41)表示如下

$$\iiint_{\Omega}\left(\frac{\partial P}{\partial x}+\frac{\partial Q}{\partial y}+\frac{\partial R}{\partial z}\right)\mathrm{d}v=\oiint_{\Sigma}P\mathrm{d}y\mathrm{d}z+Q\mathrm{d}z\mathrm{d}x+R\mathrm{d}x\mathrm{d}y,$$

有向封闭曲面Σ在点(x,y,z)处的单位法向量为$\boldsymbol{n}=\{\cos\alpha,\cos\beta,\cos\gamma\}$，根据两类曲面积分之间的转换关系，有

$$\oiint_{\Sigma}\boldsymbol{v}\cdot\boldsymbol{n}\mathrm{d}S=\oiint_{\Sigma}P\mathrm{d}y\mathrm{d}z+Q\mathrm{d}z\mathrm{d}x+R\mathrm{d}x\mathrm{d}y,$$

上式右端物理意义为：单位时间内(流体经过流向指定侧的流体的质量)离开闭域Ω的流体的总流量.假设流体不可压缩且流动是稳定的，有流体离开Ω的同时，其内部必须有产生流体的“源头”产生同样多的流体来进行补充，故上式左端可解释为分布在Ω内的源头在单位时间内所产生的流体的总流量.于是，高斯公式可用向量形式表示为

$$\iiint_{\Omega}\left(\frac{\partial P}{\partial x}+\frac{\partial Q}{\partial y}+\frac{\partial R}{\partial z}\right)\mathrm{d}v=\oiint_{\Sigma}\boldsymbol{v}\cdot\boldsymbol{n}\mathrm{d}S, \tag{6-43}$$

上式左右同除以闭区域Ω的体积，得

$$\frac{1}{V}\iiint_{\Omega}\left(\frac{\partial P}{\partial x}+\frac{\partial Q}{\partial y}+\frac{\partial R}{\partial z}\right)\mathrm{d}V=\frac{1}{V}\oiint_{\Sigma}\boldsymbol{v}\cdot\boldsymbol{n}\mathrm{d}S,$$

上式左端表示Ω内的源头在单位时间、单位体积内所产生流体质量的平均值，应用积分中值定理得

$$\left(\frac{\partial P}{\partial x}+\frac{\partial Q}{\partial y}+\frac{\partial R}{\partial z}\right)\bigg|_{(\xi,\eta,\zeta)}=\frac{1}{V}\oiint_{\Sigma}\boldsymbol{v}\cdot\boldsymbol{n}\mathrm{d}S,(\xi,\eta,\zeta)\in\Omega,$$

再令Ω缩为一点$M(x,y,z)$，左右取上式的极限，得

$$\frac{\partial P}{\partial x}+\frac{\partial Q}{\partial y}+\frac{\partial R}{\partial z}=\lim_{\Omega\to M}\frac{1}{V}\oiint_{\Sigma}\boldsymbol{v}\cdot\boldsymbol{n}\mathrm{d}S,$$

我们称$\frac{\partial P}{\partial x}+\frac{\partial Q}{\partial y}+\frac{\partial R}{\partial z}$为$\boldsymbol{v}$在点$M$的散度，记作$\mathrm{div}\boldsymbol{v}(M)$，即

$$\mathrm{div}\boldsymbol{v}(M)=\frac{\partial P}{\partial x}+\frac{\partial Q}{\partial y}+\frac{\partial R}{\partial z},$$

散度$\mathrm{div}\boldsymbol{v}(M)$可看成稳定流动的不可压缩流体在点$M$的源头强度——单位时间内、单位体积所产生的流质的流量；如果$\mathrm{div}\boldsymbol{v}(M)$为负时，表示点$M$处流体在消失的流质的流量.

对于一般的向量场

$$\boldsymbol{v}=P(x,y,z)\boldsymbol{i}+Q(x,y,z)\boldsymbol{j}+R(x,y,z)\boldsymbol{k},$$

Σ为场内一片有向曲面，函数$P(x,y,z)$、$Q(x,y,z)$、$R(x,y,z)$在Σ上一阶偏导连续，$\boldsymbol{n}$为Σ上点(x,y,z)处的单位法向量，则曲面积分

$$\oiint_{\Sigma}\boldsymbol{v}\cdot\boldsymbol{n}\mathrm{d}S$$

称为向量场$\boldsymbol{v}$通过曲面Σ向着指定侧的通量，于是，高斯公式也可表示为

$$\iiint_{\Omega}\left(\frac{\partial P}{\partial x}+\frac{\partial Q}{\partial y}+\frac{\partial R}{\partial z}\right)\mathrm{d}v=\iiint_{\Omega}\mathrm{div}\boldsymbol{v}\mathrm{d}v=\oiint_{\Sigma}\boldsymbol{v}\cdot\boldsymbol{n}\mathrm{d}S, \tag{6-44}$$

例 6.31 试计算单位时间内，某单位密度的流体以速度

$$\boldsymbol{v}=(1-x^2)\boldsymbol{i}+4xy\boldsymbol{j}-2xz\boldsymbol{k}$$

通过有向曲面 Σ(Σ 为平面曲线 $\begin{cases} x = \mathrm{e}^y, \\ z = 0, \end{cases}$ $(0 \leqslant y \leqslant a)$ 绕 x 轴旋转所成的旋转曲面，其法向量与 x 轴正向夹角为钝角）的一侧的流量 Φ(见图 6-52).

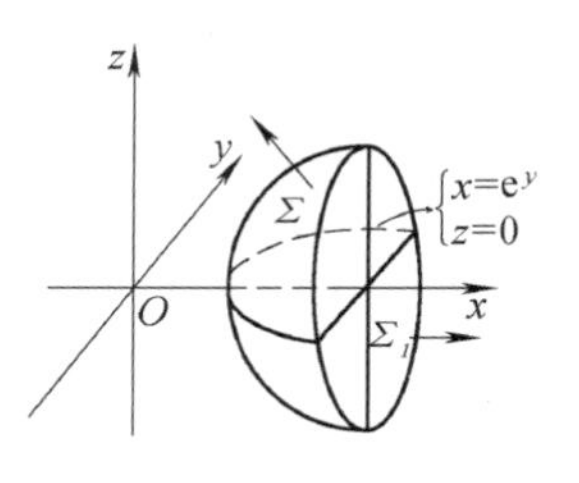

图 6-52

解　Σ 方程由 $x = \mathrm{e}^{\sqrt{y^2+z^2}}$ 确定，添上平面 Σ:$x = \mathrm{e}^a$ 的前侧，构成封闭曲面外侧，令 $P = 1 - x^2$，$Q = 4xy$，$R = -2xz$，则 $\dfrac{\partial P}{\partial x} + \dfrac{\partial Q}{\partial y} + \dfrac{\partial R}{\partial z} = -2x + 4x - 2x = 0$，由高斯公式，得

$$\iint\limits_{\Sigma+\Sigma_1} (1 - x^2)\mathrm{d}y\mathrm{d}z + 4xy\mathrm{d}z\mathrm{d}x - 2xz\mathrm{d}x\mathrm{d}y = \iiint\limits_{\Omega} 0\mathrm{d}v = 0,$$

而 $\iint\limits_{\Sigma_1}(1 - x^2)\mathrm{d}y\mathrm{d}z + 4xy\mathrm{d}z\mathrm{d}x - 2xz\mathrm{d}x\mathrm{d}y = \iint\limits_{D_{yz}}(1 - \mathrm{e}^{2a})\mathrm{d}y\mathrm{d}z = (1 - \mathrm{e}^{2a}) \cdot \pi a^2.$

故流量 Φ 可表示为

$$\Phi = \iint\limits_{\Sigma}(1 - x^2)\mathrm{d}y\mathrm{d}z + 4xy\mathrm{d}z\mathrm{d}x - 2xz\mathrm{d}x\mathrm{d}y = -(1 - \mathrm{e}^{2a})\pi a^2.$$

习　题　6.5

1. 利用曲线积分，求下列曲线所围成的图形的面积：

(1) 星形线 $x = a\cos^3 t$、$y = a\sin^3 t$ 所围成的平面图形；

(2) 椭圆 $9x^2 + 16y^2 = 144$ 所围成的平面图形.

2. 求 $\oint_L (x + 2y)\mathrm{d}x + (x^2 - y)\mathrm{d}y$，其中 L 为三顶点分别为(0,0)、(1,0) 和(0,1) 的三角形正向边界.

3. 证明下列曲线积分在整个 xOy 面内与路径无关，并计算积分值：

$$\int_{(1,1)}^{(2,3)} (x + y)\mathrm{d}x + (x - y)\mathrm{d}y.$$

4. 设有一变力在坐标轴上的投影为 $X = x + y^2$，$Y = 2xy - 8$，此变力确定了一个力场，证明质点在此场内移动时，场力所做的功与路径无关.

5. 求 $I = \oiint\limits_{\Sigma} xz\mathrm{d}x\mathrm{d}y + xy\mathrm{d}y\mathrm{d}z + yz\mathrm{d}z\mathrm{d}x$，其中 Σ 是平面 $x = 0$、$y = 0$、$z = 0$、$x + y + z = 1$ 所围成的空间区域的整个边界曲面的外侧.

6. 计算曲面积分

$$I = \iint\limits_{\Sigma}[f(x,y,z) + x]\mathrm{d}y\mathrm{d}z + [2f(x,y,z) + y]\mathrm{d}z\mathrm{d}x + [f(x,y,z) + z]\mathrm{d}x\mathrm{d}y,$$

其中 $f(x,y,z)$ 是连续函数,Σ 是平面 $x-y+z=1$ 在第四卦限部分的上侧.

7. 求 $\iint\limits_{\Sigma}(2x+z)\mathrm{d}y\mathrm{d}z+z\mathrm{d}x\mathrm{d}y$,其中 Σ 为有向曲面 $z=x^2+y^2(0\leqslant z\leqslant 1)$,其法向量与 z 轴正向的夹角为锐角.

8. 利用斯托克斯公式计算曲线积分

$$\oint_L (z-y)\mathrm{d}x+(x-z)\mathrm{d}y+(x-y)\mathrm{d}z,$$

其中 L 是曲线 $\begin{cases}x^2+y^2=1,\\ x-y+z=2\end{cases}$ 从 z 轴的正向看去 L 的方向是顺时针的.

9. 利用高斯公式推证阿基米德原理:浸没在液体中所受液体的压力的合力(即浮力)的方向铅直向上,大小等于这物体所排开的液体的重力.

10. 设 $u=u(x,y,z)$ 具有二阶连续偏导数,求 $\mathrm{rot}(\mathbf{grad}\ u)$.

习题 6.5 详解

6.6 多元函数积分学的应用举例

在许多实际问题中,我们常遇到的变量具有连续性与可加性.这为引入积分解决相应问题创造了便利条件,因此,多元函数积分学在几何学与物理学中的应用十分广泛,本节将介绍用多元函数积分学的方法计算和处理一些简单的几何量与物理量.

6.6.1 几何学上的应用举例

1. 空间曲顶柱体的体积

由本章前面的讨论可知,曲顶柱体的体积可由二重积分或三重积分计算求得,下面我们举例说明.

例 6.32 计算球面 $x^2+y^2+z^2=4a^2(a>0)$ 含在圆柱面 $x^2+y^2=2ay$ 内的那部分立体的体积.

解 如图 6-53 所示,图 ① 是立体的 $\frac{1}{4}$(第一卦限部分),它可以看成一个曲顶柱体,其底 D 的图形如图 ② 所示.其顶为曲面

$$z=\sqrt{4a^2-x^2-y^2},$$

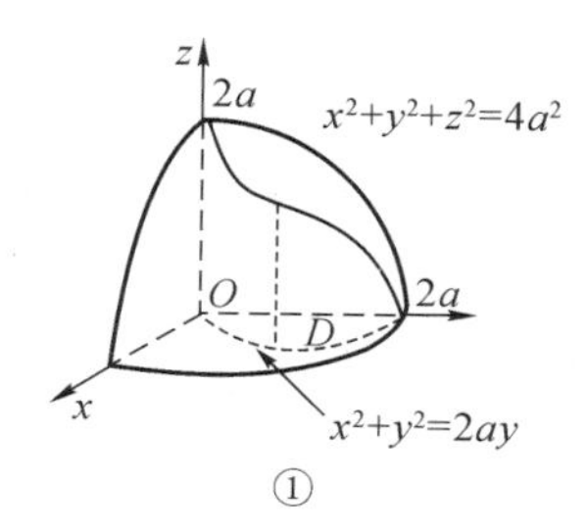

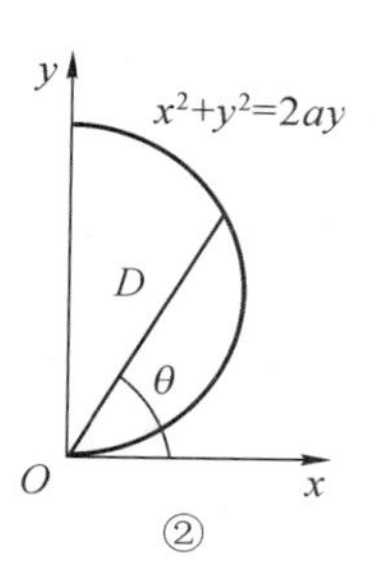

图 6-53

于是所求体积

$$V=4\iint_D\sqrt{4a^2-x^2-y^2}\,\mathrm{d}\sigma.$$

利用极坐标计算上述二重积分，得

$$V=4\iint_D\sqrt{4a^2-\rho^2}\rho\mathrm{d}\rho\mathrm{d}\theta=4\int_0^{\frac{\pi}{2}}\mathrm{d}\theta\int_0^{2a\sin\theta}\rho\sqrt{4a^2-\rho^2}\,\mathrm{d}\rho$$

$$=\frac{32}{3}a^3\int_0^{\frac{\pi}{2}}(1-\cos^3\theta)\mathrm{d}\theta=\frac{32}{3}a^3\left(\frac{\pi}{2}-\frac{2}{3}\right).$$

例 6.33　计算下列由曲面 $z=6-x^2-y^2$ 及 $z=\sqrt{x^2+y^2}$ 所围成的立体的体积(见图 6-54).

解　在柱面坐标下积分区域 Ω 可表示为

$\Omega=\{(\rho,\theta,z)\mid 0\leqslant\rho\leqslant 2,0\leqslant\theta\leqslant 2\pi,\rho\leqslant z\leqslant 6-\rho^2\}$，

于是

$$V=\iiint_\Omega\mathrm{d}v=\iiint_\Omega\rho\mathrm{d}\rho\mathrm{d}\theta\mathrm{d}z=\int_0^{2\pi}\mathrm{d}\theta\int_0^2\rho\mathrm{d}\rho\int_\rho^{6-\rho^2}\mathrm{d}z$$

$$=2\pi\int_0^2(6\rho-\rho^2-\rho^3)\mathrm{d}\rho$$

$$=\frac{32}{3}\pi.$$

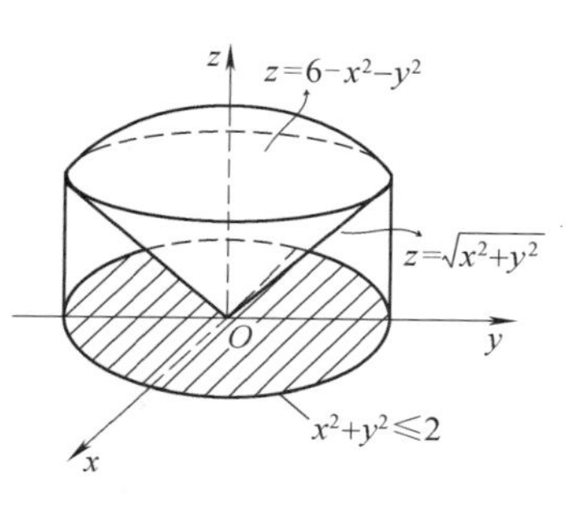

图 6-54

2. 空间光滑曲面的面积

由本章前面的知识可知，若光滑曲面 Σ 由方程 $z=z(x,y)$ 给出，且曲面 Σ 在 xOy 面上的投影区域为 D_{xy}，假设函数 $z(x,y)$ 在 D_{xy} 上具有连续的一阶偏导数，则曲面 Σ 的面积 S_Σ 可由下面的二重积分式(6-26)获得：

$$S_\Sigma=\iint_{D_{xy}}\sqrt{1+z_x^2(x,y)+z_y^2(x,y)}\,\mathrm{d}\sigma=\iint_{D_{xy}}\sqrt{1+\left(\frac{\partial z}{\partial x}\right)^2+\left(\frac{\partial z}{\partial y}\right)^2}\,\mathrm{d}x\mathrm{d}y.$$

例 6.34　求曲面 $z=xy$ 被圆柱面 $x^2+y^2=8$ 所割下部分的面积.

解　由 $z=xy$ 得 $\frac{\partial z}{\partial x}=y,\frac{\partial z}{\partial y}=x$，依据公式(6-26)，得面积

$$S_\Sigma = \iint_{D_{xy}} \sqrt{1+\left(\frac{\partial z}{\partial x}\right)^2+\left(\frac{\partial z}{\partial y}\right)^2}\mathrm{d}x\mathrm{d}y = \iint_{D_{xy}} \sqrt{1+x^2+y^2}\mathrm{d}x\mathrm{d}y,$$

其中 $D_{xy}=\{(x,y)\mid x^2+y^2\leqslant 8\}$，利用极坐标计算上述二重积分，得

$$S_\Sigma = \iint_{D_{xy}} \sqrt{1+\rho^2}\rho\mathrm{d}\rho\mathrm{d}\theta = \int_0^{2\pi}\mathrm{d}\theta\int_0^{2\sqrt{2}}\rho\sqrt{1+\rho^2}\mathrm{d}\rho = \frac{52}{3}\pi.$$

例 6.35 求圆锥 $z=\sqrt{x^2+y^2}$ 在圆柱体 $x^2+y^2\leqslant x$ 内部的面积.

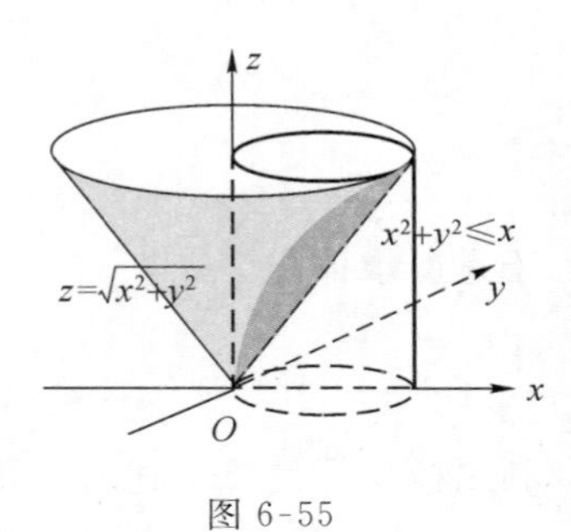

图 6-55

解 如图 6-55 所示，依据公式(6-26)，面积

$$\begin{aligned}S_\Sigma &= \iint_{D_{xy}} \sqrt{1+z_x^2(x,y)+z_y^2(x,y)}\mathrm{d}x\mathrm{d}y \\ &= \iint_{D_{xy}} \sqrt{1+\frac{x^2}{x^2+y^2}+\frac{y^2}{x^2+y^2}}\mathrm{d}x\mathrm{d}y \\ &= \iint_{D_{xy}} \sqrt{2}\mathrm{d}x\mathrm{d}y.\end{aligned}$$

其中 $D_{xy}=\left\{(x,y)\mid \left(x-\frac{1}{2}\right)^2+(y-0)^2\leqslant\left(\frac{1}{2}\right)^2\right\}$，它是一个半径为 1/2 的圆，故得

$$S_\Sigma = \iint_{D_{xy}} \sqrt{2}\mathrm{d}x\mathrm{d}y = \sqrt{2}D_{xy} = \frac{\sqrt{2}}{4}\pi.$$

6.6.2 物理学上的应用举例

1. 空间封闭形体的质量

(1) 曲弧段的质量

设连续函数 $\rho(x,y,z)$ 表示空间曲弧段 L 上任一点(x,y) 处的线密度，则这段曲弧 L 的质量 M_L 可由第一类曲线积分求得，即

$$M_L = \int_L \rho(x,y,z)\mathrm{d}s. \tag{6-45}$$

(2) 曲面的质量

设连续函数 $\rho(x,y,z)$ 表示空间有界光滑曲面 Σ 上任一点(x,y,z) 处的点密度. Σ 由方程

$$z=z(x,y)$$

给出，且曲面 Σ 在 xOy 面上的投影区域为 D_{xy}，函数 $z(x,y)$ 在 D_{xy} 上具有连续的一阶偏导数，则这块曲面 Σ 的质量 M_Σ 可由第一类曲面积分求得，即

$$M_\Sigma = \iint_\Sigma \rho(x,y,z)\mathrm{d}S = \iint_{D_{xy}} \rho[x,y,z(x,y)]\sqrt{1+\left(\frac{\partial z}{\partial x}\right)^2+\left(\frac{\partial z}{\partial y}\right)^2}\mathrm{d}x\mathrm{d}y. \tag{6-46}$$

(3) 曲体的质量

连续函数 $\rho(x,y,z)$ 表示空间有界封闭曲体 Ω 上任一点(x,y,z) 处的点密度，则这块曲

体 Ω 的质量 M_{Ω} 可由第三重积分求得,即

$$M_{\Omega}=\iiint_{\Omega}\rho(x,y,z)\mathrm{d}x\mathrm{d}y\mathrm{d}z. \tag{6-47}$$

例 6.36　设 $\rho(x,y,z)=1/(x^2+y^2+z^2)$ 为曲弧段 L 的线密度,其中曲弧段 L 为曲线 $x=\mathrm{e}^t\cos t, y=\mathrm{e}^t\sin t, z=\mathrm{e}^t$ 上 t 从 0 变到 2 对应的这段弧,求 L 的质量 M_L.

解　注意到弧长微元

$$\mathrm{d}s=\sqrt{\left(\frac{\mathrm{d}x}{\mathrm{d}t}\right)^2+\left(\frac{\mathrm{d}y}{\mathrm{d}t}\right)^2+\left(\frac{\mathrm{d}z}{\mathrm{d}t}\right)^2}\mathrm{d}t,$$

$$=\sqrt{(\mathrm{e}^t\cos t-\mathrm{e}^t\sin t)^2+(\mathrm{e}^t\sin t+\mathrm{e}^t\cos t)^2+\mathrm{e}^{2t}}\mathrm{d}t=\sqrt{3}\mathrm{e}^t\mathrm{d}t,$$

再由公式(6-45)知,L 的质量 M_L 为

$$M_L=\int_L\frac{1}{x^2+y^2+z^2}\mathrm{d}s=\int_0^2\frac{1}{\mathrm{e}^{2t}\cos^2t+\mathrm{e}^{2t}\sin^2t+\mathrm{e}^{2t}}\sqrt{3}\mathrm{e}^t\mathrm{d}t$$

$$=\int_0^2\frac{\sqrt{3}}{2}\mathrm{e}^{-t}\mathrm{d}t=\left[-\frac{\sqrt{3}}{2}\mathrm{e}^{-t}\right]_0^2=\frac{\sqrt{3}}{2}(1-\mathrm{e}^{-2}).$$

例 6.37　设 $\rho(x,y,z)=x^2+y^2$ 为曲面 Σ 上任一点 (x,y,z) 处的点密度. Σ 由方程 $z=2-x^2-y^2$ 给出,求这块曲面 Σ 的质量 M_{Σ}.

解　如图 6-56 所示,注意到曲面面积微元

$$\mathrm{d}S=\sqrt{1+z_x^2+z_y^2}\mathrm{d}x\mathrm{d}y=\sqrt{1+4x^2+4y^2}\mathrm{d}x\mathrm{d}y,$$

且 Σ 在 xOy 面上的投影区域为 $D_{xy}=\{(x,y)\mid x^2+y^2\leqslant 2\}$,由公式(6-46)知,

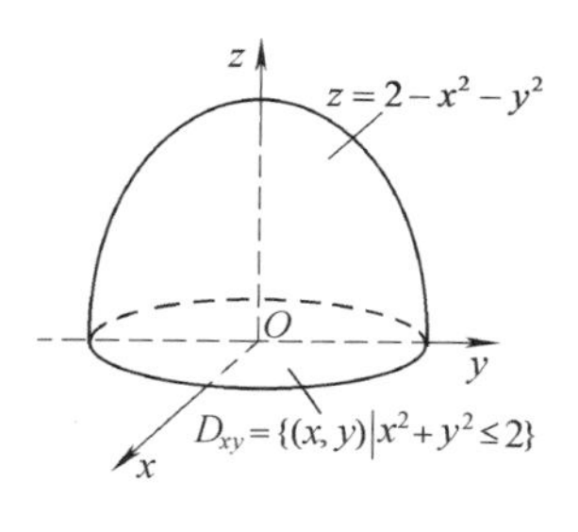

图 6-56

$$M_{\Sigma}=\iint_{\Sigma}\rho(x,y,z)\mathrm{d}S=\iint_{D_{xy}}(x^2+y^2)\sqrt{1+4x^2+4y^2}\mathrm{d}x\mathrm{d}y$$

$$=\int_0^{2\pi}\mathrm{d}\theta\int_0^{\sqrt{2}}\sqrt{1+4\rho^2}\rho\mathrm{d}\rho$$

$$=2\pi\int_0^{\sqrt{2}}\rho^2\sqrt{1+4\rho^2}\rho\mathrm{d}\rho=\frac{149}{30}\pi.$$

例 6.38　设 $\rho(x,y,z)=x^2+y^2+z^2$ 表示空间有界封闭曲体 Ω 上任一点 (x,y,z) 处的点密度. 其中, Ω 是球面 $x^2+y^2+z^2=1$ 所围成的闭区域,试计算 Ω 的质量 M_{Ω}.

解　如图 6-57 所示,在球面坐标下积分区域 Ω 可表示为

$$\Omega=\{(r,\varphi,\theta)\mid 0\leqslant r\leqslant 1, 0\leqslant\varphi\leqslant\pi, 0\leqslant\theta\leqslant 2\pi\},$$

由公式(6-46),得

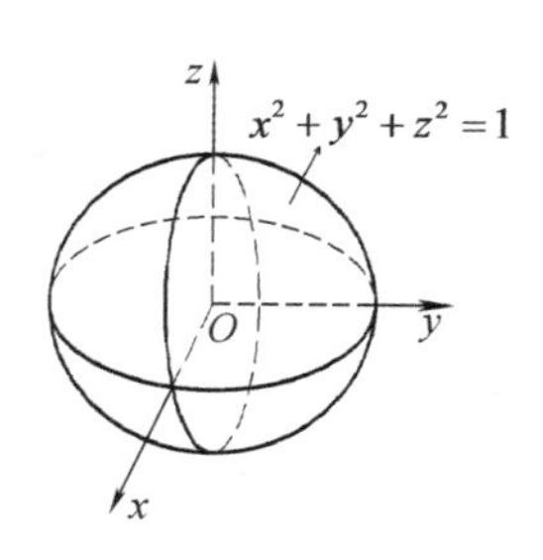

图 6-57

$$M_{\Omega}=\iiint_{\Omega}(x^2+y^2+z^2)\mathrm{d}v=\iiint_{\Omega}r^4\cdot\sin\varphi\mathrm{d}r\mathrm{d}\varphi\mathrm{d}\theta$$

$$=\int_0^{2\pi}\mathrm{d}\theta\int_0^{\pi}\sin\varphi\mathrm{d}\varphi\int_0^1 r^4\mathrm{d}r=\frac{4}{5}\pi.$$

2. 质心、转动惯量

质心与转动惯量是力学问题中较为常见的两个物理量，下面我们先在 $\mathbf{R}^2$ 中获得它们的计算方法，再推广到 $\mathbf{R}^3$ 中去.

设位于 xOy 平面上的 n 个质点，如果其坐标分别为 $(x_1,y_1),(x_2,y_2),\cdots,(x_n,y_n)$，质量依次为 $m_1,m_2,\cdots,m_n$，则该质点系的**质心坐标**为

$$\bar{x}=\frac{M_y}{M}=\frac{\sum_{i=1}^{n}m_ix_i}{\sum_{i=1}^{n}m_i},\bar{y}=\frac{M_x}{M}=\frac{\sum_{i=1}^{n}m_iy_i}{\sum_{i=1}^{n}m_i},$$

其中 $M=\sum_{i=1}^{n}m_i$，为该质点系的总质量.

又由物理学知识，该质点系对于 x 轴、y 轴的**转动惯量**为

$$I_x=\sum_{i=1}^{n}y_i^2m_i,I_y=\sum_{i=1}^{n}x_i^2m_i.$$

现设平面薄片占有 xOy 面上的有界闭区域 D，在点 (x,y) 处的面密度为 $\rho(x,y)$，其中 $\mu(x,y)$ 在 D 上连续，在闭区域 D 上任取一直径很小的闭区域 $\mathrm{d}\sigma$（$\mathrm{d}\sigma$ 同时也表示该小闭区域的面积），由于 $\mathrm{d}\sigma$ 的直径很小，且 $\rho(x,y)$ 在 D 上连续，所以薄片中相应于 $\mathrm{d}\sigma$ 的部分的质量近似等于

$$\mathrm{d}M=\rho(x,y)\mathrm{d}\sigma,$$

这部分质量可近似看作集中在点 (x,y) 上，于是 M_y、M_x 的微元为

$$\mathrm{d}M_y=x\rho(x,y)\mathrm{d}\sigma,\mathrm{d}M_x=y\rho(x,y)\mathrm{d}\sigma;$$

对于 x 轴、y 轴的转动惯量的微元为

$$\mathrm{d}I_x=y^2\rho(x,y)\mathrm{d}\sigma,\mathrm{d}I_y=x^2\rho(x,y)\mathrm{d}\sigma.$$

以这些微元为被积表达式，在闭区域 D 上积分，便得

$$M=\iint_D\rho(x,y)\mathrm{d}\sigma,M_y=\iint_D x\rho(x,y)\mathrm{d}\sigma,M_x=\iint_D y\rho(x,y)\mathrm{d}\sigma;$$

$$I_x=\iint_D y^2\rho(x,y)\mathrm{d}\sigma,I_y=\iint_D x^2\rho(x,y)\mathrm{d}\sigma.$$

所以，薄片的**质心坐标计算公式**为

$$\bar{x}=\frac{M_y}{M}=\frac{\iint_D x\rho(x,y)\mathrm{d}\sigma}{\iint_D\rho(x,y)\mathrm{d}\sigma},\bar{y}=\frac{M_x}{M}=\frac{\iint_D y\rho(x,y)\mathrm{d}\sigma}{\iint_D\rho(x,y)\mathrm{d}\sigma}. \tag{6-45}$$

该薄片对于 x 轴、y 轴的**转动惯量计算公式**为

$$I_x=\iint_D y^2\rho(x,y)\mathrm{d}\sigma,I_y=\iint_D x^2\rho(x,y)\mathrm{d}\sigma. \tag{6-46}$$

类似地，设有界闭区域 $\Omega\subset\mathbf{R}^3$，在点 (x,y,z) 处的密度为 $\rho(x,y,z)$，其中 $\rho(x,y,z)$ 在 Ω 上连续，类似于二重积分的微元法，可用三重积分的微元法容易求得该物体的质心的坐标为

$$\begin{cases}\bar{x}=\dfrac{1}{M}\iiint\limits_{\Omega}x\rho(x,y,z)\mathrm{d}v,\\ \bar{y}=\dfrac{1}{M}\iiint\limits_{\Omega}y\rho(x,y,z)\mathrm{d}v,\\ \bar{z}=\dfrac{1}{M}\iiint\limits_{\Omega}z\rho(x,y,z)\mathrm{d}v.\end{cases}\tag{6-47}$$

其中,$M=\iiint\limits_{\Omega}\rho(x,y,z)\mathrm{d}v$ 为物体的质量.该物体对于 x、y、z 轴的转动惯量为

$$\begin{cases}I_x=\iiint\limits_{\Omega}(y^2+z^2)\rho(x,y,z)\mathrm{d}v,\\ I_y=\iiint\limits_{\Omega}(z^2+x^2)\rho(x,y,z)\mathrm{d}v,\\ I_z=\iiint\limits_{\Omega}(x^2+y^2)\rho(x,y,z)\mathrm{d}v.\end{cases}\tag{6-48}$$

例 6.39　求位于两圆 $\rho=2\cos\theta$ 和 $\rho=4\cos\theta$ 之间的均匀薄片的质心(见图 6-58).

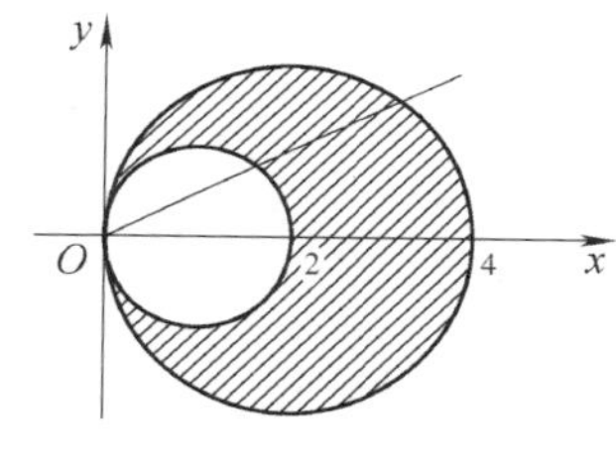

图 6-58

解　因为两圆 $\rho=2\cos\theta$ 和 $\rho=4\cos\theta$ 围成的闭区域关于 x 轴对称,所以质心 $C(\bar{x},\bar{y})$ 必位于 x 轴上,于是 $\bar{y}=0$.

又由于薄片是均匀的,即面密度 $\rho(x,y)$ 恒为常数,所求平面薄片的质心也就是它的形状中心(称为形心),按公式(6-45),得其横坐标为

$$\bar{x}=\frac{1}{S_D}\iint\limits_{D}x\,\mathrm{d}\sigma,$$

其中 $S_D=\iint\limits_{D}\mathrm{d}\sigma=3\pi$ 为闭区域 D 的面积,利用极坐标计算二重积分,得

$$\begin{aligned}\bar{x}&=\frac{1}{3\pi}\iint\limits_{D}x\,\mathrm{d}\sigma=\frac{1}{3\pi}\iint\limits_{D}\rho^2\cos\theta\mathrm{d}\rho\mathrm{d}\theta\\&=\frac{1}{3\pi}\int_{-\frac{\pi}{2}}^{\frac{\pi}{2}}\cos\theta\mathrm{d}\theta\int_{2\cos\theta}^{4\cos\theta}\rho^2\mathrm{d}\rho\\&=\frac{56}{9\pi}\int_{-\frac{\pi}{2}}^{\frac{\pi}{2}}\cos^4\theta\mathrm{d}\theta=\frac{7}{3}.\end{aligned}$$

所求质心为 $C\left(\dfrac{7}{3},0\right)$.

例 6.40　均匀圆柱体(面密度 $\rho=1$)的底面半径为 R,高为 H,求其对圆柱中心轴的转动惯量.

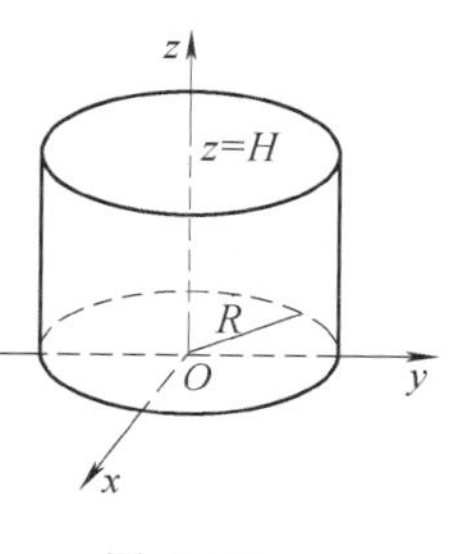

图 6-59

解　如图 6-59 所示,建立空间直角坐标系,则圆柱体所占闭区域为

$$\Omega=\{(x,y,z)\mid x^2+y^2\leqslant R^2,0\leqslant z\leqslant H\},$$

所求转动惯量即圆柱体对于 z 轴的转动惯量,故

$$\begin{aligned}I_z &= \iiint_{\Omega}(x^2+y^2)\rho(x,y,z)\mathrm{d}v = \iiint_{\Omega}(x^2+y^2)\mathrm{d}v \\ &= \iiint_{\Omega}\rho^2\cdot\rho\mathrm{d}\rho\mathrm{d}\theta\mathrm{d}z = \int_0^{2\pi}\mathrm{d}\theta\int_0^R\rho^3\mathrm{d}\rho\int_0^H\mathrm{d}z \\ &= \frac{1}{2}\pi R^4 H.\end{aligned}$$

多元函数积分学在物理学中的应用很广泛,例如,利用斯托克斯公式与高斯公式来求解物理场中的相关问题等,这些我们已经在之前的内容中做过介绍,此处不再赘述.

习　题　6.6

1. 利用重积分计算下列由曲面所围成的立体的体积:

(1) $x^2+y^2+z^2=2az,(a>0)$ 及 $x^2+y^2=z^2$(含有 z 轴的部分);

(2) $z=\sqrt{x^2+y^2}$ 及 $z=x^2+y^2$.

2. 利用三重积分计算由上半球面 $z=\sqrt{2-x^2-y^2}$ 与抛物面 $z=x^2+y^2$ 所围成的立体的体积.

3. 求锥面 $z=\sqrt{x^2+y^2}$ 被柱面 $z^2=2x$ 所割下的部分的曲面的面积.

4. 求底面半径相同的两个直交柱面 $x^2+y^2=R^2$ 及 $x^2+z^2=R^2$ 所围立体的表面积.

5. 球心在原点、半径为 R 的球体,在其上任意一点的密度的大小与这点到球心的距离成正比,求该球体的质量.

6. 求均匀半球体的质心.

7. 设有一等腰直角三角形薄片,腰长为 a,各点处的面密度等于该点到直角顶点的距离的平方,求这薄片的质心.

8. 已知均匀半圆薄片(面密度为常数 μ)所占闭区域为

$$D=\{(x,y)\mid -a\leqslant x\leqslant a,0\leqslant y\leqslant\sqrt{a^2-x^2}\},$$

求其对 x 轴的转动惯量.

9. 已知均匀矩形板(面密度为常量 μ)的长和宽分别为 b 和 h,计算此矩形板对于通过其形心且分别与一边平行的两轴的转动惯量.

10. 设在半平面 $x>0$ 内由力 $\boldsymbol{F}=-\dfrac{k}{\rho^3}(x\boldsymbol{i}+y\boldsymbol{j})$ 构成力场,证明在此力场中场力所做的功与所取的路径无关(其中 k 为常数,$\rho=\sqrt{x^2+y^2}$).

习题 6.6 详解

复习题　6

1. 选择题

(1) 设平面区域是以点(0,0)、(2,0)、(1,1)为顶点的三角形封闭区域,则下列将二重积分$\iint_D f(x,y)\mathrm{d}\sigma$化为二次积分,正确的是(　　).

A. $\iint_D f(x,y)\mathrm{d}\sigma=\int_0^1\mathrm{d}x\int_0^x f(x,y)\mathrm{d}y$　　B. $\iint_D f(x,y)\mathrm{d}\sigma=\int_0^1\mathrm{d}x\int_0^{2-x} f(x,y)\mathrm{d}y$

C. $\iint_D f(x,y)\mathrm{d}\sigma=\int_0^1\mathrm{d}y\int_y^{2-y} f(x,y)\mathrm{d}x$　　D. $\iint_D f(x,y)\mathrm{d}\sigma=\int_0^1\mathrm{d}y\int_0^y f(x,y)\mathrm{d}x$

(2) 交换二次积分$\int_1^3\mathrm{d}y\int_{-y}^{2y} f(x,y)\mathrm{d}x$顺序,得(　　).

A. $\int_{-3}^{-1}\mathrm{d}x\int_{-x}^3 f(x,y)\mathrm{d}y+\int_{-1}^2\mathrm{d}x\int_1^3 f(x,y)\mathrm{d}y+\int_2^6\mathrm{d}x\int_{\frac{x}{2}}^3 f(x,y)\mathrm{d}y$

B. $\int_{-3}^{-1}\mathrm{d}x\int_{-x}^3 f(x,y)\mathrm{d}y+\int_{-1}^2\mathrm{d}x\int_1^3 f(x,y)\mathrm{d}y+\int_2^6\mathrm{d}x\int_x^3 f(x,y)\mathrm{d}y$

C. $\int_{-3}^2\mathrm{d}x\int_{-x}^3 f(x,y)\mathrm{d}y+\int_2^6\mathrm{d}x\int_{\frac{x}{2}}^3 f(x,y)\mathrm{d}y$

D. $\int_{-3}^2\mathrm{d}x\int_{-x}^3 f(x,y)\mathrm{d}y+\int_2^6\mathrm{d}x\int_x^3 f(x,y)\mathrm{d}y$

(3) 若Ω是由球面$x^2+y^2+z^2=z$所围成的闭区域,则用球坐标表示Ω为(　　).

A. $\Omega=\{(r,\varphi,\theta)\mid 0\leqslant\theta\leqslant 2\pi,-\frac{\pi}{2}\leqslant\varphi\leqslant\frac{\pi}{2},0\leqslant r\leqslant\cos\varphi\}$

B. $\Omega=\{(r,\varphi,\theta)\mid 0\leqslant\theta\leqslant 2\pi,0\leqslant\varphi\leqslant\frac{\pi}{2},0\leqslant r\leqslant\frac{1}{2}\cos\varphi\}$

C. $\Omega=\{(r,\varphi,\theta)\mid 0\leqslant\theta\leqslant 2\pi,-\frac{\pi}{2}\leqslant\varphi\leqslant\frac{\pi}{2},0\leqslant r\leqslant\frac{1}{2}\cos\varphi\}$

D. $\Omega=\{(r,\varphi,\theta)\mid 0\leqslant\theta\leqslant 2\pi,0\leqslant\varphi\leqslant\frac{\pi}{2},0\leqslant r\leqslant\cos\varphi\}$

(4) 对于格林公式$\oint_L P\mathrm{d}x+Q\mathrm{d}y=\iint_D\left(\frac{\partial Q}{\partial x}-\frac{\partial P}{\partial y}\right)\mathrm{d}x\mathrm{d}y$,下述说法正确的是(　　).

A. L 取逆时针方向,函数 P、Q 在闭区域 D 上存在一阶偏导数且$\frac{\partial Q}{\partial x}=\frac{\partial P}{\partial y}$

B. L 取顺时针方向,函数 P、Q 在闭区域 D 上存在一阶偏导数且$\frac{\partial Q}{\partial x}=\frac{\partial P}{\partial y}$

C. L 为 D 的正向边界,函数 P、Q 在闭区域 D 上存在一阶连续偏导数

D. L 取顺时针方向,函数 P、Q 在闭区域 D 上存在一阶连续偏导数

(5) 取定光滑闭曲面 Σ 的外侧,如果 Σ 所围成的立体的体积是 V,那么下列曲面积分值

等于 V 的是(　　).

A. $\oiint_{\Sigma} x\mathrm{d}y\mathrm{d}z + y\mathrm{d}z\mathrm{d}x + z\mathrm{d}x\mathrm{d}y$

B. $\oiint_{\Sigma} (x+y)\mathrm{d}y\mathrm{d}z + (y+z)\mathrm{d}z\mathrm{d}x + (z+x)\mathrm{d}x\mathrm{d}y$

C. $\oiint_{\Sigma} (x+y+z)(\mathrm{d}y\mathrm{d}z + \mathrm{d}z\mathrm{d}x + \mathrm{d}x\mathrm{d}y)$

D. $\oiint_{\Sigma} \frac{1}{3}(x+y+z)(\mathrm{d}y\mathrm{d}z + \mathrm{d}z\mathrm{d}x + \mathrm{d}x\mathrm{d}y)$

(6) 设 Σ 为 $x^2+y^2+z^2=a^2$ 在 $z \geqslant h$ $(0<h<a)$ 部分,则 $\iint_{\Sigma} z\mathrm{d}S =$ (　　).

A. $\int_0^{2\pi}\mathrm{d}\theta\int_0^{a^2-h^2}\sqrt{a^2-\rho^2}\rho\mathrm{d}\rho$　　B. $\int_0^{2\pi}\mathrm{d}\theta\int_0^{\sqrt{a^2-h^2}}a\rho\mathrm{d}\rho$

C. $\int_0^{2\pi}\mathrm{d}\theta\int_{-\sqrt{a^2-h^2}}^{\sqrt{a^2-h^2}}a\rho\mathrm{d}\rho$　　D. $\int_0^{2\pi}\mathrm{d}\theta\int_0^{\sqrt{a^2-h^2}}\sqrt{a^2-\rho^2}\rho\mathrm{d}\rho$

2. 填空题

(1) 柱面 $z=9-y^2$ 和平面 $3x+4y=12$、$x=0$、$z=0$ 所围成的区域体积 = ________.

(2) 圆锥面 $z=\sqrt{x^2+y^2}$ 被柱面 $x^2+y^2=x$ 所割下部分的曲面面积 = ________.

(3) 由旋转抛物面 $z=x^2+y^2$ 与平面 $z=1$ 所围成立体(假定其密度为 $\mu=x+y$) 在第一卦限部分的质量 = ________.

(4) $\oint_C (x^2+y^2)\mathrm{d}s =$ ________. 其中 C 为圆周 $x=a\cos t, y=a\sin t, (0\leqslant t\leqslant 2\pi)$.

(5) $\oint_C (x+y)\mathrm{d}x-(x-y)\mathrm{d}y =$ ________. 其中 C 为沿椭圆 $\frac{x^2}{a^2}+\frac{y^2}{b^2}=1$ 按逆时针方向一周形成的路径.

(6) $\oiint_{\Sigma} x\mathrm{d}y\mathrm{d}z + y\mathrm{d}z\mathrm{d}x + z\mathrm{d}x\mathrm{d}y =$ ________. 其中,Σ 为球心在原点、半径为 R 的球面的外侧.

3. 解答题

(1) 求 $\iint_D x\ln y\mathrm{d}\sigma$,其中 D 为矩形域:$0\leqslant x\leqslant 4, 1\leqslant y\leqslant \mathrm{e}$.

(2) 求 $\iint_D (\cos^2 x+\sin^2 y)\mathrm{d}\sigma$,其中 D 为矩形域:$0\leqslant x\leqslant \frac{\pi}{4}, 0\leqslant y\leqslant \frac{\pi}{4}$.

(3) $\iint_D \frac{1}{\sqrt{2a-x}}\mathrm{d}\sigma$ $(a>0)$,其中 D 为 $(x-a)^2+(y-a)^2=a^2$ 的下半圆与直线 $x=0$、$y=0$ 所围成的区域.

(4) $\iint_D \sqrt{x}\mathrm{d}\sigma$,其中 D 为圆域:$x^2+y^2\leqslant x$.

(5) 求由平面曲线 $x^2+y^2=4x$、$x^2+y^2=8x$、$y=x$、$y=\sqrt{3}x$ 所围成的图形面积.

(6) 设函数 $f(x)$ 在 $[0,1]$ 上连续,且有 $\int_0^1 f(x)\mathrm{d}x=A$,求 $\int_0^1 \mathrm{d}x\int_x^1 f(x)f(y)\mathrm{d}y$.

(7) 求椭球体 $\frac{x^2}{a^2}+\frac{y^2}{b^2}+\frac{z^2}{c^2}\leqslant 1$ 的体积.

(8) 计算 $\iiint_\Omega (x^2+y^2+z)\mathrm{d}V$,其中 Ω 是由曲线 $\begin{cases} y^2=2z, \\ x=0 \end{cases}$ 绕 z 轴旋转一周而成的曲面与平面 $z=4$ 所围成的立体.

(9) 计算 $I=\int_C \frac{x\mathrm{d}y-y\mathrm{d}x}{x^2+y^2}$,其中 C 是沿曲线 $x^2=2(y+2)$ 从点 $A(-2\sqrt{2},2)$ 到点 $B(2\sqrt{2},2)$ 的一弧段.

(10) 设曲线积分 $\int_L xy^2\mathrm{d}x+y\varphi(x)\mathrm{d}y$ 在全平面上与路径无关,其中 $\varphi(x)(-\infty<x<+\infty)$ 具有一阶连续导数,且 $\varphi(0)=0$,计算

$$\int_{(0,0)}^{(1,1)} xy^2\mathrm{d}x+y\varphi(x)\mathrm{d}y.$$

(11) 计算 $I=\iint\limits_\Sigma z^3\mathrm{d}S$,其中 Σ 为上半球面 $z=\sqrt{1-x^2-y^2}$.

(12) 计算 $\iint\limits_\Sigma \left(z+2x+\frac{4}{3}y\right)\mathrm{d}S$,其中 Σ 为平面 $\frac{x}{2}+\frac{y}{3}+\frac{z}{4}=1$ 在第一卦限中的部分.

(13) 计算 $I=\iint\limits_\Sigma x\mathrm{d}y\mathrm{d}z+y\mathrm{d}z\mathrm{d}x+2z\mathrm{d}x\mathrm{d}y$,其中 Σ 为曲面

$$z=1-x^2-y^2$$

在第一卦限的部分取上侧.

(14) 计算 $I=\iint\limits_\Sigma 2x^3\mathrm{d}y\mathrm{d}z+2y^3\mathrm{d}z\mathrm{d}x+3(z^2-1)\mathrm{d}x\mathrm{d}y$,其中 Σ 是曲面

$$z=1-x^2-y^2,(z\geqslant 0)$$

的上侧.

(15) 利用斯托克斯公式计算下列曲线积分 $I=\oint_\Gamma y\mathrm{d}x+z\mathrm{d}y+x\mathrm{d}z$,$\Gamma$ 为圆周

$$\begin{cases} x^2+y^2+z^2=a^2, \\ x+y+z=0 \end{cases}$$

从 z 轴正向看去,取逆时针方向.

复习题 6 详解

第7章 无穷级数

数学系统一旦在少数公理和原始定义的基础上完美地建立起来，就构成了一个坚如磐石的基础.然后年复一年地发展和成长，最终形成一种能为人类理性所引以为自豪的坚固结构.

——英国哲学家 里德

我曾经听说有人指责我反对数学，是数学的敌人.其实不然，没有人能比我更尊重数学，因为它完成了我所不能达到的成就和业绩.

——德国思想家 歌德

无穷级数是微积分学的一个重要组成部分,它是函数逼近理论的基础,同时它在光学、声学、电学以及振动理论等诸多工程技术领域有着广泛的应用.

无穷级数反映的是无限多项相加的问题,它是有限多项相加概念的推广和发展,因此无穷级数与极限理论紧密相关.

本章首先介绍常数项级数,其内容包括常数项级数的概念、性质及其敛散性的审敛法.并在此基础上,讨论两类特殊的函数项级数——幂级数与傅里叶级数,介绍幂级数的收敛域与和函数的概念,以及将函数展开成幂级数与傅里叶级数的条件与方法,为幂级数与傅里叶级数在工程技术中的应用打下基础.

7.1 常数项级数的概念及其性质

7.1.1 常数项级数的概念

我们先考虑用圆内接正多边形面积来逼近圆面积的问题.为了计算半径为 R 的圆的面积,作圆的内接正六边形.设内接正六边形的面积为 a_1,以 a_1 作为圆的面积,这是圆面积的一个很粗糙的近似值.为了得到精细的近似值,我们以这个六边形的每一边为底分别作一个顶点在圆周上的等腰三角形(见图 7-1),计算出这六个等腰三角形的面积之和 a_2,于是圆内接正十二边形的面积 a_1+a_2 就是圆面积的较为精细的近似值.同样地,在这正十二边形的每一边上分别作顶点在圆周上的等腰三角形,计算出这 12 个等腰三角形的面积之和 a_3,那么圆内接正二十四边形的面积 $a_1+a_2+a_3$ 就是圆面积的更为精细的近似值.如此继续下去,$a_1+a_2+\cdots+a_n$ 即为圆内接正 3×2^n 边形的面积.当圆内接正多边形的边数无限增多,即 n 无限增大时,便得到了无穷多个数相加的数学式子,显然这无穷多个数相加的和就是所求圆的面积 S,即

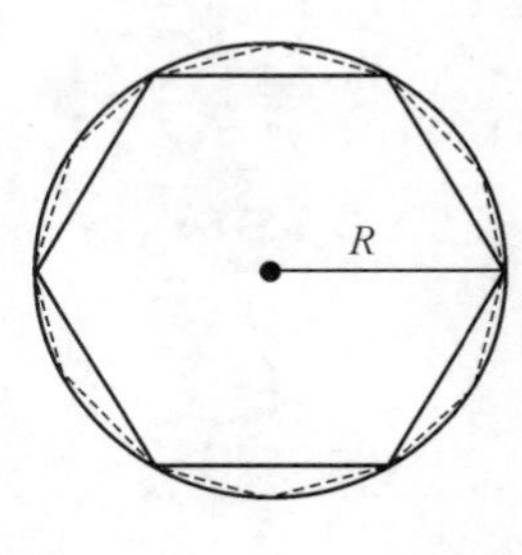

图 7-1

$$S=a_1+a_2+\cdots+a_n+\cdots$$

定义 7.1 给定 $\{u_n\}$,则表达式 $u_1+u_2+u_3+\cdots+u_n+\cdots$ 称为常数项无穷级数(简称常数项级数、无穷级数或级数),记为 $\sum\limits_{n=1}^{\infty}u_n$,即

$$\sum_{n=1}^{\infty}u_n=u_1+u_2+u_3+\cdots+u_n+\cdots$$

其中第 n 项 u_n 称为无穷级数的一般项或通项.

例如,设有数列 $\left\{\frac{1}{n}\right\}$,则 $1+\frac{1}{2}+\frac{1}{3}+\cdots+\frac{1}{n}+\cdots$ 为级数,记为 $\sum\limits_{n=1}^{\infty}\frac{1}{n}$.又如,$1+\frac{1}{2}+$

$\frac{1}{2^2}+\cdots+\frac{1}{2^{n-1}}+\cdots$ 为级数，其一般项为$\frac{1}{2^{n-1}}$，记为$\sum_{n=1}^{\infty}\frac{1}{2^{n-1}}$.

称级数$\sum_{n=1}^{\infty}u_n$的前n项和$\sum_{k=1}^{n}u_k$为该级数的部分和，记为s_n，即

$$s_n=\sum_{k=1}^{n}u_k=u_1+u_2+\cdots+u_n(n=1,2,\cdots),$$

显然$\{s_n\}$是一数列，称它为级数$\sum_{n=1}^{\infty}u_n$的部分和数列.

根据$\{s_n\}$是否有极限，我们给出无穷级数收敛与发散的概念.

定义 7.2 设$\{s_n\}$为级数$\sum_{n=1}^{\infty}u_n$的部分和数列. 若$\{s_n\}$的极限存在，即有$\lim_{n\to\infty}s_n=s$(常数)，则称级数$\sum_{n=1}^{\infty}u_n$收敛，且s称为级数$\sum_{n=1}^{\infty}u_n$的和，记作$\sum_{n=1}^{\infty}u_n=s$；若$\{s_n\}$的极限不存在，则称级数$\sum_{n=1}^{\infty}u_n$发散.

显然，当级数收敛时，其部分和s_n是级数的和s的近似值，它们之间的差值$r_n=s-s_n=u_{n+1}+u_{n+2}+\cdots$称为级数的余项. 用近似值$s_n$代替和$s$所产生的误差是这个余项的绝对值$|r_n|$.

例 7.1 讨论级数$\sum_{n=1}^{\infty}\frac{1}{(4n^2-1)}$的敛散性.

解 因为$\frac{1}{4n^2-1}=\frac{1}{(2n-1)(2n+1)}=\frac{1}{2}\left(\frac{1}{2n-1}-\frac{1}{2n+1}\right)$，所以该级数的部分和为

$$s_n=\frac{1}{2}\left(1-\frac{1}{3}+\frac{1}{3}-\frac{1}{5}+\cdots+\frac{1}{2n-1}-\frac{1}{2n+1}\right)=\frac{1}{2}-\frac{1}{2(2n+1)}.$$

由于$\lim_{n\to\infty}s_n=\lim_{n\to\infty}\left[\frac{1}{2}-\frac{1}{2(2n+1)}\right]=\frac{1}{2}$，因此原级数收敛，且其和为$\frac{1}{2}$.

例 7.2 证明级数$\sum_{n=1}^{\infty}a(-1)^{n-1}$发散，其中$a\neq 0$.

证 因为级数的部分和为$s_n=a-a+a-a+\cdots+a(-1)^{n-1}$，显然，当$n$为奇数时，$s_n=a$；当$n$为偶数时，$s_n=0$. 所以$\{s_n\}$没有极限，因而原级数发散.

例 7.3 讨论几何级数(或等比级数)$\sum_{n=1}^{\infty}aq^{n-1}$的敛散性，其中$a\neq 0$，$q$称为等比级数的公比.

解 如果$|q|\neq 1$，则部分和为

$$s_n=a+aq+aq^2+\cdots+aq^{n-1}=\frac{a(1-q^n)}{1-q}.$$

当$|q|<1$时，由于$\lim_{n\to\infty}q^n=0$，从而$\lim_{n\to\infty}s_n=\frac{a}{1-q}$，因此级数收敛，其和为$\frac{a}{1-q}$. 当$|q|>$

1 时，由于$\lim\limits_{n\to\infty} q^n = \infty$，从而$\lim\limits_{n\to\infty} s_n = \infty$，这时级数发散.

如果$|q| = 1$，则当$q = 1$时，$s_n = na \to \infty$，因此级数发散；当$q = -1$时，由例 7.2 知，这时级数发散.

总之，几何级数$\sum\limits_{n=1}^{\infty} aq^{n-1}\ (a \neq 0)$当$|q| < 1$时收敛，当$|q| \geqslant 1$时发散.

此结论可以作为公式.

例 7.4 证明调和级数$\sum\limits_{n=1}^{\infty} \dfrac{1}{n}$发散.

证 因为对任意的$x > 0$，有$x > \ln(1+x)$成立，所以调和级数的部分和为

不等式$x > \ln(1+x)$你会证明吗？

$$s_n = 1 + \frac{1}{2} + \cdots + \frac{1}{n} > \ln(1+1) + \ln\left(1+\frac{1}{2}\right) + \cdots + \ln\left(1+\frac{1}{n}\right)$$
$$= \ln\left(2 \cdot \frac{3}{2} \cdot \frac{4}{3} \cdot \cdots \cdot \frac{n+1}{n}\right) = \ln(n+1),$$

从而$\lim\limits_{n\to\infty} s_n = +\infty$. 故调和级数$\sum\limits_{n=1}^{\infty} \dfrac{1}{n}$发散.

此结论可以作为公式.

7.1.2 常数项级数的基本性质

由级数收敛、发散以及和的定义可知，级数的敛散性问题实际上就是其部分和数列的敛散性问题，所以，利用数列极限的有关性质，就能够容易地推出常数项级数的基本性质.

性质 1 如果级数$\sum\limits_{n=1}^{\infty} u_n$与$\sum\limits_{n=1}^{\infty} v_n$分别收敛于$s$、$\sigma$，则级数$\sum\limits_{n=1}^{\infty} (u_n \pm v_n)$也收敛，且其和为$s \pm \sigma$.

证 记级数$\sum\limits_{n=1}^{\infty} u_n$与$\sum\limits_{n=1}^{\infty} v_n$的部分和分别为$s_n$、$\sigma_n$，则级数$\sum\limits_{n=1}^{\infty} (u_n \pm v_n)$的部分和为

$$\lambda_n = (u_1 \pm v_1) + (u_2 \pm v_2) + \cdots + (u_n \pm v_n)$$
$$= (u_1 + u_2 + \cdots + u_n) \pm (v_1 + v_2 + \cdots + v_n)$$
$$= s_n \pm \sigma_n.$$

因此$\lim\limits_{n\to\infty} \lambda_n = \lim\limits_{n\to\infty} s_n \pm \lim\limits_{n\to\infty} \sigma_n = s \pm \sigma$. 这说明级数$\sum\limits_{n=1}^{\infty} (u_n \pm v_n)$收敛，且其和为$s \pm \sigma$.

推论　如果级数 $\sum_{n=1}^{\infty} u_n$ 收敛，而级数 $\sum_{n=1}^{\infty} v_n$ 发散，则级数 $\sum_{n=1}^{\infty} (u_n \pm v_n)$ 发散.

事实上，如果级数 $\sum_{n=1}^{\infty} (u_n \pm v_n)$ 收敛，则由 $v_n = (u_n + v_n) - u_n$ 或 $v_n = u_n - (u_n - v_n)$，可得级数 $\sum_{n=1}^{\infty} v_n$ 收敛，这与已知矛盾.

性质 2　如果级数 $\sum_{n=1}^{\infty} u_n$ 收敛于 s，则级数 $\sum_{n=1}^{\infty} ku_n$（常数 $k \neq 0$）也收敛，且其和为 ks.

证　记级数 $\sum_{n=1}^{\infty} u_n$ 的部分和为 s_n，则级数 $\sum_{n=1}^{\infty} ku_n$ 的部分和为

$$\sigma_n = ku_1 + ku_2 + \cdots + ku_n = k(u_1 + u_2 + \cdots + u_n) = ks_n.$$

因此 $\lim\limits_{n\to\infty}\sigma_n = \lim\limits_{n\to\infty} ks_n = ks$. 这表明级数 $\sum_{n=1}^{\infty} ku_n$ 收敛，且其和为 ks.

不难得到，如果级数 $\sum_{n=1}^{\infty} u_n$ 发散，且 $k \neq 0$，则级数 $\sum_{n=1}^{\infty} ku_n$ 也发散. 于是，当 $k \neq 0$ 时，级数 $\sum_{n=1}^{\infty} u_n$ 与 $\sum_{n=1}^{\infty} ku_n$ 有相同的敛散性.

性质 3　对于任意正整数 k，级数 $\sum_{n=1}^{\infty} u_n$ 与 $\sum_{n=k+1}^{\infty} u_n$ 同时收敛或同时发散.

证　设级数 $\sum_{n=1}^{\infty} u_n$ 的部分和为 s_n，则级数 $\sum_{n=k+1}^{\infty} u_n$ 的部分和为

$$\sigma_n = u_{k+1} + u_{k+2} + \cdots + u_{k+n} = s_{k+n} - s_k,$$

其中 s_{n+k} 是级数 $\sum_{n=1}^{\infty} u_n$ 的前 $n+k$ 项的和. 因为 s_k 是一个常数，所以当 $n \to \infty$ 时，σ_n 与 s_{k+n} 同时有极限或同时没有极限. 因此，级数 $\sum_{n=1}^{\infty} u_n$ 与 $\sum_{n=k+1}^{\infty} u_n$ 同时收敛或同时发散.

由性质 3，我们还可以得到如下推论：

推论　在级数中去掉、加上或改变有限项，不会改变级数的敛散性.

性质 4　如果级数 $\sum_{n=1}^{\infty} u_n$ 收敛，则对该级数的项任意加括号后所成的级数

$$(u_1 + \cdots + u_{k_1}) + (u_{k_1+1} + \cdots + u_{k_2}) + \cdots + (u_{k_{n-1}} + \cdots + u_{k_n}) + \cdots \qquad (7\text{-}1)$$

仍收敛，且其和不变.

证　设级数 $\sum_{n=1}^{\infty} u_n$ 的部分和为 s_n，则加上括号后所得的级数(7-1)的部分和数列 $\{\sigma_n\}$ 为

$$\sigma_1 = u_1 + \cdots + u_{k_1} = s_{k_1},$$

$$\sigma_2 = (u_1 + \cdots + u_{k_1}) + (u_{k_1+1} + \cdots + u_{k_2}) = s_{k_2},$$

$$\cdots$$

$$\sigma_n = (u_1 + \cdots + u_{k_1}) + (u_{k_1+1} + \cdots + u_{k_2}) + \cdots + (u_{k_{n-1}+1} + \cdots + u_{k_n}) = s_{k_n},$$

$$\cdots$$

容易看出，级数(7-1)的部分和数列$\{\sigma_n\}$是数列$\{s_n\}$的一个子数列. 由数列$\{s_n\}$收敛以及收敛数列与其子数列的关系可知，数列$\{\sigma_n\}$一定收敛，且有

$$\lim_{n\to\infty}\sigma_n = \lim_{n\to\infty}s_n,$$

即加括号后所成的级数收敛，且其和不变.

注 如果加上括号后的级数收敛，则去掉括号后的原级数未必收敛. 例如，级数

$$(1-1)+(1-1)+\cdots$$

收敛于0，但级数

$$1-1+1-1+\cdots+(-1)^{n-1}+\cdots$$

却是发散的.

性质5(级数收敛的必要条件) 如果级数$\sum_{n=1}^{\infty}u_n$收敛，则$\lim_{n\to\infty}u_n = 0$.

证 设级数$\sum_{n=1}^{\infty}u_n$的部分和为s_n，由于级数$\sum_{n=1}^{\infty}u_n$收敛，故可设$\lim_{n\to\infty}s_n = s$(s为常数). 则

$$\lim_{n\to\infty}u_n = \lim_{n\to\infty}(s_n - s_{n-1}) = \lim_{n\to\infty}s_n - \lim_{n\to\infty}s_{n-1} = s - s = 0.$$

注 如果$\lim_{n\to\infty}u_n = 0$，级数$\sum_{n=1}^{\infty}u_n$不一定收敛. 例如，调和级数$\sum_{n=1}^{\infty}\frac{1}{n}$，虽然其通项$\frac{1}{n}$趋于零，但其仍然是发散的. 这说明，$\lim_{n\to\infty}u_n = 0$是级数$\sum_{n=1}^{\infty}u_n$收敛的必要条件，而不是充分条件. 若$\lim_{n\to\infty}u_n \neq 0$，则级数$\sum_{n=1}^{\infty}u_n$必定发散.

例7.5 证明级数$\sum_{n=1}^{\infty}\frac{n\cdot 3^n+2n+1}{3^n(2n+1)}$发散.

证 $\frac{n\cdot 3^n+2n+1}{3^n(2n+1)} = \frac{n}{2n+1}+\frac{1}{3^n}$. 因为$\lim_{n\to\infty}\frac{n}{2n+1} = \frac{1}{2}\neq 0$，因此由级数收敛的必要条件知级数$\sum_{n=1}^{\infty}\frac{n}{2n+1}$发散，又由例7.3的结论知级数$\sum_{n=1}^{\infty}\frac{1}{3^n}$收敛，所以原级数发散.

7.1.3 正项级数的概念及其收敛的充要条件

我们将在7.2节讨论常数项级数的敛散性问题. 为此先给出正项级数的概念以及其收敛的一个充要条件.

如果级数$\sum_{n=1}^{\infty}u_n$的所有项非负，即$u_n \geqslant 0\ (n=1,2,\cdots)$，则称级数$\sum_{n=1}^{\infty}u_n$为正项级数.

若$\sum_{n=1}^{\infty}u_n$为正项级数，则其部分和数列$\{s_n\}$满足

$$s_{n+1} = s_n + u_{n+1} \geqslant s_n (n=1,2,\cdots),$$

即部分和数列$\{s_n\}$是单调增加数列.

根据单调有界数列必有极限的准则，如果部分和数列$\{s_n\}$有界，则$\lim_{n\to\infty}s_n$存在，从而级数

$\sum\limits_{n=1}^{\infty} u_n$ 收敛. 反之,如果级数 $\sum\limits_{n=1}^{\infty} u_n$ 收敛,则 $\lim\limits_{n\to\infty} s_n$ 存在,再由数列极限的性质知 $\{s_n\}$ 有界. 因此有下面的定理.

定理 7.1　正项级数 $\sum\limits_{n=1}^{\infty} u_n$ 收敛的充分必要条件是其部分和数列 $\{s_n\}$ 有界.

例 7.6　讨论 p 级数 $\sum\limits_{n=1}^{\infty} \frac{1}{n^p}$ 的敛散性,其中常数 $p > 0$.

解　设级数 $\sum\limits_{n=1}^{\infty} \frac{1}{n}$ 的部分和为 σ_n,当 $0 < p \leqslant 1$ 时,级数 $\sum\limits_{n=1}^{\infty} \frac{1}{n^p}$ 的部分和为

$$s_n = 1 + \frac{1}{2^p} + \frac{1}{3^p} + \cdots + \frac{1}{n^p} \geqslant 1 + \frac{1}{2} + \frac{1}{3} + \cdots + \frac{1}{n} = \sigma_n.$$

由例 7.4 知 $\lim\limits_{n\to\infty} \sigma_n = +\infty$,因此,级数 $\sum\limits_{n=1}^{\infty} \frac{1}{n^p}$ 的部分和数列 $\{s_n\}$ 无界. 于是,当 $0 < p \leqslant 1$ 时,级数 $\sum\limits_{n=1}^{\infty} \frac{1}{n^p}$ 发散.

下面考虑 $p > 1$ 时的情形. 对于 $k = 2,3,\cdots$,当 $k-1 \leqslant x \leqslant k$ 时,我们有 $\frac{1}{k^p} \leqslant \frac{1}{x^p}$,从而

$$\frac{1}{k^p} = \int_{k-1}^{k} \frac{1}{k^p}\mathrm{d}x \leqslant \int_{k-1}^{k} \frac{1}{x^p}\mathrm{d}x (k = 2,3,\cdots),$$

于是,级数 $\sum\limits_{n=1}^{\infty} \frac{1}{n^p}$ 的部分和满足

$$\begin{aligned} s_n &= 1 + \sum_{k=2}^{n} \frac{1}{k^p} \leqslant 1 + \sum_{k=2}^{n} \int_{k-1}^{k} \frac{1}{x^p}\mathrm{d}x = 1 + \int_{1}^{n} \frac{1}{x^p}\mathrm{d}x \\ &= 1 + \frac{1}{p-1}\left(1 - \frac{1}{n^{p-1}}\right) \leqslant 1 + \frac{1}{p-1} (n = 2,3,\cdots), \end{aligned}$$

即级数 $\sum\limits_{n=1}^{\infty} \frac{1}{n^p}$ 的部分和数列 $\{s_n\}$ 有界. 由定理 7.1 可知级数 $\sum\limits_{n=1}^{\infty} \frac{1}{n^p}$ 收敛.

综上所述,p 级数 $\sum\limits_{n=1}^{\infty} \frac{1}{n^p}$,当 $0 < p \leqslant 1$ 时发散,当 $p > 1$ 时收敛.

此结论可以作为公式.

习　题　7.1

1. 写出下列级数的前五项:

(1) $\sum\limits_{n=1}^{\infty} \frac{(-1)^n}{\sqrt{n} + (-1)^{n-1}}$;　(2) $\sum\limits_{n=1}^{\infty} \frac{1 \cdot 3 \cdot \cdots \cdot (2n-1)}{2 \cdot 4 \cdot \cdots \cdot (2n)}$;　(3) $\sum\limits_{n=1}^{\infty} \frac{(-1)^{\frac{n(n+1)}{2}}}{n^2 - (-1)^n}$.

2. 写出下列级数的一般项：

(1) $\frac{1}{2}-\frac{1}{5}+\frac{1}{8}-\frac{1}{11}+\cdots$；

(2) $\frac{1}{1\cdot 5}+\frac{a}{3\cdot 7}+\frac{a^2}{5\cdot 9}+\frac{a^3}{7\cdot 11}+\cdots$；

(3) $-\frac{1}{2}+\frac{3}{5}-\frac{5}{10}+\frac{7}{17}-\frac{9}{26}+\frac{11}{37}-\cdots$；

(4) $\sqrt{x}-\frac{x}{1\cdot 3}+\frac{x\sqrt{x}}{1\cdot 3\cdot 5}-\frac{x^2}{1\cdot 3\cdot 5\cdot 7}+\cdots(x>0)$.

3. 根据级数收敛与发散的定义判定下列级数的敛散性：

(1) $\sum\limits_{n=1}^{\infty}\frac{1}{\sqrt{n+1}+\sqrt{n}}$；

(2) $\sum\limits_{n=1}^{\infty}(\sqrt{n+2}-2\sqrt{n+1}+\sqrt{n})$；

(3) $\sum\limits_{n=1}^{\infty}[\ln(n+2)-2\ln(n+1)+\ln n]$.

4. 判定下列级数的敛散性：

(1) $\sum\limits_{n=1}^{\infty}\frac{(n+1)^2}{2n(n+2)}$；　(2) $\sum\limits_{n=1}^{\infty}\frac{4^n-3^{n+1}+(-1)^{n-1}}{5^n}$；　(3) $\sum\limits_{n=1}^{\infty}\frac{n-3^{n+1}}{2n\cdot 3^n}$.

5. 求下列级数的和：

(1) $\sum\limits_{n=1}^{\infty}\frac{1}{(5n-4)(5n+1)}$；　(2) $\sum\limits_{n=1}^{\infty}(-1)^{n-1}\frac{2n+1}{n(n+1)}$；

(3) $\sum\limits_{n=1}^{\infty}\frac{2n-1}{3^n}$；　(4) $\sum\limits_{n=3}^{\infty}\frac{1}{n^2-4}$.

6. 设正项级数 $\sum\limits_{n=1}^{\infty}u_n$ 收敛，证明：级数 $\sum\limits_{n=1}^{\infty}u_n^2$ 收敛.

7. 设级数 $\sum\limits_{n=1}^{\infty}u_n$ 收敛，且 $\lim\limits_{n\to\infty}nu_n=0$，求证：级数 $\sum\limits_{n=1}^{\infty}n(u_n-u_{n+1})$ 收敛，且

$$\sum_{n=1}^{\infty}n(u_n-u_{n+1})=\sum_{n=1}^{\infty}u_n.$$

习题 7.1 详解

7.2　常数项级数的审敛法

给定一个级数,我们要回答两个问题:这个级数是否收敛?如果级数收敛,其和是多少?显然,当该级数收敛时,最好是求得这个级数的和.由于大多数级数的部分和很难用一个简单的表达式写出来,因此它们的和就难以精确求出.

所以在实际操作时,常常先判断该级数收敛与否,然后在该级数收敛时再计算它的和的近似值.

我们先从正项级数的敛散性开始讨论.

7.2.1　正项级数审敛法

由定理 7.1 可以证明下面的正项级数比较审敛法.

定理 7.2(比较审敛法)　设有两个正项级数 $\sum_{n=1}^{\infty} u_n$ 与 $\sum_{n=1}^{\infty} v_n$,如果对于任意正整数 n,都有 $u_n \leqslant v_n$,则

(1) 当 $\sum_{n=1}^{\infty} v_n$ 收敛时,$\sum_{n=1}^{\infty} u_n$ 也收敛;

(2) 当 $\sum_{n=1}^{\infty} u_n$ 发散时,$\sum_{n=1}^{\infty} v_n$ 也发散.

证　记级数 $\sum_{n=1}^{\infty} u_n$ 与 $\sum_{n=1}^{\infty} v_n$ 的部分和分别为 s_n、σ_n.

(1) 如果 $\sum_{n=1}^{\infty} v_n$ 收敛,则 σ_n 有上界,因为 $u_n \leqslant v_n$,故 s_n 也有上界,从而由定理 7.1 知,$\sum_{n=1}^{\infty} u_n$ 收敛.

(2) 如果 $\sum_{n=1}^{\infty} u_n$ 发散,则 s_n 无界,因为 $u_n \leqslant v_n$,故 σ_n 也无界,从而由定理 7.1 知,$\sum_{n=1}^{\infty} v_n$ 发散.

注　由于增减或改变一个级数的有限项不改变级数的敛散性,而且一个级数的各项同乘以一个非零常数也不改变级数的敛散性,因此定理 7.2 的条件可放宽为:

若存在正整数 N 与常数 $k > 0$,使当 $n \geqslant N$ 时,有 $u_n \leqslant kv_n$,则定理的结论依然为真.

例 7.7　判定级数 $\sum_{n=1}^{\infty} \frac{1}{n+a^n}$ $(a > 0)$ 的敛散性.

解　因 $\frac{1}{n+a^n} < \frac{1}{a^n}$,当 $a > 1$ 时,得 $\frac{1}{a} < 1$,于是级数 $\sum_{n=1}^{\infty} \frac{1}{a^n}$ 收敛,从而级数 $\sum_{n=1}^{\infty} \frac{1}{n+a^n}$ 收敛;当 $0 < a \leqslant 1$ 时,得 $0 < a^n \leqslant 1$,所以 $\frac{1}{n+a^n} \geqslant \frac{1}{n+1}$,而级数 $\sum_{n=1}^{\infty} \frac{1}{n+1}$ 发散,从而级

数 $\sum\limits_{n=1}^{\infty}\dfrac{1}{n+a^n}$ 发散.

综上所述,当 $a>1$ 时,级数 $\sum\limits_{n=1}^{\infty}\dfrac{1}{n+a^n}$ 收敛;当 $0<a\leqslant 1$ 时,级数 $\sum\limits_{n=1}^{\infty}\dfrac{1}{n+a^n}$ 发散.

例 7.8 判定级数 $\sum\limits_{n=1}^{\infty}\dfrac{n^3}{2n^6+3n-4}$ 的敛散性.

解 当 $n\geqslant 2$ 时,有 $\dfrac{n^3}{2n^6+3n-4}<\dfrac{1}{2n^3}$,而级数 $\sum\limits_{n=1}^{\infty}\dfrac{1}{2n^3}$ 收敛,所以原级数收敛.

利用不等式的放缩法,将原级数的一般项进行适当地放大或缩小,得到一个具有确定敛散性的新级数,然后利用定理 7.2 判断该级数的敛散性.

比较审敛法还有一个极限形式,用它来判断某些正项级数的敛散性更方便.

定理 7.3(比较审敛法的极限形式) 设有两个正项级数 $\sum\limits_{n=1}^{\infty}u_n$ 与 $\sum\limits_{n=1}^{\infty}v_n$,且对于任意正整数 n,都有 $v_n\neq 0$:

(1) 若 $\lim\limits_{n\to\infty}\dfrac{u_n}{v_n}=l\neq 0$,则级数 $\sum\limits_{n=1}^{\infty}u_n$ 与级数 $\sum\limits_{n=1}^{\infty}v_n$ 同时收敛和发散;

(2) 若 $\lim\limits_{n\to\infty}\dfrac{u_n}{v_n}=0$,且级数 $\sum\limits_{n=1}^{\infty}v_n$ 收敛,则级数 $\sum\limits_{n=1}^{\infty}u_n$ 也收敛;

(3) 若 $\lim\limits_{n\to\infty}\dfrac{u_n}{v_n}=+\infty$,且级数 $\sum\limits_{n=1}^{\infty}v_n$ 发散,则级数 $\sum\limits_{n=1}^{\infty}u_n$ 也发散.

证明此处从略.

例 7.9 判定级数 $\sum\limits_{n=1}^{\infty}\dfrac{\sqrt{2n+3}}{\sqrt[5]{n^3+2(n+1)}}$ 的敛散性.

解 当 $n\to\infty$ 时,$\dfrac{\sqrt{2n+3}}{\sqrt[5]{n^3+2(n+1)}}\sim\dfrac{\sqrt{2n}}{\sqrt[5]{n^3}\cdot n}=\dfrac{\sqrt{2}}{\sqrt[10]{n^{11}}}$,即

$$\lim_{n\to\infty}\frac{\dfrac{\sqrt{2n+3}}{\sqrt[5]{n^3+2(n+1)}}}{\dfrac{1}{\sqrt[10]{n^{11}}}}=\sqrt{2}\neq 0,$$

而级数 $\sum\limits_{n=1}^{\infty}\dfrac{1}{\sqrt[10]{n^{11}}}$ 收敛(因 $p=\dfrac{11}{10}>1$),所以原级数收敛.

例 7.10 判定级数 $\sum\limits_{n=2}^{\infty}\dfrac{\ln n}{n^p}\ (p>0)$ 的敛散性.

解 当 $p-\lambda>0$ 时,由洛必达法则知 $\lim\limits_{x\to+\infty}\dfrac{\ln x}{x^{p-\lambda}}=\lim\limits_{x\to+\infty}\dfrac{1}{(p-\lambda)x^{p-\lambda}}=0$,所以 $\lim\limits_{x\to+\infty}\dfrac{\dfrac{\ln n}{n^p}}{\dfrac{1}{n^\lambda}}$ $=\lim\limits_{x\to+\infty}\dfrac{\ln n}{n^{p-\lambda}}=0$,而当 $\lambda>1$ 时,级数 $\sum\limits_{n=2}^{\infty}\dfrac{1}{n^\lambda}$ 收敛,于是可得当 $p>\lambda>1$,即 $p>1$ 时,级数

$\sum_{n=2}^{\infty}\frac{\ln n}{n^p}$ 收敛；

这里 λ 是待定常数.

当 $0<p\leqslant 1$ 时，因为当 $n\geqslant 3$ 时，$\ln n>1$，所以有$\frac{\ln n}{n^p}>\frac{1}{n^p}$，而此时，级数 $\sum_{n=2}^{\infty}\frac{1}{n^p}$ 发散，所以级数 $\sum_{n=2}^{\infty}\frac{\ln n}{n^p}$ 发散.

综上，当 $p>1$ 时，级数 $\sum_{n=2}^{\infty}\frac{\ln n}{n^p}$ 收敛；当 $0<p\leqslant 1$ 时，级数 $\sum_{n=2}^{\infty}\frac{\ln n}{n^p}$ 发散.

上面介绍的比较审敛法及其极限形式，其基本思想是某个已知收敛或发散的级数（例如几何级数、p 级数或调和级数等）作为比较对象，运用定理 7.2 或定理 7.3 来判断给定级数的敛散性. 但是，往往会遇到的问题是对于给定的级数很难找到与之相比较的级数，这就需要从给定的级数本身去寻求判断其敛散性的条件和方法. 我们下面将介绍的比值审敛法和根值审敛法就是这样的方法.

定理 7.4（达朗贝尔比值审敛法）　设正项级数 $\sum_{n=1}^{\infty}u_n$ 对于任意正整数 n，都有 $u_n\neq 0$，并且 $\lim_{n\to\infty}\frac{u_{n+1}}{u_n}=\rho$，则

（1）当 $\rho<1$ 时，该级数收敛；

（2）当 $\rho>1$（或 $\lim_{n\to\infty}\frac{u_{n+1}}{u_n}=+\infty$）时，该级数发散；

（3）当 $\rho=1$ 时，该级数可能收敛也可能发散，需用其他方法判定.

证明此处从略. 对于此定理的（3）做如下说明：

如对 p 级数 $\sum_{n=1}^{\infty}\frac{1}{n^p}$ 来说，有 $\lim_{n\to\infty}\frac{u_{n+1}}{u_n}=\lim_{n\to\infty}\frac{\frac{1}{(n+1)^p}}{\frac{1}{n^p}}=\lim_{n\to\infty}\frac{n^p}{(n+1)^p}=1$，即 $\rho=1$，但我们已知该级数当 $p\leqslant 1$ 时发散，当 $p>1$ 时收敛.

例 7.11　判定级数 $\sum_{n=1}^{\infty}\frac{a^n}{n^p}$ $(a>0,p>0)$ 的敛散性.

解　因为

$$\lim_{n\to\infty}\frac{u_{n+1}}{u_n}=\lim_{n\to\infty}\left[\frac{a^{n+1}}{(n+1)^p}\cdot\frac{n^p}{a^n}\right]=\lim_{n\to\infty}\frac{an^p}{(n+1)^p}=a,$$

因此当 $0<a<1$ 时，原级数收敛；当 $a>1$ 时，原级数发散.

而当 $a=1$ 时，该级数为 p 级数，所以，此时当 $p>1$ 时，原级数收敛；当 $0<p\leqslant 1$ 时，原级数发散.

注　如果正项级数的通项中含有积商或幂时，可以尝试用比值审敛法.

定理 7.5(柯西根值审敛法) 设$\sum_{n=1}^{\infty} u_n$是正项级数，并且$\lim_{n\to\infty}\sqrt[n]{u_n}=\rho$，则

(1) 当$\rho<1$时，该级数收敛；

(2) 当$\rho>1$(或$\lim_{n\to\infty}\sqrt[n]{u_n}=+\infty$)时，该级数发散；

(3) 当$\rho=1$时，该级数可能收敛也可能发散，需用其他方法判定.

证明此处从略. 对于此定理的(3)，仍以p级数$\sum_{n=1}^{\infty}\frac{1}{n^p}$为例加以说明：

显然有$\lim_{n\to\infty}\sqrt[n]{u_n}=\lim_{n\to\infty}\sqrt[n]{\frac{1}{n^p}}=\lim_{n\to\infty}\left(\frac{1}{\sqrt[n]{n}}\right)^p=1$，

此极限如何求出？

即$\rho=1$，但我们已知该级数当$p\leqslant 1$时发散，当$p>1$时收敛.

例 7.12 已知p为任意实数，判定级数$\sum_{n=1}^{\infty}\frac{n^p}{[3+(-1)^n]^n}$的敛散性.

解 因为$\frac{n^p}{[3+(-1)^n]^n}\leqslant\frac{n^p}{2^n}$，对级数$\sum_{n=1}^{\infty}\frac{n^p}{2^n}$用根值审敛法，由于

$$\lim_{n\to\infty}\sqrt[n]{u_n}=\lim_{n\to\infty}\sqrt[n]{\frac{n^p}{2^n}}=\lim_{n\to\infty}\frac{(\sqrt[n]{n})^p}{2}=\frac{1}{2}<1,$$

所以级数$\sum_{n=1}^{\infty}\frac{n^p}{2^n}$收敛，从而再由比较审敛法得原级数收敛.

注 此例不能直接用比值审敛法或根值审敛法判断，因为极限$\lim_{n\to\infty}\frac{u_{n+1}}{u_n}$和$\lim_{n\to\infty}\sqrt[n]{u_n}$都不存在.

7.2.2 交错级数

下面我们讨论另一种特殊的常数项级数——交错级数的敛散性.

所谓交错级数就是各项符号正负相间的级数，它们可以写成如下形式：

$$\sum_{n=1}^{\infty}(-1)^{n-1}u_n\ \text{或}\ \sum_{n=1}^{\infty}(-1)^n u_n,\ u_n>0,\ n=1,2,3,\cdots$$

显然交错级数的以上两种形式，可以通过乘以-1而相互转化，于是我们只讨论交错级数前一种形式的敛散性.

定理 7.6(莱布尼茨审敛法) 如果交错级数$\sum_{n=1}^{\infty}(-1)^{n-1}u_n$满足：

(1)$u_n\geqslant u_{n+1}$，$n=1,2,3,\cdots$；

(2)$\lim_{n\to\infty}u_n=0$，

则级数$\sum_{n=1}^{\infty}(-1)^{n-1}u_n$收敛. 且级数的和$s\leqslant u_1$，级数的余项$r_n$满足$|r_n|\leqslant u_{n+1}$.

证　考虑级数 $\sum_{n=1}^{\infty}(-1)^{n-1}u_n$ 的前 $2n$ 项和

$$s_{2n}=(u_1-u_2)+(u_3-u_4)+\cdots+(u_{2n-1}-u_{2n}).$$

由条件(1) 可得 $u_n-u_{n+1}\geqslant 0$,从而数列 $\{s_{2n}\}$ 单调增加,且

$$s_{2n}=u_1-(u_2-u_3)-\cdots-(u_{2n-2}-u_{2n-1})-u_{2n}<u_1, \tag{7-2}$$

即数列 $\{s_{2n}\}$ 单调增加且有上界,因此极限 $\lim\limits_{n\to\infty}s_{2n}$ 存在,设 $\lim\limits_{n\to\infty}s_{2n}=s$. 由式(7-2) 可得 $s\leqslant u_1$. 又由条件(1) 可得

$$\lim_{n\to\infty}s_{2n+1}=\lim_{n\to\infty}(s_{2n}+u_{2n+1})=\lim_{n\to\infty}s_{2n}+\lim_{n\to\infty}u_{2n+1}=s.$$

所以,级数 $\sum_{n=1}^{\infty}(-1)^{n-1}u_n$ 的部分和数列 $\{s_n\}$ 收敛于 s. 于是级数 $\sum_{n=1}^{\infty}(-1)^{n-1}u_n$ 也收敛于 s,并且 $s\leqslant u_1$.

又由余项 r_n 的定义可得

$$|r_n|=u_{n+1}-(u_{n+2}-u_{n+3})-(u_{n+4}-u_{n+5})-\cdots,$$

如何获得此式?

再由条件(1) 知 $|r_n|\leqslant u_{n+1}$.

注　定理 7.6 的条件只是交错级数收敛的充分条件而不是必要条件,因此当交错级数不满足定理的条件时,也不一定能断言级数发散.

例 7.13　判定级数 $\sum_{n=2}^{\infty}(-1)^n\frac{\ln n}{n^p}\ (p>0)$ 的敛散性.

解　令 $f(x)=\frac{\ln x}{x^p}$,则当 $x>e^{\frac{1}{p}}$ 时,$f'(x)=\frac{1-p\ln x}{x^{p+1}}<0$,即 $f(x)$ 单调减少,于是当 $n>e^{\frac{1}{p}}$ 时,$f(n)>f(n+1)$,即 $u_n>u_{n+1}$;又由洛必达法则知 $\lim\limits_{x\to+\infty}\frac{\ln x}{x^p}=\lim\limits_{x\to+\infty}\frac{1}{px^p}=0$,从而 $\lim\limits_{n\to\infty}\frac{\ln n}{n^p}=0$,所以级数 $\sum\limits_{n=[e^{\frac{1}{p}}]+1}^{\infty}(-1)^n\frac{\ln n}{n^p}$ 收敛,于是可得原级数收敛.

注　证明交错级数满足定理 7.6 的两个条件时,常常需要引入辅助函数,利用函数的单调性与函数的极限来处理.

例 7.14　判定级数 $\sum_{n=1}^{\infty}\frac{(-1)^n}{\sqrt{n+1}+(-1)^n}$ 的敛散性.

解　由于数列 $\left\{\frac{1}{\sqrt{n+1}+(-1)^n}\right\}$ 不具有单调减少的性质,因而不能运用交错级数审敛法,但

$$\frac{(-1)^n}{\sqrt{n+1}+(-1)^n}=\frac{(-1)^n[\sqrt{n+1}-(-1)^n]}{(n+1)-1}=(-1)^n\sqrt{\frac{1}{n}+\frac{1}{n^2}}-\frac{1}{n},$$

而数列 $\left\{\sqrt{\frac{1}{n}+\frac{1}{n^2}}\right\}$ 单调减少,且 $\lim\limits_{n\to\infty}\sqrt{\frac{1}{n}+\frac{1}{n^2}}=0$,所以由交错级数审敛法知级数

$\sum_{n=1}^{\infty}(-1)^n\sqrt{\frac{1}{n}+\frac{1}{n^2}}$ 收敛，又级数 $\sum_{n=1}^{\infty}\frac{1}{n}$ 发散，故原级数发散.

7.2.3 绝对收敛与条件收敛

最后我们讨论一般的常数项级数的敛散性.

设级数 $\sum_{n=1}^{\infty}u_n$，其中 $u_n(n=1,2,3,\cdots)$ 为任意实数，称此级数为任意项级数.

为了判定任意项级数 $\sum_{n=1}^{\infty}u_n$ 的敛散性，通常先考察其各项加绝对值后形成的正项级数 $\sum_{n=1}^{\infty}|u_n|$ 的敛散性. 我们有如下结论：

定理 7.7 如果级数 $\sum_{n=1}^{\infty}|u_n|$ 收敛，则级数 $\sum_{n=1}^{\infty}u_n$ 必收敛.

证 记 $v_n=\frac{1}{2}(|u_n|+u_n)(n=1,2,\cdots)$，则有 $0\leqslant v_n\leqslant|u_n|(n=1,2,\cdots)$，

如何获得此不等式？

因为正项级数 $\sum_{n=1}^{\infty}|u_n|$ 收敛，所以由定理 7.2 知级数 $\sum_{n=1}^{\infty}v_n$ 收敛. 又

$$u_n=2v_n-|u_n|(n=1,2,\cdots),$$

由收敛级数的基本性质知级数 $\sum_{n=1}^{\infty}u_n$ 收敛.

如果级数 $\sum_{n=1}^{\infty}|u_n|$ 收敛，由定理 7.7 知级数 $\sum_{n=1}^{\infty}u_n$ 收敛，此时称级数 $\sum_{n=1}^{\infty}u_n$ **绝对收敛**；如果级数 $\sum_{n=1}^{\infty}u_n$ 收敛，而级数 $\sum_{n=1}^{\infty}|u_n|$ 发散，则称级数 $\sum_{n=1}^{\infty}u_n$ **条件收敛**.

定理 7.7 可简述为：绝对收敛的级数一定收敛.

但定理 7.7 的逆命题不成立，即收敛的级数未必绝对收敛.

请你举反例证明.

例 7.15 判定交错 p 级数 $\sum_{n=1}^{\infty}\frac{(-1)^n}{n^p}\ (p>0)$ 的敛散性，若收敛，指出是绝对收敛，还是条件收敛.

解 因为级数 $\sum_{n=1}^{\infty}\left|\frac{(-1)^n}{n^p}\right|=\sum_{n=1}^{\infty}\frac{1}{n^p}$，由 p 级数的敛散性知，当 $p>1$ 时，级数 $\sum_{n=1}^{\infty}\frac{1}{n^p}$ 收敛；当 $0<p\leqslant 1$ 时，级数 $\sum_{n=1}^{\infty}\frac{1}{n^p}$ 发散. 但当 $p>0$ 时，$\frac{1}{n^p}>\frac{1}{(n+1)^p}(n=1,2,\cdots)$，$\lim\limits_{n\to\infty}\frac{1}{n^p}=$

0,所以级数$\sum_{n=1}^{\infty}\frac{(-1)^n}{n^p}$收敛.于是当$p>1$时,级数$\sum_{n=1}^{\infty}\frac{(-1)^n}{n^p}$绝对收敛;当$0<p\leqslant 1$时,级数$\sum_{n=1}^{\infty}\frac{(-1)^n}{n^p}$条件收敛.

此结论可以作为公式.

例 7.16 判定级数$\sum_{n=2}^{\infty}(-1)^n\frac{\ln n}{n^p}\ (p>0)$的敛散性,若收敛,指出是绝对收敛,还是条件收敛.

解 因为$\sum_{n=2}^{\infty}\left|(-1)^n\frac{\ln n}{n^p}\right|=\sum_{n=2}^{\infty}\frac{\ln n}{n^p}$,由例7.10知,当$p>1$时,级数$\sum_{n=2}^{\infty}\frac{\ln n}{n^p}$收敛;当$0<p\leqslant 1$时,级数$\sum_{n=2}^{\infty}\frac{\ln n}{n^p}$发散.由例7.13知$\sum_{n=2}^{\infty}(-1)^n\frac{\ln n}{n^p}\ (p>0)$收敛.所以可得,当$p>1$时,级数$\sum_{n=2}^{\infty}(-1)^n\frac{\ln n}{n^p}$绝对收敛;当$0<p\leqslant 1$时,级数$\sum_{n=2}^{\infty}(-1)^n\frac{\ln n}{n^p}$条件收敛.

从定理7.7可以看出,对于一般的级数$\sum_{n=1}^{\infty}u_n$,如果我们用正项级数的审敛法判定$\sum_{n=1}^{\infty}|u_n|$收敛,则此级数收敛.由此使得一类级数的敛散性判定问题,转化为正项级数的敛散性问题.

一般而言,如果级数$\sum_{n=1}^{\infty}|u_n|$发散,我们不能断定$\sum_{n=1}^{\infty}u_n$也发散.但是,如果用比值审敛法或根值审敛法,根据$\lim_{n\to\infty}\left|\frac{u_{n+1}}{u_n}\right|>1$(或$=+\infty$)或$\lim_{n\to\infty}\sqrt[n]{|u_n|}>1$(或$=+\infty$)判定$\sum_{n=1}^{\infty}|u_n|$发散,则可以断定$\sum_{n=1}^{\infty}u_n$必定发散.

这里用了极限的什么性质?

事实上,若$\lim_{n\to\infty}\left|\frac{u_{n+1}}{u_n}\right|>1$(或$=+\infty$),则可得当$n$充分大时,有$|u_{n+1}|>|u_n|$,所以$\lim_{n\to\infty}|u_n|\neq 0$,于是$\lim_{n\to\infty}u_n\neq 0$,从而级数$\sum_{n=1}^{\infty}u_n$发散.

若$\lim_{n\to\infty}\sqrt[n]{|u_n|}>1$(或$=+\infty$),则可得当$n$充分大时,有$\sqrt[n]{|u_n|}>1$,即$|u_n|>1$,所以$\lim_{n\to\infty}|u_n|\neq 0$,于是$\lim_{n\to\infty}u_n\neq 0$,从而级数$\sum_{n=1}^{\infty}u_n$发散.

例 7.17 判定级数$\sum_{n=1}^{\infty}(-1)^n\frac{1}{2^n}\left(1+\frac{1}{n}\right)^{n^2}$的敛散性.

解　因为$\lim\limits_{n\to\infty}\sqrt[n]{|u_n|}=\lim\limits_{n\to\infty}\frac{1}{2}\left(1+\frac{1}{n}\right)^n=\frac{\mathrm{e}}{2}>1$，所以可得原级数发散.

绝对收敛级数有很多性质是条件收敛所没有的，下面不加证明地给出关于绝对收敛级数的两个性质.

定理 7.8　绝对收敛级数经改变项的位置后构成的级数也收敛，且与原级数有相同的和(即绝对收敛级数具有可交换性).

定理 7.9(绝对收敛级数的乘法)　设级数$\sum\limits_{n=1}^{\infty}u_n$与$\sum\limits_{n=1}^{\infty}v_n$都绝对收敛，它们的和分别为$s$、$\sigma$，则它们的柯西乘积

$$u_1v_1+(u_1v_2+u_2v_1)+\cdots+(u_1v_n+u_2v_{n-1}+\cdots+u_nv_1)+\cdots$$

也是绝对收敛的，且其和为$s\sigma$.

习　题　7.2

1. 利用比较审敛法或其极限形式判定下列级数的敛散性：

(1) $\sum\limits_{n=1}^{\infty}\frac{1-n^4}{(2n^3+3n-1)^2}$；　　(2) $\sum\limits_{n=1}^{\infty}\left(1-\cos\frac{\pi}{\sqrt{n}}\right)$；

(3) $\sum\limits_{n=2}^{\infty}\frac{\ln n}{\sqrt{n}}$；　　(4) $\sum\limits_{n=2}^{\infty}\frac{1}{\sqrt{n}}\ln\frac{n+1}{n-1}$；

(5) $\sum\limits_{n=1}^{\infty}\frac{1}{n}\cdot\frac{a}{1+a^n}\ (a>0)$.

2. 利用比值审敛法或根值审敛法判定下列级数的敛散性：

(1) $\sum\limits_{n=1}^{\infty}\frac{2^n n!}{n^n}$；　　(2) $\sum\limits_{n=1}^{\infty}n\tan\frac{\pi}{2^{n+1}}$；

(3) $\sum\limits_{n=1}^{\infty}\frac{(2n)!}{2^n(n!)^2}$；　　(4) $\sum\limits_{n=1}^{\infty}\frac{[(n+1)!]^n}{2!\cdot 4!\cdots(2n)!}$；

(5) $\sum\limits_{n=1}^{\infty}\left(\frac{2n^2+n}{3n^2-2}\right)^n$；　　(6) $\sum\limits_{n=1}^{\infty}\frac{1}{7^n}\left(1+\frac{1}{n}\right)^{2n^2}$.

(7) $\sum\limits_{n=1}^{\infty}\left(\frac{b}{a_n}\right)^n$，其中$\lim\limits_{n\to\infty}a_n=a$，且$a\neq b$，$a$、$b$及$a_n$均为正数.

3. 若正项级数$\sum\limits_{n=1}^{\infty}u_n$收敛，证明级数$\sum\limits_{n=1}^{\infty}u_n^p\,(p\geqslant 1)$与$\sum\limits_{n=1}^{\infty}\frac{\sqrt{u_n}}{n}$都收敛.

4. 用级数收敛的必要条件证明：

(1) $\lim\limits_{n\to\infty}\frac{n^n}{(n!)^2}=0$；　　(2) $\lim\limits_{n\to\infty}\frac{n^k}{a^n}=0\ (k>0,a>1)$.

5. 判定下列级数的敛散性，若收敛，指出是绝对收敛，还是条件收敛：

(1) $\sum_{n=1}^{\infty}(-1)^n \frac{\sqrt{n}}{n+1}$；　　(2) $\sum_{n=1}^{\infty}(-1)^n(\sqrt[3]{n+1}-\sqrt[3]{n})$；

(3) $\sum_{n=2}^{\infty}(-1)^n \frac{\ln n}{n\sqrt{n}}$；　　(4) $\sum_{n=2}^{\infty}(-1)^n \sin\frac{1}{\ln n}$.

6. 证明：若级数 $\sum_{n=1}^{\infty}u_n$ 绝对收敛，则有不等式 $\left|\sum_{n=1}^{\infty}u_n\right| \leqslant \sum_{n=1}^{\infty}|u_n|$.

7. 设级数 $\sum_{n=1}^{\infty}u_n^2$ 与级数 $\sum_{n=1}^{\infty}v_n^2$ 收敛，证明级数 $\sum_{n=1}^{\infty}(u_n+v_n)^2$ 收敛.

习题 7.2 详解

7.3 幂级数

前面讨论的常数项级数，其通项都是常数，如果级数的通项是某个变量的函数，则称级数为函数项级数. 函数项级数是近代数学分析中十分重要的一种研究工具，它在物理和工程技术问题中都有广泛的应用.

7.3.1 函数项级数的概念

定义 7.3 设 $u_1(x), u_2(x), u_3(x), \cdots, u_n(x), \cdots$ 为定义在区间 I 的函数序列，则称表达式 $u_1(x)+u_2(x)+u_3(x)+\cdots+u_n(x)+\cdots$ 为区间 I 的函数项无穷级数（简称函数项级数），记为 $\sum_{n=1}^{\infty}u_n(x)$，即

$$\sum_{n=1}^{\infty}u_n(x) = u_1(x)+u_2(x)+u_3(x)+\cdots+u_n(x)+\cdots \tag{7-3}$$

对于每一个确定的 $x_0 \in I$，由级数(7-3)都可以得到一个常数项级数

$$\sum_{n=1}^{\infty}u_n(x_0) = u_1(x_0)+u_2(x_0)+u_3(x_0)+\cdots+u_n(x_0)+\cdots \tag{7-4}$$

如果级数(7-4)收敛，则称点 x_0 是函数项级数(7-3)的收敛点. 如果级数(7-4)发散，则称点 x_0 是函数项级数(7-3)的发散点. 函数项级数(7-3)的所有收敛点的全体，称为它的收敛域，所有发散点的全体，称为它的发散域.

收敛域内的每一个点 x，对应一个收敛的常数项级数

$$u_1(x)+u_2(x)+u_3(x)+\cdots+u_n(x)+\cdots$$

因而也对应一个确定的和 $s(x)$，这样得到一个定义在收敛域上的函数 $s(x)$. 函数 $s(x)$ 称为函数项级数(7-3) 的和函数，和函数 $s(x)$ 的定义域就是函数项级数的收敛域.

把函数项级数(7-3) 的前 n 项和记作 $s_n(x)$，对收敛域上的点 x 有

$$\lim_{n\to\infty} s_n(x) = s(x),$$

称 $r_n(x) = s(x) - s_n(x)$ 为函数项级数(7-3) 的余项. 显然，对于收敛域上的每一个点 x，有 $\lim\limits_{n\to\infty} r_n(x) = 0$.

例 7.18 x 取何值时，函数项级数 $\sum\limits_{n=0}^{\infty}(-1)^n x^n$ 收敛，并求其和函数.

解 当 $|-x| < 1$，即 $|x| < 1$ 时，此函数项级数的前 n 项和为

$$s_n(x) = \sum_{k=0}^{n-1}(-1)^k x^k = \frac{1-(-x)^n}{1+x},$$

此时原函数项级数收敛，且其和函数为

$$s(x) = \lim_{n\to\infty} s_n(x) = \lim_{n\to\infty}\frac{1-(-x)^n}{1+x} = \frac{1}{1+x}.$$

如何计算此极限？

而当 $|x| \geqslant 1$ 时，由于 $\lim\limits_{n\to\infty} u_n(x) = \lim\limits_{n\to\infty}(-1)^n x^n \neq 0$，因此原函数项级数发散.

7.3.2 幂级数及其敛散性

函数项级数中最简单也是最重要的一类级数就是幂级数. 形如

$$\sum_{n=0}^{\infty} a_n(x-x_0)^n = a_0 + a_1(x-x_0) + a_2(x-x_0)^2 + \cdots + a_n(x-x_0)^n + \cdots \tag{7-5}$$

的级数，称为 $(x-x_0)$ 的幂级数，其中常数 $a_0, a_1, a_2, \cdots, a_n, \cdots$ 称为幂级数的系数.

当 $x_0 = 0$ 时，就有形式更为简单的幂级数

$$\sum_{n=0}^{\infty} a_n x^n = a_0 + a_1 x + a_2 x^2 + \cdots + a_n x^n + \cdots \tag{7-6}$$

式(7-6) 称为 x 的幂级数.

由于可以通过线性变换 $t = x - x_0$ 把幂级数(7-5) 变成幂级数(7-6)，因此我们主要讨论形如式(7-6) 的幂级数.

幂级数(7-6) 的每一项都是 x 的 n 次幂乘以常数，并且幂级数是严格按 x 的升幂排序的. 例如例 7.18 中的函数项级数就是幂级数；又如级数

$$1 - \frac{x^2}{2} + \frac{x^4}{4} - \frac{x^6}{6} + \cdots + (-1)^n\frac{x^{2n}}{2n} + \cdots$$

也是幂级数，且它的 x 奇次幂项都不出现，可以认为它的系数 $a_{2n+1} = 0$.

设幂级数(7-6) 的和函数为 $s(x)$，其部分和为 $s_n(x)$，则

$$\lim_{n\to\infty} s_n(x) = s(x).$$

上式的意义在于,和函数总可以用多项式 $s_n(x)$ 近似表达. 因此,我们下面主要讨论幂级数的敛散性以及如何将一个函数表示成一个幂级数的形式.

由例7.18可知,幂级数 $\sum_{n=0}^{\infty}(-1)^n x^n$ 的收敛域是一个区间,即$(-1,1)$. 事实上,在一般情况下,幂级数的收敛域都是区间. 为证明这个结论,我们需要从下面的阿贝尔定理出发.

定理7.10(阿贝尔定理)　如果幂级数 $\sum_{n=0}^{\infty} a_n x^n$ 在点 $x = x_0\,(x_0 \neq 0)$ 处收敛,则此幂级数在一切满足 $|x| < |x_0|$ 的点 x 处绝对收敛. 如果 $\sum_{n=0}^{\infty} a_n x^n$ 在点 $x = x_0$ 处发散,则此幂级数在一切满足 $|x| > |x_0|$ 的点 x 处发散.

证　先设 x_0 是幂级数 $\sum_{n=0}^{\infty} a_n x^n$ 的收敛点,即级数 $\sum_{n=0}^{\infty} a_n x_0^n$ 收敛,根据级数收敛的必要条件,这时有 $\lim_{n\to\infty} a_n x_0^n = 0$,于是,存在一个常数 $M > 0$,使得 $|a_n x_0^n| \leqslant M\ (n = 0,1,2,\cdots)$,从而

$$|a_n x^n| = \left| a_n x_0^n \cdot \frac{x^n}{x_0^n} \right| = |a_n x_0^n| \cdot \left| \frac{x}{x_0} \right|^n \leqslant M \left| \frac{x}{x_0} \right|^n,$$

因为,当 $|x| < |x_0|$ 时,以 $\left|\frac{x}{x_0}\right|\ (< 1)$ 为公比的等比级数 $\sum_{n=0}^{\infty} M \left|\frac{x}{x_0}\right|^n$ 收敛,所以级数 $\sum_{n=0}^{\infty} |a_n x^n|$ 收敛,也就是级数 $\sum_{n=0}^{\infty} a_n x^n$ 绝对收敛.

定理的第二部分可用反证法证明. 设级数 $\sum_{n=0}^{\infty} a_n x^n$ 在点 $x = x_0$ 处发散,而存在一点 x_1 满足 $|x_1| > |x_0|$,且 $\sum_{n=0}^{\infty} a_n x_1^n$ 收敛. 则根据定理第一部分的结论,级数 $\sum_{n=0}^{\infty} a_n x^n$ 在点 $x = x_0$ 处绝对收敛,与已知矛盾,故定理得证.

定理7.10表明:如果幂级数(7-6)在某点 $x = x_0\,(x_0 \neq 0)$ 处收敛,则对于开区间 $(-|x_0|, |x_0|)$ 内任何点 x,幂级数(7-6)都绝对收敛;如果幂级数(7-6)在某点 $x = x_1$ 处发散,则对于闭区间 $[-|x_1|, |x_1|]$ 外的任何点 x,幂级数(7-6)都发散. 因此,所有收敛点都在以原点为中心的区间内,且收敛点都是连续相接,收敛点与发散点不互相混杂. 另外,数轴上的任意点,不是收敛点,便是发散点. 于是,在原点两侧对应的位置上存在完全确定的两个点 $x = R$ 和 $x = -R\ (R > 0)$,它们是幂级数 $\sum_{n=0}^{\infty} a_n x^n$ 的收敛域与发散域的分界点. 由此可得如下推论:

推论　如果幂级数 $\sum_{n=0}^{\infty} a_n x^n$ 不是仅在 $x = 0$ 一点收敛,也不是在整个数轴上都收敛,则必存在正数 R,使得当 $|x| < R$ 时,幂级数绝对收敛;当 $|x| > R$ 时,幂级数发散;当 $x = R$ 与 $x = -R$ 时,幂级数可能收敛,也可能发散.

上述推论中的正数 R 称为幂级数 $\sum_{n=0}^{\infty} a_n x^n$ 的收敛半径，开区间 $(-R,R)$ 叫作幂级数 $\sum_{n=0}^{\infty} a_n x^n$ 的收敛区间，而收敛区间的端点处，幂级数可能收敛，也可能发散，因此，幂级数的收敛域为

$$\text{收敛域} = (-R,R) \cup \{\text{收敛的端点}\}.$$

如果幂级数 $\sum_{n=0}^{\infty} a_n x^n$ 只在 $x=0$ 处收敛，即收敛域只有一点 $x=0$，这时，我们规定收敛半径 $R=0$；如果对一切 x 幂级数都收敛，则规定 $R=+\infty$，收敛域为 $(-\infty,+\infty)$.

由以上讨论可知，研究幂级数 $\sum_{n=0}^{\infty} a_n x^n$ 的敛散性问题，也就是要求它的收敛域，而求幂级数的收敛域实际上是求它的收敛半径，并讨论它在收敛区间的端点处的敛散性.

求幂级数的收敛半径，我们有如下定理：

定理 7.11 若幂级数 $\sum_{n=0}^{\infty} a_n x^n$ 的所有系数 a_n 都不为 0，且 $\lim_{n\to\infty}\left|\frac{a_{n+1}}{a_n}\right| = \rho$，设此幂级数的收敛半径为 R，则当 $0<\rho<+\infty$ 时，$R=\frac{1}{\rho}$；当 $\rho=0$ 时，$R=+\infty$；当 $\rho=+\infty$ 时，$R=0$.

证 对级数 $\sum_{n=0}^{\infty} |a_n x^n|$ 应用比值审敛法，由

$$\lim_{n\to\infty}\left|\frac{a_{n+1}x^{n+1}}{a_n x^n}\right| = \lim_{n\to\infty}\left|\frac{a_{n+1}}{a_n}\right||x| = \rho|x|.$$

若 $0<\rho<+\infty$，则当 $|x|<\frac{1}{\rho}$ 时，级数 $\sum_{n=0}^{\infty} a_n x^n$ 绝对收敛；当 $|x|>\frac{1}{\rho}$ 时，级数 $\sum_{n=0}^{\infty} |a_n x^n|$ 发散，且当 n 充分大时，有 $|a_{n+1}x^{n+1}|>|a_n x^n|$，一般项 $|a_n x^n|$ 不趋于 0，从而级数 $\sum_{n=0}^{\infty} a_n x^n$ 发散. 故收敛半径 $R=\frac{1}{\rho}$.

若 $\rho=0$，则对任意 $x\neq 0$，有

$$\lim_{n\to\infty}\left|\frac{a_{n+1}x^{n+1}}{a_n x^n}\right| = \lim_{n\to\infty}\left|\frac{a_{n+1}}{a_n}\right||x| = 0,$$

所以，级数 $\sum_{n=0}^{\infty} a_n x^n$ 绝对收敛，故收敛半径 $R=+\infty$.

若 $\rho=+\infty$，则对于任意 $x\neq 0$，有

$$\lim_{n\to\infty}\left|\frac{a_{n+1}x^{n+1}}{a_n x^n}\right| = \lim_{n\to\infty}\left|\frac{a_{n+1}}{a_n}\right||x| = +\infty,$$

所以，级数 $\sum_{n=0}^{\infty} |a_n x^n|$ 发散，且一般项 $|a_n x^n|$ 不趋于 0，从而级数 $\sum_{n=0}^{\infty} a_n x^n$ 发散. 故收敛半径 $R=0$.

利用根值审敛法，还可得求幂级数收敛半径的另一个定理：

定理 7.12　若幂级数 $\sum_{n=0}^{\infty} a_n x^n$ 的所有系数 a_n 都不为 0，且 $\lim_{n\to\infty} \sqrt[n]{|a_n|} = \rho$，设此幂级数的收敛半径为 R，则当 $0 < \rho < +\infty$ 时，$R = \frac{1}{\rho}$；当 $\rho = 0$ 时，$R = +\infty$；当 $\rho = +\infty$ 时，$R = 0$.

此定理的证明与定理 7.11 的证明相仿，此处从略.

例 7.19　求幂级数 $\sum_{n=2}^{\infty} (-1)^n \frac{\ln n}{n^p} x^n (p > 0)$ 的收敛半径与收敛域.

解　因为 $\rho = \lim_{n\to\infty} \left| \frac{a_{n+1}}{a_n} \right| = \lim_{n\to\infty} \left[\frac{\ln(n+1)}{\ln n} \cdot \frac{n^p}{(n+1)^p} \right] = 1$，故收敛半径 $R = \frac{1}{\rho} = 1$. 对端点 $x = 1$，级数成为交错级数 $\sum_{n=2}^{\infty} (-1)^n \frac{\ln n}{n^p}\ (p > 0)$，由例 7.13 的结果知，该级数收敛；对端点 $x = -1$，级数成为 $\sum_{n=2}^{\infty} \frac{\ln n}{n^p}\ (p > 0)$，由例 7.10 的结果知，当 $p > 1$ 时该级数收敛，当 $0 < p \leqslant 1$ 时该级数发散. 于是可得，当 $p > 1$ 时，原级数的收敛域为 $[-1,1]$；当 $0 < p \leqslant 1$ 时，原幂级数的收敛域为 $(-1,1]$.

例 7.20　求幂级数 $\sum_{n=1}^{\infty} (-1)^n \left(\frac{n}{2n+1} \right)^n x^n$ 的收敛半径与收敛域.

解　因为 $\rho = \lim_{n\to\infty} \sqrt[n]{|a_n|} = \lim_{n\to\infty} \frac{n}{2n+1} = \frac{1}{2}$，故收敛半径 $R = \frac{1}{\rho} = 2$，又因 $x = \pm 2$ 时，$\lim_{n\to\infty} |a_n x^n| = \lim_{n\to\infty} \left(\frac{n}{2n+1} \right)^n \cdot 2^n = \lim_{n\to\infty} \left(1 + \frac{1}{2n} \right)^{-n} = \mathrm{e}^{-\frac{1}{2}} \neq 0$，所以，该级数在 $x = \pm 2$ 处发散，故原幂级数的收敛域为 $(-2,2)$.

如果幂级数 $\sum_{n=0}^{\infty} a_n x^n$ 的某些系数为 0，即幂级数有缺项，如缺少奇次幂或偶次幂的项时，则应直接用比值审敛法或根值审敛法来判断其敛散性.

例 7.21　求幂级数 $\sum_{n=0}^{\infty} (-1)^n \frac{n+1}{2^n} x^{2n+1}$ 的收敛半径与收敛域.

解　本题我们用比值审敛法来求收敛半径：

$$\lim_{n\to\infty} \left| \frac{(-1)^{n+1} \frac{n+2}{2^{n+1}} x^{2n+3}}{(-1)^n \frac{n+1}{2^n} x^{2n+1}} \right| = \lim_{n\to\infty} \frac{n+2}{2(n+1)} \cdot x^2 = \frac{x^2}{2},$$

当 $\frac{x^2}{2} < 1$，即 $|x| < \sqrt{2}$ 时，原级数绝对收敛；当 $\frac{x^2}{2} > 1$，即 $|x| > \sqrt{2}$ 时，原级数发散. 所以收敛半径 $R = \sqrt{2}$.

当 $x = \pm\sqrt{2}$ 时，原级数为 $\pm\sqrt{2} \sum_{n=0}^{\infty} (-1)^n (n+1)$，显然是发散的，故该幂级数的收敛域为 $(-\sqrt{2},\sqrt{2})$.

注　此例也可用根值审敛法求解.

例 7.22 求幂级数$\sum_{n=1}^{\infty}\frac{2^n+(-1)^n}{n}(x+1)^n$的收敛半径与收敛域.

解 因为$\rho=\lim_{n\to\infty}\left|\frac{a_{n+1}}{a_n}\right|=\lim_{n\to\infty}\left[\frac{2^{n+1}+(-1)^{n+1}}{2^n+(-1)^n}\cdot\frac{n}{n+1}\right]=2$,故收敛半径$R=\frac{1}{\rho}=\frac{1}{2}$.

又因当$x+1=\frac{1}{2}$时,级数成为$\sum_{n=1}^{\infty}\frac{2^n+(-1)^n}{n\cdot 2^n}=\sum_{n=1}^{\infty}\left[\frac{1}{n}+\frac{(-1)^n}{n\cdot 2^n}\right]$,因为级数$\sum_{n=1}^{\infty}\frac{1}{n}$发散,而$\sum_{n=1}^{\infty}\frac{(-1)^n}{n\cdot 2^n}$收敛,所以当$x+1=\frac{1}{2}$时,原级数发散.

当$x+1=-\frac{1}{2}$时,级数成为$\sum_{n=1}^{\infty}\frac{2^n+(-1)^n}{n\cdot(-2)^n}=\sum_{n=1}^{\infty}\left[\frac{(-1)^n}{n}+\frac{1}{n\cdot 2^n}\right]$,因为级数$\sum_{n=1}^{\infty}\frac{(-1)^n}{n}$和$\sum_{n=1}^{\infty}\frac{1}{n\cdot 2^n}$都收敛,所以当$x+1=-\frac{1}{2}$时,原级数收敛.

于是当$-\frac{1}{2}\leqslant x+1<\frac{1}{2}$时,原级数收敛,即原幂级数的收敛域为$\left[-\frac{3}{2},-\frac{1}{2}\right)$.

7.3.3 幂级数的运算与性质

1. 幂级数的四则运算

根据常数项级数的基本性质及绝对收敛的性质,知幂级数可进行下列四则运算.

定理 7.13 设幂级数$\sum_{n=0}^{\infty}a_nx^n$与$\sum_{n=0}^{\infty}b_nx^n$的收敛半径分别为$R_1$与$R_2$,令$R=\min\{R_1,R_2\}$,则

(1) $\sum_{n=0}^{\infty}a_nx^n\pm\sum_{n=0}^{\infty}b_nx^n=\sum_{n=0}^{\infty}(a_n\pm b_n)x^n,x\in(-R,R)$;

(2) $\sum_{n=0}^{\infty}a_nx^n\cdot\sum_{n=0}^{\infty}b_nx^n=\sum_{n=0}^{\infty}(a_0b_n+a_1b_{n-1}+\cdots+a_nb_0)x^n,x\in(-R,R)$;

(3) 设$b_0\neq 0$,

$$\frac{\sum_{n=0}^{\infty}a_nx^n}{\sum_{n=0}^{\infty}b_nx^n}=\sum_{n=0}^{\infty}c_nx^n,$$

其中系数$c_n(n=0,1,2,\cdots)$可由方程组

$$a_n=b_0c_n+b_1c_{n-1}+\cdots+b_nc_0,n=0,1,2,\cdots,$$

逐一求得.

你知道这是为什么吗?

2.幂级数的分析运算与性质

幂级数在收敛区间内的和函数有着许多重要性质,下面我们不加证明地给出其中几条基本性质.

定理 7.14 设幂级数 $\sum_{n=0}^{\infty} a_n x^n$ 的收敛半径为 $R(R>0)$,和函数为 $s(x)$,则

(1)$s(x)$ 在收敛区间 $(-R,R)$ 内连续,即对任意 $x_0 \in (-R,R)$,有

$$\lim_{x \to x_0} s(x) = s(x_0) \quad 或 \quad \lim_{x \to x_0} \sum_{n=0}^{\infty} a_n x^n = \sum_{n=0}^{\infty} a_n x_0^n.$$

如果幂级数 $\sum_{n=0}^{\infty} a_n x^n$ 在点 $x=R$(或 $x=-R$) 处收敛,则 $s(x)$ 在点 $x=R$ 处左连续(或在 $x=-R$ 处右连续).

(2)$s(x)$在收敛区间$(-R,R)$内可导,且可逐项求导,即

$$s'(x) = \left(\sum_{n=0}^{\infty} a_n x^n\right)' = \sum_{n=0}^{\infty} (a_n x^n)' = \sum_{n=1}^{\infty} n a_n x^{n-1}, \tag{7-7}$$

逐项求导后的幂级数 $\sum_{n=1}^{\infty} n a_n x^{n-1}$ 与原级数 $\sum_{n=0}^{\infty} a_n x^n$ 有相同的收敛半径. 如果幂级数 $\sum_{n=1}^{\infty} n a_n x^{n-1}$ 在点 $x=R$(或 $x=-R$) 处收敛,则式(7-7) 对 $x=R$(或 $x=-R$) 仍成立.

(3)$s(x)$ 在收敛区间 $(-R,R)$ 内的任一闭区间上可积,且可逐项积分,即

$$\int_0^x s(t)\mathrm{d}t = \int_0^x \left(\sum_{n=0}^{\infty} a_n t^n\right)\mathrm{d}t = \sum_{n=0}^{\infty} \int_0^x a_n t^n \mathrm{d}t = \sum_{n=0}^{\infty} \frac{a_n}{n+1} x^{n+1}, \tag{7-8}$$

逐项积分后的幂级数 $\sum_{n=0}^{\infty} \frac{a_n}{n+1} x^{n+1}$ 与原级数 $\sum_{n=0}^{\infty} a_n x^n$ 有相同的收敛半径. 如果幂级数 $\sum_{n=0}^{\infty} \frac{a_n}{n+1} x^{n+1}$ 在点 $x=R$(或 $x=-R$) 处收敛,则式(7-8) 对 $x=R$(或 $x=-R$) 仍成立.

定理 7.14 指出逐项求导或逐项积分后的幂级数 $\sum_{n=1}^{\infty} n a_n x^{n-1}$,$\sum_{n=0}^{\infty} \frac{a_n}{n+1} x^{n+1}$ 与原幂级数 $\sum_{n=0}^{\infty} a_n x^n$ 有相同的收敛半径R,但在点 $x=R$ 或$x=-R$处的敛散性可能会发生变化,由此表明逐项求导或逐项积分后的幂级数与原幂级数有相同的收敛区间,而收敛域未必相同.

利用幂级数的性质可以求出一些幂级数的和函数与某些常数项级数的和.

例 7.23 求幂级数$\sum_{n=0}^{\infty} (-1)^n \frac{x^{2n+1}}{2n+1}$ 的和函数,并求级数$\sum_{n=0}^{\infty} \frac{(-1)^n}{2n+1}$ 的和.

解 可求得题设幂级数的收敛域为$[-1,1]$,

你会求吗?

因为
$$\sum_{n=0}^{\infty} (-1)^n x^{2n} = \frac{1}{1+x^2}(-1<x<1),$$

你会求此级数的和吗?

所以,由定理7.14,得

$$\sum_{n=0}^{\infty}(-1)^n\frac{x^{2n+1}}{2n+1}=\sum_{n=0}^{\infty}(-1)^n\int_0^x t^{2n}\mathrm{d}t=\int_0^x\sum_{n=0}^{\infty}(-1)^n t^{2n}\mathrm{d}t$$

$$=\int_0^x\frac{1}{1+t^2}\mathrm{d}t=\arctan x(-1\leqslant x\leqslant 1).$$

在上式中取 $x=1$,得

$$\sum_{n=0}^{\infty}\frac{(-1)^n}{2n+1}=\arctan 1=\frac{\pi}{4}.$$

例 7.24 求幂级数 $\sum_{n=1}^{\infty}n^2x^{n-1}$ 的和函数.

解 可求得题设幂级数的收敛域为 $(-1,1)$. 由定理7.14,得

$$\sum_{n=1}^{\infty}nx^n=\sum_{n=1}^{\infty}x(x^n)'=x\left(\sum_{n=1}^{\infty}x^n\right)'=x\left(\frac{x}{1-x}\right)'=\frac{x}{(1-x)^2},$$

在上式两端再对 x 求导,得

$$\sum_{n=1}^{\infty}n^2x^{n-1}=\frac{1+x}{(1-x)^3}(-1<x<1).$$

例 7.25 求幂级数 $\sum_{n=1}^{\infty}\frac{(-1)^{n-1}(2x)^{2n+1}}{n(2n+1)}$ 的和函数.

解 可求得题设幂级数的收敛域为 $\left[-\frac{1}{2},\frac{1}{2}\right]$.

你会求吗?

因为

$$\sum_{n=1}^{\infty}(-1)^{n-1}\frac{x^n}{n}=\sum_{n=1}^{\infty}(-1)^{n-1}\int_0^x t^{n-1}\mathrm{d}t=\int_0^x\sum_{n=1}^{\infty}(-t)^{n-1}\mathrm{d}t$$

$$=\int_0^x\frac{1}{1+t}\mathrm{d}t=\ln(1+x),(-1<x<1).$$

在上式中用 $4x^2$ 代替 x,得

$$\sum_{n=1}^{\infty}\frac{(-1)^{n-1}(2x)^{2n}}{n}=\sum_{n=1}^{\infty}\frac{(-1)^{n-1}(4x^2)^n}{n}=\ln(1+4x^2),\left(-\frac{1}{2}<x<\frac{1}{2}\right),$$

于是

$$\sum_{n=1}^{\infty}\frac{(-1)^{n-1}(2x)^{2n+1}}{n(2n+1)}=\sum_{n=1}^{\infty}\frac{(-1)^{n-1}}{n}\int_0^x 2(2t)^{2n}\mathrm{d}t=2\int_0^x\sum_{n=1}^{\infty}\frac{(-1)^{n-1}(2t)^{2n}}{n}\mathrm{d}t$$

$$=2\int_0^x\ln(1+4t^2)\mathrm{d}t=2x\ln(1+4x^2)-\int_0^x\frac{16t^2}{1+4t^2}\mathrm{d}t$$

$$=2x\ln(1+4x^2)-4x+2\arctan 2x,\left(-\frac{1}{2}\leqslant x\leqslant\frac{1}{2}\right).$$

习　题　7.3

1. 设对任意 $n=0,1,2,\cdots$，$|a_n|\leqslant|b_n|$，证明幂级数 $\sum\limits_{n=0}^{\infty}a_nx^n$ 的收敛半径不小于幂级数 $\sum\limits_{n=0}^{\infty}b_nx^n$ 的收敛半径.

2. 求下列幂级数的收敛半径与收敛域：

(1) $\sum\limits_{n=0}^{\infty}\dfrac{x^n}{n!}$；　　(2) $\sum\limits_{n=1}^{\infty}\dfrac{n!}{n^p}x^n(p>0)$；

(3) $\sum\limits_{n=1}^{\infty}\dfrac{x^n}{n^p}\ (p>0)$；　　(4) $\sum\limits_{n=2}^{\infty}\dfrac{(-1)^n}{\ln n}(x+1)^n$；

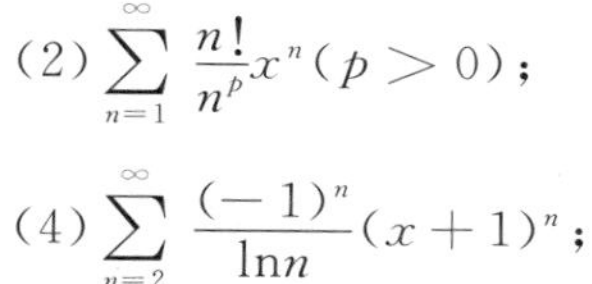

(5) $\sum\limits_{n=1}^{\infty}\left(\dfrac{n}{1+2n}\right)^n x^n$；　　(6) $\sum\limits_{n=1}^{\infty}\dfrac{3^n+(-2)^n}{n}(2x-1)^n$；

(7) $\sum\limits_{n=1}^{\infty}\dfrac{(x-2)^{2n}}{n\cdot 4^n}$；　　(8) $\sum\limits_{n=1}^{\infty}(\sqrt{n+1}-\sqrt{n})2^nx^{2n}$.

3. 求下列幂级数的和函数：

(1) $\sum\limits_{n=0}^{\infty}\dfrac{x^{2n+1}}{2n+1}$；　　(2) $\sum\limits_{n=1}^{\infty}(-1)^{n-1}\dfrac{n}{n+1}x^n$；

(3) $\sum\limits_{n=1}^{\infty}(-1)^{n-1}n(n+1)x^{n-1}$；　　(4) $\sum\limits_{n=1}^{\infty}\dfrac{1}{n(n+1)}x^{n+1}$；

(5) $\sum\limits_{n=1}^{\infty}\dfrac{(-1)^{n-1}}{n(2n-1)}x^{2n}$；　　(6) $\sum\limits_{n=1}^{\infty}\dfrac{x^{4n+1}}{4n+1}$.

4. 求下列数项级数的和：

(1) $\sum\limits_{n=1}^{\infty}\dfrac{(-1)^{n-1}}{n}$；　　(2) $\sum\limits_{n=1}^{\infty}\dfrac{n^2}{2^n}$；　　(3) $\sum\limits_{n=1}^{\infty}\dfrac{1}{(2n-1)\cdot 4^n}$.

5. 求下列幂级数的收敛域：

(1) $\sum\limits_{n=1}^{\infty}\dfrac{(-1)^n}{n}\left(\dfrac{x}{2x+1}\right)^n$；　　(2) $\sum\limits_{n=1}^{\infty}\left(1+\dfrac{1}{2}+\cdots+\dfrac{1}{n}\right)^{-1}x^n$.

6. 求数项级数 $\sum\limits_{n=1}^{\infty}\dfrac{(-1)^{n-1}n}{(n+1)(n+2)}$ 的和.

习题 7.3 详解

7.4　函数展开成幂级数

在上一节我们讨论了幂级数的收敛域、和函数以及和函数的性质，并在可能的情况下求出和函数的表达式.但在许多实际问题中经常需要考虑其相反的问题，即给定函数 $f(x)$，是否能找到一个幂级数，它在某区间内收敛，且其和恰好就是给定的函数 $f(x)$.

7.4.1　泰勒级数

如果给定函数 $f(x)$，我们能找到一个在某区间内收敛，且收敛的和恰好就是已给的函数 $f(x)$ 的幂级数，这时，我们就说，函数 $f(x)$ 在该区间内能展开成幂级数，而这个幂级数在该区间内就表达了函数 $f(x)$.

如果函数 $f(x)$ 在 x_0 的某一邻域内具有 $(n+1)$ 阶的导数，则在该邻域内 $f(x)$ 的 n 阶泰勒公式为

$$f(x)=f(x_0)+f'(x_0)(x-x_0)+\frac{f''(x_0)}{2!}(x-x_0)^2+\cdots+\frac{f^{(n)}(x_0)}{n!}(x-x_0)^n+R_n(x), \tag{7-9}$$

其中 $R_n(x)$ 为拉格朗日型余项 $R_n(x)=\dfrac{f^{(n+1)}(\xi)}{(n+1)!}(x-x_0)^{n+1}$，$\xi$ 为 x_0 与 x 之间的某个值.记

$$P_n(x)=f(x_0)+f'(x_0)(x-x_0)+\frac{f''(x_0)}{2!}(x-x_0)^2+\cdots+\frac{f^{(n)}(x_0)}{n!}(x-x_0)^n, \tag{7-10}$$

由式(7-9)有 $f(x)=P_n(x)+R_n(x)$，于是，用 $P_n(x)$ 作为 $f(x)$ 的近似表达式，其误差为 $|R_n(x)|$.如果 $|R_n(x)|$ 随着 n 的增大而减少，则可设想：增加多项式(7-10)的项数，用 $P_n(x)$ 近似替代 $f(x)$，必能提高 $f(x)$ 的精确度.

我们把函数 $f(x)$ 在 x_0 某邻域内具有 $(n+1)$ 阶的导数，改为 $f(x)$ 在 x_0 某邻域内具有各阶导数 $f'(x),f''(x),\cdots,f^{(n)}(x),\cdots$，这样，设想式(7-10)的项数趋于无穷而成为一个幂级数

$$f(x_0)+f'(x_0)(x-x_0)+\frac{f''(x_0)}{2!}(x-x_0)^2+\cdots+\frac{f^{(n)}(x)}{n!}(x-x_0)^n+\cdots \tag{7-11}$$

称式(7-11)为函数 $f(x)$ 的泰勒级数，显然 $f(x)$ 的泰勒级数(7-11)在 $x=x_0$ 处收敛于 $f(x_0)$.问题是在 x_0 的邻域内的其他各点处，泰勒级数(7-11)是否一定收敛?如果收敛，是否一定收敛于 $f(x)$?上述问题可用以下定理来回答.

定理 7.15　设函数 $f(x)$ 在点 x_0 的某邻域 $U(x_0)$ 内具有各阶导数，则 $f(x)$ 在该邻域内

能展开成泰勒级数的充分必要条件是：$f(x)$ 的泰勒公式中的余项 $R_n(x)$，当 $n\to\infty$ 时的极限为零，即 $\lim\limits_{n\to\infty}R_n(x)=0\ (x\in U(x_0))$.

证　先证必要性. 设 $f(x)$ 在 $U(x_0)$ 内能展开成泰勒级数，即

$$f(x)=f(x_0)+f'(x_0)(x-x_0)+\frac{f''(x_0)}{2!}(x-x_0)^2+\cdots+\frac{f^{(n)}(x_0)}{n!}(x-x_0)^n+\cdots,\tag{7-12}$$

对一切 $x\in U(x_0)$ 成立. 设式(7-12) 右端的泰勒级数的前 $(n+1)$ 项和为 $s_{n+1}(x)$，则有 $\lim\limits_{n\to\infty}s_{n+1}(x)=f(x)$，且由泰勒公式知 $f(x)=s_{n+1}(x)+R_n(x)$，所以

$$\lim_{n\to\infty}R_n(x)=\lim_{n\to\infty}[f(x)-s_{n+1}(x)]=f(x)-f(x)=0.$$

再证充分性. 因 $\lim\limits_{n\to\infty}R_n(x)=0$ 对一切 $x\in U(x_0)$ 成立，由 $s_{n+1}(x)=f(x)-R_n(x)$ 得

$$\lim_{n\to\infty}s_{n+1}(x)=\lim_{n\to\infty}[f(x)-R_n(x)]=f(x),$$

即 $f(x)$ 的泰勒级数(7-11) 在 $U(x_0)$ 内收敛，且收敛于 $f(x)$. 定理获证.

在式(7-11) 中令 $x_0=0$，得

$$f(0)+f'(0)x+\frac{f''(0)}{2!}x^2+\cdots+\frac{f^{(n)}(x)}{n!}x^n+\cdots,\tag{7-13}$$

级数(7-13) 称为函数 $f(x)$ 的麦克劳林级数.

定理 7.16(唯一性定理)　如果函数 $f(x)$ 在点 $x_0=0$ 的某邻域 $(-R,R)$ 内能展开成 x 的幂级数

$$f(x)=\sum_{n=0}^{\infty}a_nx^n=a_0+a_1x+a_2x^2+\cdots+a_nx^n+\cdots(x\in(-R,R)),$$

则必有 $a_n=\dfrac{1}{n!}f^{(n)}(0)(n=0,1,2,\cdots)$，记 $f^{(0)}(0)=f(0)$.

证　若 $f(x)=a_0+a_1x+a_2x^2+\cdots+a_nx^n+\cdots(x\in(-R,R))$，令 $x=0$，得 $a_0=f(0)$，再逐项求导得

$$f'(x)=a_1+2a_2x+3a_3x^2+\cdots+na_nx^{n-1}+\cdots,$$
$$f''(x)=2!a_2+3\cdot 2a_3x+\cdots+n(n-1)a_nx^{n-2}+\cdots,$$
$$f'''(x)=3!a_3+\cdots+n(n-1)(n-2)a_nx^{n-3}+\cdots,$$
$$\cdots$$
$$f^{(n)}(x)=n!a_n+(n+1)n(n-1)\cdot\cdots\cdot 2a_{n+1}x+\cdots,$$

把 $x=0$ 代入以上各式得 $a_1=f'(0),a_2=\dfrac{1}{2!}f''(0),\cdots,a_n=\dfrac{1}{n!}f^{(n)}(0),\cdots$. 于是定理获证.

与定理 7.16 的证明方法类似，可得如下更一般的结论：

如果函数 $f(x)$ 在点 $x=x_0$ 的某邻域 $U(x_0)$ 内能展开成 $x-x_0$ 的幂级数

$$f(x)=\sum_{n=0}^{\infty}a_n(x-x_0)^n(x\in U(x_0)),$$

则必有 $a_n = \frac{1}{n!}f^{(n)}(x_0)(n=0,1,2,\cdots)$，记 $f^{(0)}(x_0)=f(x_0)$.

由此可知，如果函数 $f(x)$ 在 $(-R,R)$ 内能展开成 x 的幂级数，则此幂级数只能是 $f(x)$ 的麦克劳林级数；若函数 $f(x)$ 在 $U(x_0)$ 内能展开成 $x-x_0$ 的幂级数，则此幂级数只能是 $f(x)$ 在 x_0 的泰勒级数. 故定理 7.16 称为唯一性定理.

如前所述，若函数 $f(x)$ 在 $x_0=0$ 处具有各阶导数，则由式(7-13)作出 $f(x)$ 的麦克劳林级数，但并不能保证此麦克劳林级数一定收敛，即使收敛，也不能保证一定收敛于 $f(x)$. 而此麦克劳林级数是否收敛于 $f(x)$，要依据定理 7.15，检验 $\lim\limits_{n\to\infty}R_n(x)=0$ 是否成立.

7.4.2 函数展开成幂级数的方法

1. 直接展开法

把函数 $f(x)$ 展开成 x 的幂级数，可按如下步骤进行：

第一步：求函数 $f(x)$ 的各阶导数 $f'(x), f''(x), \cdots, f^{(n)}(x), \cdots$. 如果在 $x=0$ 处某阶导数不存在，就表明 $f(x)$ 不能展开成 x 的幂级数.

第二步：求出 $f(0), f'(0), f''(0), \cdots, f^{(n)}(0), \cdots$.

第三步：作出幂级数 $f(0)+f'(0)x+\frac{f''(0)}{2!}x^2+\cdots+\frac{f^{(n)}(x)}{n!}x^n+\cdots$，并求出收敛半径 R.

第四步：检验当 $x\in(-R,R)$ 时，余项 $R_n(x)$ 的极限，即

$$\lim_{n\to\infty}R_n(x)=\lim_{n\to\infty}\frac{f^{(n+1)}(\xi)}{(n+1)!}x^{n+1}\ (\xi\text{ 在 }0\text{ 与 }x\text{ 之间})$$

是否为零，如果为零，则有展开式

$$f(x)=f(0)+f'(0)x+\frac{f''(0)}{2!}x^2+\cdots+\frac{f^{(n)}(x)}{n!}x^n+\cdots,$$

其中 $x\in(-R,R)$.

以上这种直接按公式 $a_n=\frac{1}{n!}f^{(n)}(0)(n=0,1,2,\cdots)$ 计算幂级数的系数，再检验 $\lim\limits_{n\to\infty}R_n(x)=0$，然后代入麦克劳林级数，得到 $f(x)$ 关于 x 的幂级数的方法，称为直接展开法.

例 7.26 将函数 $f(x)=\mathrm{e}^x$ 展开成 x 的幂级数.

解 因为 $f^{(n)}(x)=\mathrm{e}^x(n=0,1,2,\cdots)$，因此 $f^{(n)}(0)=1\ (n=0,1,2,\cdots)$，于是得级数 $1+x+\frac{1}{2!}x^2+\cdots+\frac{x^n}{n!}+\cdots, x\in(-\infty,+\infty)$. 显然，对任意 x、ξ(ξ 在 0 与 x 之间) 有

$$|R_n(x)|=\left|\frac{\mathrm{e}^{\xi}}{(n+1)!}x^{n+1}\right|<\mathrm{e}^{|x|}\cdot\frac{|x|^{n+1}}{(n+1)!},$$

这里 $\mathrm{e}^{|x|}$ 是与 n 无关的有限数. 注意到幂级数 $\sum\limits_{n=0}^{\infty}\frac{|x|^{n+1}}{(n+1)!}$ 当 $x\in(-\infty,+\infty)$ 时是收敛

级数，于是$\lim\limits_{n\to\infty}e^{|x|}\cdot\frac{|x|^{n+1}}{(n+1)!}=0$，故$\lim\limits_{n\to\infty}R_n(x)=0$. 这样 $f(x)=e^x$ 可以展开成x 的幂级数，即

$$e^x=1+x+\frac{1}{2!}x^2+\cdots+\frac{x^n}{n!}+\cdots(x\in(-\infty,+\infty)). \tag{7-14}$$

例 7.27 将函数 $f(x)=\sin x$ 展开成 x 的幂级数.

解 因为

$$f^{(n)}(x)=\sin\left(x+n\cdot\frac{\pi}{2}\right)(n=0,1,2,\cdots),$$

$f^{(n)}(0)$ 顺序循环地取 $0,1,0,-1,\cdots(n=0,1,2,\cdots)$，于是可得级数

$$x-\frac{1}{3!}x^3+\frac{1}{5!}x^5-\cdots+(-1)^n\frac{x^{2n+1}}{(2n+1)!}+\cdots(x\in(-\infty,+\infty)),$$

对于任何有限数 x、ξ(ξ 在 0 与 x 之间)，有

$$|R_n(x)|=\left|\frac{\sin\left(\xi+\frac{n+1}{2}\pi\right)}{(n+1)!}x^{n+1}\right|\leqslant\frac{|x|^{n+1}}{(n+1)!}\to 0(n\to\infty),$$

故得展开式

$$\sin x=x-\frac{1}{3!}x^3+\frac{1}{5!}x^5-\cdots+(-1)^n\frac{x^{2n+1}}{(2n+1)!}+\cdots(x\in(-\infty,+\infty)). \tag{7-15}$$

从以上两例可以看出，用直接展开法把函数展开成 x 的幂级数时，既要计算函数的 n 阶导数，又要检验余项的极限是否为零，计算量比较大. 因此我们将介绍间接展开法.

2. 间接展开法

所谓间接展开法，是指利用一些已知的函数展开式、幂级数的四则运算、逐项求导和逐项积分以及变量代换等，将所给函数展开成幂级数的方法.

例 7.28 将函数 $f(x)=\cos x$ 展开成 x 的幂级数.

解 对展开式(7-15) 的两端逐项求导可得

$$\cos x=1-\frac{1}{2!}x^2+\frac{1}{4!}x^4-\cdots+(-1)^n\frac{x^{2n}}{(2n)!}+\cdots(x\in(-\infty,+\infty)). \tag{7-16}$$

例 7.29 将函数 $f(x)=\ln(1+x)$ 展开成 x 的幂级数.

解 因为 $f'(x)=\frac{1}{1+x}$，而$\frac{1}{1+x}$ 是收敛的几何级数$\sum\limits_{n=1}^{\infty}(-1)^{n-1}x^{n-1}$ 的和函数，即

$$\frac{1}{1+x}=1-x+x^2-\cdots+(-1)^{n-1}x^{n-1}+\cdots(-1<x<1),$$

再将上式从 0 到 x 逐项积分，得

$$\ln(1+x)=x-\frac{x^2}{2}+\frac{x^3}{3}-\cdots+(-1)^{n-1}\frac{x^n}{n}+\cdots(-1<x\leqslant 1). \tag{7-17}$$

注意到展开式对 $x=1$ 成立，是因为右端的幂级数当 $x=1$ 时收敛，而和函数 $\ln(1+x)$ 在 $x=1$ 处有定义且连续.

例 7.30 将函数 $f(x)=(1+x)^\alpha$ 展开成 x 的幂级数,其中 α 为任意实常数.

解 求 $f(x)=(1+x)^\alpha$ 的各阶导数得

$$f^{(n)}(x)=\alpha(\alpha-1)(\alpha-2)\cdots(\alpha-n+1)(1+x)^{\alpha-n}(n=1,2,\cdots),$$

令 $x=0$,得

$$f(0)=1,$$

$$f^{(n)}(0)=\alpha(\alpha-1)(\alpha-2)\cdots(\alpha-n+1)(n=1,2,\cdots).$$

于是得到 $f(x)=(1+x)^\alpha$ 的麦克劳林级数

$$1+\alpha x+\frac{\alpha(\alpha-1)}{2!}x^2+\cdots+\frac{\alpha(\alpha-1)\cdots(\alpha-n+1)}{n!}x^n+\cdots,$$

因为
$$\rho=\lim_{n\to\infty}\left|\frac{a_n}{a_{n+1}}\right|=\lim_{n\to\infty}\left|\frac{\alpha-n}{n+1}\right|=1,$$

所以收敛半径为 $R=1$,收敛区间为 $(-1,1)$.

为了避免直接检验余项的极限是否为零,设

$$s(x)=1+\alpha x+\frac{\alpha(\alpha-1)}{2!}x^2+\cdots+\frac{\alpha(\alpha-1)\cdots(\alpha-n+1)}{n!}x^n+\cdots,$$

其中 $-1<x<1$.

下面证明 $s(x)=(1+x)^\alpha(-1<x<1)$.

对上式两端求导,得

$$s'(x)=\alpha+\alpha(\alpha-1)x+\cdots+\frac{\alpha(\alpha-1)\cdots(\alpha-n+1)}{(n-1)!}x^{n-1}+\cdots$$

$$=\alpha\left[1+(\alpha-1)x+\cdots+\frac{(\alpha-1)\cdots(\alpha-n+1)}{(n-1)!}x^{n-1}+\cdots\right],$$

用 $(1+x)$ 乘上式两端,合并同类项,并利用恒等式

$$\frac{\alpha(\alpha-1)\cdots(\alpha-n+1)}{n!}=\frac{(\alpha-1)\cdots(\alpha-n)}{n!}+\frac{(\alpha-1)\cdots(\alpha-n+1)}{(n-1)!},$$

得

$$(1+x)s'(x)=\alpha\left[1+\alpha x+\frac{\alpha(\alpha-1)}{2!}x^2+\cdots+\frac{\alpha(\alpha-1)\cdots(\alpha-n+1)}{n!}+\cdots\right]$$

$$=\alpha s(x)(-1<x<1),$$

即 $\dfrac{s'(x)}{s(x)}=\dfrac{\alpha}{1+x}(-1<x<1)$,又 $s(0)=1$. 上式两端从 0 到 x 积分得

$$s(x)=(1+x)^\alpha(-1<x<1).$$

从而
$$(1+x)^\alpha=1+\alpha x+\frac{\alpha(\alpha-1)}{2!}x^2+\cdots$$

$$+\frac{\alpha(\alpha-1)\cdots(\alpha-n+1)}{n!}x^n+\cdots(-1<x<1). \tag{7-18}$$

在收敛区间端点 $x=\pm1$ 处,展开式是否成立视 α 的数值而定. 式(7-18)中的 α 是正整数时,就是代数学中的二项式定理.

当 $\alpha=\frac{1}{2},-\frac{1}{2}$ 时，式(7-18)分别为

$$\sqrt{1+x}=1+\frac{1}{2}x-\frac{1}{2\cdot 4}x^2+\frac{1\cdot 3}{2\cdot 4\cdot 6}x^3-\frac{1\cdot 3\cdot 5}{2\cdot 4\cdot 6\cdot 8}x^4+\cdots(-1\leqslant x\leqslant 1),$$

$$\frac{1}{\sqrt{1+x}}=1-\frac{1}{2}x+\frac{1\cdot 3}{2\cdot 4}x^2-\frac{1\cdot 3\cdot 5}{2\cdot 4\cdot 6}x^3+\frac{1\cdot 3\cdot 5\cdot 7}{2\cdot 4\cdot 6\cdot 8}x^4-\cdots(-1<x\leqslant 1).$$

请你推导以上这两个展开式.

式(7-14)、(7-15)、(7-16)、(7-17)与(7-18)以及收敛的几何级数和函数公式都可以作为间接展开法的公式.

例 7.31 将函数 $f(x)=\arctan x$ 展开成 x 的幂级数.

解 因为

$$\frac{1}{1+x^2}=\frac{1}{1-(-x^2)}=\sum_{n=0}^{\infty}(-1)^n x^{2n}(-1<x<1),$$

所以

$$\begin{aligned}\arctan x&=\int_0^x\frac{1}{1+t^2}\mathrm{d}t=\int_0^x\sum_{n=0}^{\infty}(-1)^n t^{2n}\mathrm{d}t\\&=\sum_{n=0}^{\infty}(-1)^n\int_0^x t^{2n}\mathrm{d}t\\&=\sum_{n=0}^{\infty}(-1)^n\frac{x^{2n+1}}{2n+1}(-1<x<1).\end{aligned}$$

当 $x=\pm 1$ 时，上式右端的级数成为 $\pm\sum\limits_{n=0}^{\infty}(-1)^n\frac{1}{2n+1}$，显然是收敛的，又 $f(x)=\arctan x$ 在 $x=\pm 1$ 处连续，因此，得

$$\arctan x=\sum_{n=0}^{\infty}(-1)^n\frac{x^{2n+1}}{2n+1}(-1\leqslant x\leqslant 1).$$

例 7.32 将函数 $f(x)=(1-x)\ln(1+2x)$ 展开成 x 的幂级数.

解 由式(7-17)得

$$\ln(1+2x)=\sum_{n=1}^{\infty}(-1)^{n-1}\frac{2^n}{n}x^n\quad\left(-\frac{1}{2}<x\leqslant\frac{1}{2}\right),$$

所以

$$\begin{aligned}f(x)&=(1-x)\sum_{n=1}^{\infty}(-1)^{n-1}\frac{2^n}{n}x^n=\sum_{n=1}^{\infty}(-1)^{n-1}\frac{2^n}{n}x^n-\sum_{n=1}^{\infty}(-1)^{n-1}\frac{2^n}{n}x^{n+1}\\&=\sum_{n=1}^{\infty}(-1)^{n-1}\frac{2^n}{n}x^n-\sum_{n=2}^{\infty}(-1)^n\frac{2^{n-1}}{n-1}x^n\\&=2x+\sum_{n=2}^{\infty}(-1)^{n-1}\frac{2^{n-1}(3n-2)}{n(n-1)}x^n\quad\left(-\frac{1}{2}<x\leqslant\frac{1}{2}\right).\end{aligned}$$

例 7.33　求函数 $f(x)=e^{x^2}\arctan x$ 的麦克劳林级数的前五项.

解　由式(7-14)及例 7.31 得

$$e^{x^2}=1+x^2+\frac{x^4}{2!}+\frac{x^6}{3!}+\frac{x^8}{4!}+\cdots(x\in(-\infty,+\infty)),$$

$$\arctan x=x-\frac{x^3}{3}+\frac{x^5}{5}-\frac{x^7}{7}+\frac{x^9}{9}-\cdots(-1\leqslant x\leqslant 1).$$

又这两个幂级数在公共区间[-1,1]内绝对收敛,因此

$$\begin{aligned}e^{x^2}\arctan x&=\left(1+x^2+\frac{x^4}{2!}+\frac{x^6}{3!}+\frac{x^8}{4!}+\cdots\right)\cdot\left(x-\frac{x^3}{3}+\frac{x^5}{5}-\frac{x^7}{7}+\frac{x^9}{9}-\cdots\right)\\&=x+\frac{2}{3}x^3+\frac{11}{30}x^5+\frac{2}{35}x^7+\frac{137}{2520}x^9+\cdots(-1\leqslant x\leqslant 1).\end{aligned}$$

下面是将函数展开成$(x-x_0)$的幂级数的例子.

例 7.34　将函数 $f(x)=\cos x$ 展开成$\left(x+\frac{\pi}{3}\right)$的幂级数.

解　因为 $\cos x=\cos\left[-\frac{\pi}{3}+\left(x+\frac{\pi}{3}\right)\right]=\frac{1}{2}\cos\left(x+\frac{\pi}{3}\right)+\frac{\sqrt{3}}{2}\sin\left(x+\frac{\pi}{3}\right)$,所以由式(8-14)、(8-15)得

$$\cos x=\frac{1}{2}\sum_{n=0}^{\infty}\frac{(-1)^n}{(2n)!}\left(x+\frac{\pi}{3}\right)^{2n}+\frac{\sqrt{3}}{2}\sum_{n=0}^{\infty}\frac{(-1)^n}{(2n+1)!}\left(x+\frac{\pi}{3}\right)^{2n+1},$$

其中$-\infty<x<+\infty$.

例 7.35　将函数 $f(x)=\dfrac{x}{x^2-x-2}$ 展开成$(x-1)$的幂级数.

解　因为

$$\begin{aligned}f(x)&=\frac{x}{x^2-x-2}=\frac{x}{(x-2)(x+1)}=\frac{1}{3}\left(\frac{2}{x-2}+\frac{1}{x+1}\right)\\&=-\frac{2}{3}\cdot\frac{1}{1-(x-1)}+\frac{1}{6}\cdot\frac{1}{1+\frac{x-1}{2}},\end{aligned}$$

而

$$\frac{1}{1-(x-1)}=\sum_{n=0}^{\infty}(x-1)^n(-1<x-1<1),$$

$$\frac{1}{1+\frac{x-1}{2}}=\sum_{n=0}^{\infty}(-1)^n\left(\frac{x-1}{2}\right)^n=\sum_{n=0}^{\infty}\frac{(-1)^n}{2^n}(x-1)^n\quad\left(-1<\frac{x-1}{2}<1\right).$$

于是

$$\begin{aligned}\frac{x}{x^2-x-2}&=-\frac{2}{3}\sum_{n=0}^{\infty}(x-1)^n+\frac{1}{6}\sum_{n=0}^{\infty}\frac{(-1)^n}{2^n}(x-1)^n\\&=\frac{1}{3}\sum_{n=0}^{\infty}\left[\frac{(-1)^n}{2^{n+1}}-2\right](x-1)^n(0<x<2).\end{aligned}$$

习　题　7.4

1. 用直接展开法求函数 $f(x)=\tan x$ 的麦克劳林级数的前三项.

2. 用间接展开法将下列函数展开成 x 的幂级数,并求其收敛域:

(1) $(2+x)\mathrm{e}^{2x^2}$;　　(2) $\sin x\cos^2 x$;

(3) $(1+2x)\ln(1-x)$;　　(4) $\sqrt{1+x^2}$;

(5) $\dfrac{x}{1+x-2x^2}$;　　(6) $\ln(2+x-x^2)$;

(7) $\ln\dfrac{\sqrt{1-x^2}}{1+x}$;　　(8) $\sqrt[3]{1-x^3}$.

3. 用间接展开法将下列函数展开成 x 的幂级数,并求其收敛域:

(1) $\ln(1+x+x^2+x^3)$;　　(2) $\arctan\dfrac{1+x}{1-x}$;

(3) $\ln(x+\sqrt{1+x^2})$;　　(4) $\dfrac{1}{4}\ln\dfrac{1+x}{1-x}+\dfrac{1}{2}\arctan x$.

4. 用间接展开法将下列函数在指定点 x_0 处展开成 $(x-x_0)$ 的幂级数,并求其收敛域:

(1) $\dfrac{1}{x^4}$ 在 $x_0=-1$ 处;　　(2) $\ln(1+3x+2x^2)$ 在 $x_0=1$ 处;

(3) $\sin 2x$ 在 $x_0=\dfrac{\pi}{3}$ 处;　　(4) $\sqrt{x}$ 在 $x_0=4$ 处;

(5) $\dfrac{1}{x^2-4x+3}$ 在 $x_0=-2$ 处;　　(6) $\dfrac{4}{x(x+2)^2}$ 在 $x_0=-1$ 处.

5. 将函数 $f(x)=\dfrac{x-1}{4-x}$ 展开成 $(x-1)$ 的幂级数,并求其收敛域及 $f^{(n)}(1)$.

6. 将 $\dfrac{\mathrm{d}}{\mathrm{d}x}\left(\dfrac{\mathrm{e}^x-1}{x}\right)$ 展开成 x 的幂级数,并证明 $\displaystyle\sum_{n=1}^{\infty}\frac{n}{(n+1)!}=1$.

7. 证明 $\displaystyle\int_0^1\frac{\ln(1+x)}{x}\mathrm{d}x=\sum_{n=1}^{\infty}(-1)^{n-1}\frac{1}{n^2}$.

习题 7.4 详解

7.5 傅里叶级数

从本节开始,我们将讨论另一种重要的函数项级数 —— 三角级数,这种级数的产生源于研究周期现象的需要,它在物理学、电工学和许多学科中都有十分重要的应用.三角级数就是由正弦函数或余弦函数组成的函数项级数,下面着重研究如何把函数展开成三角级数.

7.5.1 三角级数与三角函数系的正交性

在中学物理中我们已经知道,简谐振动规律可以用正弦函数

$$y = A\sin(\omega t + \varphi_0)$$

来描述,其中 y 表示动点的位置,t 表示时间,ω 为角频率,φ_0 为初相,A 为振幅,$\frac{2\pi}{\omega}$ 为周期.

工程技术上常常遇到各种复杂的具有周期性质的现象,我们希望能够用一系列简谐振动的叠加来描述.在电工学上,称之为谐波分析,而在数学上就体现为把一个函数展开成三角级数.

与将一个函数展开成幂级数类似,我们现讨论如何将一个非三角周期函数展开成正弦函数列 $y = A_n\sin(n\omega t + \varphi_n)(n = 0,1,2,\cdots)$ 组成的无穷级数问题.即

$$f(t) = A_0 + \sum_{n=1}^{\infty} A_n\sin(n\omega t + \varphi_n), \tag{7-19}$$

其中 A_0、A_n、$\varphi_n(n = 1,2,\cdots)$ 都是常数.

为了讨论问题的方便,我们将正弦函数 $A_n\sin(n\omega t + \varphi_n)$ 化为

$$A_n\sin(n\omega t + \varphi_n) = A_n\sin\varphi_n\cos n\omega t + A_n\cos\varphi_n\sin n\omega t,$$

并且令$\frac{a_0}{2} = A_0, a_n = A_n\sin\varphi_n, b_n = A_n\cos\varphi_n, \omega t = x$,则式(7-19)右端的级数就可以写成

$$\frac{a_0}{2} + \sum_{n=1}^{\infty}(a_n\cos nx + b_n\sin nx). \tag{7-20}$$

形如式(7-20)的函数项级数称为三角级数,其中 a_0、a_n、$b_n(n = 1,2,\cdots)$ 都是常数.

在式(7-20)中,除常数 a_0、a_n、$b_n(n = 1,2,\cdots)$ 外,其余分别由函数列

$$1,\cos x,\sin x,\cos 2x,\sin 2x,\cdots,\cos nx,\sin nx,\cdots \tag{7-21}$$

构成,我们把函数列(7-21)称为三角函数系.易得,三角函数系具有如下性质:

$$\int_{-\pi}^{\pi} 1\cdot\cos nx\,dx = \int_{-\pi}^{\pi} 1\cdot\sin nx\,dx = 0;$$

$$\int_{-\pi}^{\pi}\cos mx\cos nx\,dx = \frac{1}{2}\int_{-\pi}^{\pi}[\cos(m-n)x + \cos(m+n)x]dx$$

$$= \begin{cases} 0, m \neq n, \\ \pi, m = n; \end{cases}$$

$$\int_{-\pi}^{\pi}\sin mx\sin nx\,\mathrm{d}x=\frac{1}{2}\int_{-\pi}^{\pi}[\cos(m-n)x-\cos(m+n)x]\mathrm{d}x$$
$$=\begin{cases}0, m\neq n,\\ \pi, m=n;\end{cases}$$
$$\int_{-\pi}^{\pi}\sin mx\cos nx\,\mathrm{d}x=\frac{1}{2}\int_{-\pi}^{\pi}[\sin(m+n)x+\sin(m-n)x]\mathrm{d}x=0.$$

上述性质表明，三角函数系中任意两个不同函数的乘积在$[-\pi,\pi]$上的积分为零. 我们把这种性质称为三角函数系在区间$[-\pi,\pi]$上的正交性.

如同讨论幂级数一样，我们首先讨论某个函数 $f(x)$ 如果能够展开成三角级数(7-20)，那么该级数的系数与函数 $f(x)$ 具有什么关系?其次，若级数(7-20) 的系数是由函数 $f(x)$ 所确定，那么 $f(x)$ 满足什么条件时，级数(7-20) 就一定收敛，并且收敛于函数 $f(x)$?下面的讨论将逐一回答这些问题.

假设三角级数(7-20) 在区间$[-\pi,\pi]$上收敛于函数 $f(x)$，即

$$f(x)=\frac{a_0}{2}+\sum_{k=1}^{\infty}(a_k\cos kx+b_k\sin kx). \tag{7-22}$$

利用三角函数系的正交性，且假设式(7-22) 右端的级数可逐项积分，我们可以求得系数 a_0、a_n、b_n($n=1,2,\cdots$) 的计算公式.

首先对式(7-22) 从 $-\pi$ 到 π 逐项积分：

$$\int_{-\pi}^{\pi}f(x)\mathrm{d}x=\int_{-\pi}^{\pi}\frac{a_0}{2}\mathrm{d}x+\sum_{k=1}^{\infty}\left(a_k\int_{-\pi}^{\pi}\cos kx\,\mathrm{d}x+b_k\int_{-\pi}^{\pi}\sin kx\,\mathrm{d}x\right)$$
$$=\frac{a_0}{2}\cdot 2\pi=\pi a_0,$$

于是
$$a_0=\frac{1}{\pi}\int_{-\pi}^{\pi}f(x)\mathrm{d}x.$$

再将式(7-22) 两端同乘 $\cos nx$，然后从 $-\pi$ 到 π 逐项积分：

$$\int_{-\pi}^{\pi}f(x)\cos nx\,\mathrm{d}x=\int_{-\pi}^{\pi}\frac{a_0}{2}\cos nx\,\mathrm{d}x+\sum_{k=1}^{\infty}\left(a_k\int_{-\pi}^{\pi}\cos kx\cos nx\,\mathrm{d}x+b_k\int_{-\pi}^{\pi}\sin kx\cos nx\,\mathrm{d}x\right)$$
$$=a_n\int_{-\pi}^{\pi}\cos^2 nx\,\mathrm{d}x=\pi a_n(n=1,2,\cdots),$$

于是
$$a_n=\frac{1}{\pi}\int_{-\pi}^{\pi}f(x)\cos nx\,\mathrm{d}x(n=1,2,\cdots).$$

类似地，将式(7-22) 两端同乘 $\sin nx$，然后从 $-\pi$ 到 π 逐项积分，可得

$$b_n=\frac{1}{\pi}\int_{-\pi}^{\pi}f(x)\sin nx\,\mathrm{d}x(n=1,2,\cdots). \tag{7-23}$$

由于当 $n=0$ 时，a_n 的表达式恰好是 a_0，因此

$$a_n=\frac{1}{\pi}\int_{-\pi}^{\pi}f(x)\cos nx\,\mathrm{d}x(n=0,1,2,\cdots). \tag{7-24}$$

一般而言，如果 $f(x)$ 是以 2π 为周期且在$[-\pi,\pi]$上可积的函数，则可按公式(7-24)、(7-23) 计算 a_n 和 b_n，它们称为函数 $f(x)$ 的傅里叶系数，以函数 $f(x)$ 的傅里叶系数为系数的

三角级数(7-20)称为 $f(x)$ 的傅里叶级数,记作

$$f(x) \sim \frac{a_0}{2} + \sum_{k=1}^{\infty}(a_k \cos kx + b_k \sin kx). \tag{7-25}$$

这里记号 $\sim$ 表示式(7-25)右端是左端函数 $f(x)$ 的傅里叶级数,也就是说,右端的级数是由左端的函数依据公式(7-24)、(7-23)所构造出来的,但是,该级数是否一定收敛?如果收敛,它是否一定收敛于函数 $f(x)$?这些问题需做进一步的讨论.

7.5.2 傅里叶级数的收敛定理与函数展开成傅里叶级数

下面不加证明地给出周期函数 $f(x)$ 可展开成傅里叶级数的充分条件.

定理 7.17(狄里克雷收敛定理) 设以 2π 为周期的函数 $f(x)$ 在一个周期内满足狄里克雷条件:连续或只有有限个第一类间断点,至多只有有限个极值点.则 $f(x)$ 的傅里叶级数收敛,且

(1) 当 x 为 $f(x)$ 的连续点时,级数收敛于 $f(x)$;

(2) 当 x 为 $f(x)$ 的间断点时,级数收敛于 $\dfrac{f(x-0)+f(x+0)}{2}$.

由此定理可见,周期函数展开成傅里叶级数的条件比展开成幂级数的条件要宽松得多,从而傅里叶级数的适用范围也广泛得多.

例 7.36 设 $f(x)$ 是周期为 2π 的周期函数,它在 $(-\pi,\pi]$ 上的表达式为

$$f(x) = \begin{cases} x, 0 \leqslant x \leqslant \pi, \\ 0, -\pi < x < 0, \end{cases}$$

将 $f(x)$ 展开成傅里叶级数.

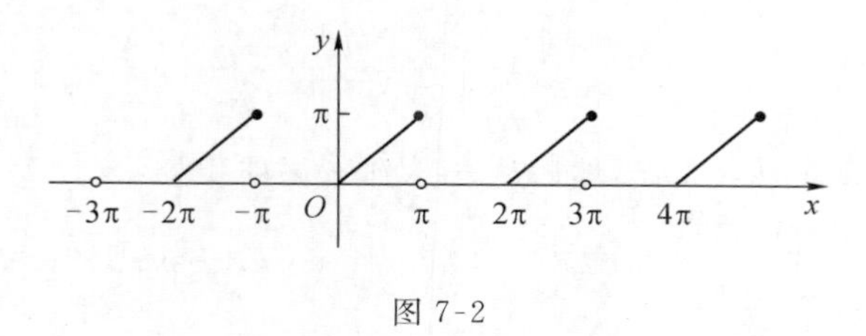

图 7-2

解 函数 $f(x)$ 的图像如图 7-2 所示.显然 $f(x)$ 满足狄里克雷条件,故它可以展开成傅里叶级数.由于 $f(x)$ 的傅里叶系数为

$$a_0 = \frac{1}{\pi}\int_{-\pi}^{\pi} f(x)\mathrm{d}x = \frac{1}{\pi}\int_0^{\pi} x\mathrm{d}x = \frac{\pi}{2},$$

$$\begin{aligned} a_n &= \frac{1}{\pi}\int_{-\pi}^{\pi} f(x)\cos nx\,\mathrm{d}x = \frac{1}{\pi}\int_0^{\pi} x\cos nx\,\mathrm{d}x \\ &= \frac{1}{n\pi}x\sin nx\,\Big|_0^{\pi} - \frac{1}{n\pi}\int_0^{\pi}\sin nx\,\mathrm{d}x = \frac{1}{n^2\pi}\cos nx\,\Big|_0^{\pi} \\ &= \frac{1}{n^2\pi}(\cos n\pi - 1) = \begin{cases} -\dfrac{2}{n^2\pi}, \text{当 } n \text{ 为奇数时}, \\ 0, \text{当 } n \text{ 为偶数时} \end{cases} \quad (n = 1,2,\cdots), \end{aligned}$$

$$b_n=\frac{1}{\pi}\int_{-\pi}^{\pi}f(x)\sin nx\,dx=\frac{1}{\pi}\int_0^{\pi}x\sin nx\,dx$$
$$=-\frac{1}{n\pi}x\cos nx\Big|_0^{\pi}+\frac{1}{n\pi}\int_0^{\pi}\cos nx\,dx=\frac{(-1)^{n+1}}{n}(n=1,2,\cdots),$$

且除点 $x=\pm\pi,\pm3\pi,\cdots$ 外 $f(x)$ 均连续，所以

$$f(x)=\frac{\pi}{4}-\left(\frac{2}{\pi}\cos x-\sin x\right)-\frac{1}{2}\sin 2x-\left(\frac{2}{9\pi}\cos 3x-\frac{1}{3}\sin 3x\right)-\cdots$$

这里 $x\neq(2k+1)\pi(k\in\mathbf{Z})$. 而在 $x=(2k+1)\pi(k\in\mathbf{Z})$ 处，上式右端收敛于

$$\frac{f(\pi-0)+f(\pi+0)}{2}=\frac{\pi+0}{2}=\frac{\pi}{2}.$$

于是 $f(x)$ 的傅里叶级数的和函数图像如图 7-3 所示.

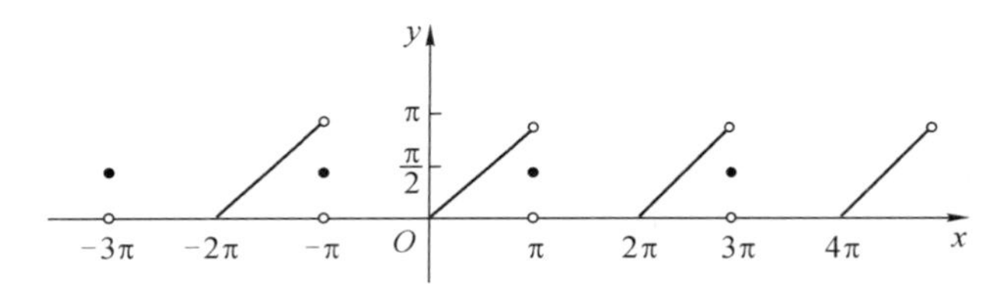

图 7-3

注意图 7-3 与图 7-2 的区别.

如果函数 $f(x)$ 只在 $(-\pi,\pi]$ 或 $[-\pi,\pi)$ 上有定义，并且满足狄里克雷条件，那么 $f(x)$ 也可以展开成傅里叶级数. 事实上，可以在 $(-\pi,\pi]$ 或 $[-\pi,\pi)$ 以外通过补充函数 $f(x)$ 的定义，使它拓展成以 2π 为周期的周期函数 $F(x)$，这个过程称为周期延拓. 将函数 $F(x)$ 展开成傅里叶级数，而当 $x\in(-\pi,\pi]$ 或 $[-\pi,\pi)$ 时，$F(x)=f(x)$，从而得到 $f(x)$ 在 $(-\pi,\pi]$ 或 $[-\pi,\pi)$ 上的傅里叶展开式，且在端点 $x=-\pi$ 或 $x=\pi$ 处，$f(x)$ 的傅里叶级数收敛于 $\dfrac{F(\pi-0)+F(\pi+0)}{2}$.

例 7.37 将下列函数展开成傅里叶级数：

$$f(x)=\begin{cases}x^2,0<x<\pi,\\-(x+2\pi)^2,-\pi<x\leqslant 0,\\0,x=-\pi.\end{cases}$$

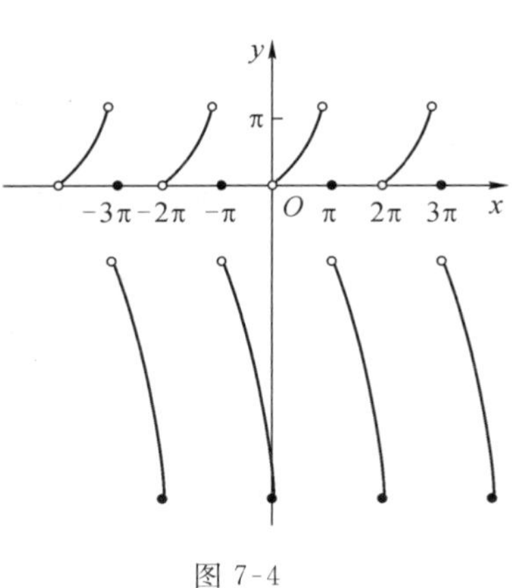

图 7-4

解 将函数 $f(x)$ 拓展成以 2π 为周期的周期函数 $F(x)$（见图 7-4），它在 $[-\pi,\pi)$ 上的表达式与 $f(x)$ 相同. 显然 $F(x)$ 满足狄里克雷条件，故它可以展开成傅里叶级数. $F(x)$ 的傅里叶系数为

$$a_0=\frac{1}{\pi}\int_{-\pi}^{\pi}F(x)\mathrm{d}x$$

$$=\frac{1}{\pi}\int_{0}^{\pi}x^2\mathrm{d}x-\frac{1}{\pi}\int_{-\pi}^{0}(x+2\pi)^2\mathrm{d}x=-2\pi^2,$$

$$a_n=\frac{1}{\pi}\int_{-\pi}^{\pi}F(x)\cos nx\mathrm{d}x=\frac{1}{\pi}\int_{0}^{\pi}x^2\cos nx\mathrm{d}x-\frac{1}{\pi}\int_{-\pi}^{0}(x+2\pi)^2\cos nx\mathrm{d}x$$

$$=\frac{1}{\pi}\left[\left(\frac{x^2}{n}-\frac{2}{n^3}\right)\sin nx+\frac{2x}{n^2}\cos nx\right]\Big|_0^{\pi}-\frac{1}{\pi}\left[\left(\frac{(x+2\pi)^2}{n}-\frac{2}{n^3}\right)\sin nx+\frac{2(x+2\pi)}{n^2}\cos nx\right]\Big|_{-\pi}^{0}$$

$$=\frac{4}{n^2}[(-1)^n-1](n=1,2,\cdots),$$

$$b_n=\frac{1}{\pi}\int_{-\pi}^{\pi}F(x)\sin nx\mathrm{d}x=\frac{1}{\pi}\int_{0}^{\pi}x^2\sin nx\mathrm{d}x-\frac{1}{\pi}\int_{-\pi}^{0}(x+2\pi)^2\sin nx\mathrm{d}x$$

$$=\frac{1}{\pi}\left[\left(-\frac{x^2}{n}+\frac{2}{n^3}\right)\cos nx+\frac{2x}{n^2}\sin nx\right]\Big|_0^{\pi}$$

$$-\frac{1}{\pi}\left[\left(-\frac{(x+2\pi)^2}{n}+\frac{2}{n^3}\right)\cos nx+\frac{2(x+2\pi)}{n^2}\sin nx\right]\Big|_{-\pi}^{0}$$

$$=\frac{2}{\pi}\left\{\frac{\pi^2}{n}+\left(\frac{\pi^2}{n}-\frac{2}{n^3}\right)[1-(-1)^n]\right\}(n=1,2,\cdots),$$

所以当 $x\in(-\pi,0)\cup(0,\pi)$ 时,有

$$f(x)=F(x)$$

$$=-\pi^2+\sum_{n=1}^{\infty}\left\{\frac{4}{n^2}[(-1)^n-1]\cos nx+\frac{2}{\pi}\left\{\frac{\pi^2}{n}+\left(\frac{\pi^2}{n}-\frac{2}{n^3}\right)[1-(-1)^n]\right\}\sin nx\right\}$$

$$=-\pi^2-8\left(\cos x+\frac{1}{3^2}\cos 3x+\frac{1}{5^2}\cos 5x+\cdots\right)$$

$$+\frac{2}{\pi}\left[(3\pi^2-4)\sin x+\frac{\pi^2}{2}\sin 2x+\left(\frac{3\pi^2}{3}-\frac{4}{3^3}\right)\sin 3x+\frac{\pi^2}{4}\sin 4x+\cdots\right]$$

当 $x=-\pi$ 时,上式右端收敛于 $\frac{F(-\pi-0)+F(-\pi+0)}{2}=0$;当 $x=0$ 时,上式右端收敛于 $\frac{F(0-0)+F(0+0)}{2}=\frac{-4\pi^2+0}{2}=-2\pi^2$.

7.5.3 正弦级数与余弦级数

一般来说,一个函数的傅里叶级数既含有正弦函数项又含有余弦函数项.但如果函数 $f(x)$ 是奇函数或偶函数,那么该函数的傅里叶级数就只有正弦函数项或余弦函数项.

事实上,当函数 $f(x)$ 是偶函数时,函数 $f(x)\sin nx$ 就是奇函数,于是

$$b_n=\frac{1}{\pi}\int_{-\pi}^{\pi}f(x)\sin nx\mathrm{d}x=0(n=1,2,\cdots),$$

从而该函数的傅里叶级数就只有余弦函数项.这时的傅里叶级数称为余弦级数.

而当函数 $f(x)$ 是奇函数时,函数 $f(x)\cos nx$ 就是奇函数,因此

$$a_n = \frac{1}{\pi}\int_{-\pi}^{\pi} f(x)\cos nx \mathrm{d}x = 0(n = 0,1,2,\cdots),$$

从而该函数的傅里叶级数就只有正弦函数项.我们将这样的傅里叶级数称为正弦级数.

因此,如果函数 $f(x)$ 为奇函数或偶函数,并且满足狄里克雷条件,则函数 $f(x)$ 可展开成正弦级数或余弦级数.

例 7.38　设函数 $f(x)$ 是以 2π 为周期的周期函数,它在$[-\pi,\pi)$上的表达式为 $f(x)=x$,将 $f(x)$ 展开成傅里叶级数.

解　因为 $f(x)$ 是$(-\pi,\pi)$内的奇函数,所以 $a_n = 0(n=0,1,2,\cdots)$,且

$$b_n = \frac{1}{\pi}\int_{-\pi}^{\pi} x\sin nx \mathrm{d}x = \frac{2}{\pi}\int_{0}^{\pi} x\sin nx \mathrm{d}x = \frac{2(-1)^{n+1}}{n}(n=1,2,\cdots).$$

由于函数 $f(x)$ 满足狄里克雷条件,而 $x=(2k+1)\pi(k\in \mathbf{Z})$ 为它的不连续点,故在这些点处,函数 $f(x)$ 的傅里叶级数收敛于

$$\frac{f(\pi-0)+f(\pi+0)}{2} = \frac{\pi+(-\pi)}{2} = 0.$$

当 $x\neq(2k+1)\pi(k\in \mathbf{Z})$ 时,函数 $f(x)$ 的傅里叶级数收敛于 $f(x)$.因此

$$f(x) = 2\sum_{n=1}^{\infty}\frac{(-1)^{n+1}}{n}\sin nx(x\neq(2k+1)\pi(k\in\mathbf{Z})).$$

例 7.39　将函数 $f(x)=\pi^2-x^2(-\pi<x\leqslant\pi)$ 展开成傅里叶级数,并求级数 $\sum\limits_{n=1}^{\infty}\frac{1}{n^2}$ 与 $\sum\limits_{n=1}^{\infty}\frac{(-1)^{n+1}}{n^2}$ 的和.

解　$f(x)$ 为偶函数,将 $f(x)$ 以 2π 为周期进行延拓,延拓后的函数是处处连续的偶函数,$f(x)$ 的傅里叶系数为

$$b_n = 0(n=1,2,\cdots), a_0 = \frac{2}{\pi}\int_0^{\pi} f(x)\mathrm{d}x = \frac{2}{\pi}\int_0^{\pi}(\pi^2-x^2)\mathrm{d}x = \frac{4}{3}\pi^2,$$

$$\begin{aligned} a_n &= \frac{2}{\pi}\int_0^{\pi}\cos nx\mathrm{d}x = \frac{2}{\pi}\int_0^{\pi}(\pi^2-x^2)\cos nx\mathrm{d}x \\ &= \left[\frac{2}{\pi}(\pi^2-x^2)\frac{\sin nx}{n}\right]\Big|_0^{\pi} + \frac{4}{n\pi}\int_0^{\pi}x\sin nx\mathrm{d}x \\ &= \left[\frac{4}{n\pi}x\frac{(-\cos nx)}{n}\right]\Big|_0^{\pi} + \frac{4}{n^2\pi}\int_0^{\pi}\cos nx\mathrm{d}x \\ &= \frac{4(-1)^{n+1}}{n^2}(n=1,2,\cdots). \end{aligned}$$

故

$$f(x) = \frac{2}{3}\pi^2 + 4\sum_{n=1}^{\infty}\frac{(-1)^{n+1}}{n^2}\cos nx(-<x\leqslant\pi).$$

分别取 $x=\pi$ 和 $x=0$,代入上式,并注意到 $\cos n\pi=(-1)^n$,经整理可得

$$\sum_{n=1}^{\infty}\frac{1}{n^2} = \frac{\pi^2}{6}, \sum_{n=1}^{\infty}\frac{(-1)^{n+1}}{n^2} = \frac{\pi^2}{12}.$$

对于定义在$[0,\pi]$上的函数$f(x)$，如果满足狄里克雷条件，我们可以通过补充函数的定义，得到定义在$(-\pi,\pi]$上的函数，然后将其延拓成以2π为周期的周期函数$F(x)$，即

$$F(x)=\begin{cases}f(x),x\in[0,\pi],\\g(x),x\in(-\pi,0),\end{cases}$$

且$F(x+2\pi)=F(x)$. 这里，我们可以适当地选取$g(x)$，使得$F(x)$为奇函数或偶函数，这时称对应的延拓为奇延拓或偶延拓.

取$g(x)=-f(-x)$，此时延拓后的函数$F(x)$为奇函数（若$f(0)\neq 0$，规定$F(0)=0$），于是我们有如下形式的正弦级数展开式：

$$f(x)\equiv F(x)=\sum_{n=1}^{\infty}b_n\sin nx(0<x<\pi),$$

取$g(x)=f(-x)$，此时延拓后的函数$F(x)$为偶函数，于是我们有如下形式的余弦级数展开式：

$$f(x)\equiv F(x)=\frac{a_0}{2}+\sum_{n=1}^{\infty}b_n\cos nx(0<x<\pi),$$

上述正弦级数展开式或余弦级数展开式在区间端点处是否成立要看延拓后的函数$F(x)$在端点处是否连续.

例 7.40 将函数$f(x)=\cos x$在$[0,\pi]$上展开成正弦级数.

解 将已知函数进行奇延拓，即

$$令\ F(x)=\begin{cases}\cos x,0<x\leqslant\pi,\\0,x=0,\\-\cos x,-\leqslant x<0.\end{cases}$$

则$f(x)$的傅里叶系数为

$$a_n=0(n=0,1,2,\cdots),b_1=\frac{2}{\pi}\int_0^{\pi}\cos x\sin x\mathrm{d}x=\frac{1}{\pi}\int_0^{\pi}\sin 2x\mathrm{d}x=0,$$

$$\begin{aligned}b_n&=\frac{2}{\pi}\int_0^{\pi}\cos x\sin nx\mathrm{d}x=\frac{1}{\pi}\int_0^{\pi}[\sin(n+1)x+\sin(n-1)x]\mathrm{d}x\\&=\frac{2n}{\pi}\left[\frac{(-1)^n+1}{n^2-1}\right](n=2,3,\cdots).\end{aligned}$$

显然$F(x)$满足狄里克雷条件，故

$$f(x)=\frac{2}{\pi}\sum_{n=1}^{\infty}\left[\frac{(-1)^n+1}{n^2-1}\right]n\sin nx=\frac{8}{\pi}\sum_{k=1}^{\infty}\frac{k}{4k^2-1}\sin 2kx(0<x<\pi).$$

再对$F(x)$在$(-\infty,+\infty)$内做周期延拓，不难发现周期延拓后的函数在$[0,\pi]$端点处不连续，且可得当$x=0$、π时，上式右端均收敛于0.

例 7.41 将函数$f(x)=\sin x$在$[0,\pi]$上展开成余弦级数.

解 将已知函数进行偶延拓，即

$$F(x)=\begin{cases}\sin x,0\leqslant x\leqslant\pi,\\-\sin x,-\pi<x<0.\end{cases}$$

则 $f(x)$ 的傅里叶系数为

$$b_n = 0(n = 1,2,\cdots),a_1 = \frac{2}{\pi}\int_0^{\pi}\sin x\cos x\mathrm{d}x = \frac{1}{\pi}\int_0^{\pi}\sin 2x\mathrm{d}x = 0,$$

$$\begin{aligned} a_n &= \frac{2}{\pi}\int_0^{\pi}\sin x\cos nx\,\mathrm{d}x = \frac{1}{\pi}\int_0^{\pi}[\sin(1-n)x + \sin(1+n)x]\mathrm{d}x \\ &= \frac{2}{\pi}\left[\frac{(-1)^{n-1}-1}{n^2-1}\right](n = 0,2,3,\cdots). \end{aligned}$$

显然 $F(x)$ 满足狄里克雷条件，再对 $F(x)$ 在$(-\infty,+\infty)$ 内做周期延拓后，可知周期延拓后的函数在$(-\infty,+\infty)$ 内连续，故

$$\begin{aligned} f(x) &= \frac{2}{\pi} + \frac{2}{\pi}\sum_{n=2}^{\infty}\left[\frac{(-1)^{n-1}-1}{n^2-1}\right]\cos nx \\ &= \frac{2}{\pi}\left[1 - 2\sum_{k=1}^{\infty}\frac{1}{4k^2-1}\cos 2kx\right](0 \leqslant x \leqslant \pi). \end{aligned}$$

习　题　7.5

1. 设 $f(x)$ 是以 2π 为周期的周期函数，$s(x)$ 是 $f(x)$ 的傅里叶级数，$f(x)$ 在一个周期内的表达式为

$$f(x) = \begin{cases} 0, 2 < |x| \leqslant \pi, \\ x, |x| \leqslant 2. \end{cases}$$

写出 $s(x)$ 在$[-\pi,\pi]$ 上的表达式.

2. 下列周期函数 $f(x)$ 的周期为 2π，试将 $f(x)$ 展开成傅里叶级数，设 $f(x)$ 在$[-\pi,\pi)$ 上的表达式为

(1) $f(x) = -x^2(-\pi \leqslant x < \pi)$；

(2) $f(x) = x^3(-\pi \leqslant x < \pi)$；

(3) $f(x) = \begin{cases} bx, & -\pi \leqslant x < 0, \\ ax, & 0 \leqslant x < \pi \end{cases}$ (a、b 为常数，且 $a > b > 0$)；

(4) $f(x) = \begin{cases} -\frac{\pi}{2}, & -\pi \leqslant x < -\frac{\pi}{2}, \\ x, & -\frac{\pi}{2} \leqslant x \leqslant \frac{\pi}{2}, \\ \frac{\pi}{2}, & \frac{\pi}{2} < x < \pi. \end{cases}$

3. 将下列函数 $f(x)$ 展开成傅里叶级数：

(1) $f(x) = 2\sin\frac{x}{3}(-\pi \leqslant x < \pi)$；　　(2) $f(x) = \begin{cases} x^2, -\pi \leqslant x < 0, \\ x, 0 \leqslant x \leqslant \pi. \end{cases}$

4. 将函数 $f(x)=e^x(0\leqslant x\leqslant\pi)$ 展开成余弦级数与正弦级数.

5. 将函数 $f(x)=\left|x-\dfrac{\pi}{2}\right|-\dfrac{\pi}{2}\ (0\leqslant x\leqslant\pi)$ 展开成余弦级数与正弦级数.

6. 若 $f(x)$ 在 $[-\pi,\pi]$ 上满足 $f(x+\pi)=-f(x)$，证明：$f(x)$ 的傅里叶系数 $a_0=0, a_{2n}=b_{2n}=0\ (n=1,2,\cdots)$.

习题 7.5 详解

复习题　7

1. 选择题

(1) 若级数 $\sum\limits_{n=1}^{\infty}u_n$ 与 $\sum\limits_{n=1}^{\infty}v_n$ 均发散，则(　　).

A. $\sum\limits_{n=1}^{\infty}(u_n+v_n)$ 发散　　B. $\sum\limits_{n=1}^{\infty}u_nv_n$ 发散

C. $\sum\limits_{n=1}^{\infty}(|u_n|+|v_n|)$ 发散　　D. $\sum\limits_{n=1}^{\infty}(u_n^2+v_n^2)$ 发散

(2) 若级数 $\sum\limits_{n=1}^{\infty}(u_{2n-1}+u_{2n})$ 收敛，则必有(　　).

A. $\sum\limits_{n=1}^{\infty}u_n$ 收敛　　B. $\sum\limits_{n=1}^{\infty}u_n$ 未必收敛

C. $\sum\limits_{n=1}^{\infty}u_n$ 发散　　D. $\lim\limits_{n\to\infty}u_n=0$

(3) 若对任意 $n\in\mathbf{Z}^+$，总有不等式 $a_n\leqslant b_n\leqslant c_n$，则(　　).

A. 若级数 $\sum\limits_{n=1}^{\infty}a_n$、$\sum\limits_{n=1}^{\infty}c_n$ 收敛，必有 $\sum\limits_{n=1}^{\infty}b_n$ 收敛

B. 若级数 $\sum\limits_{n=1}^{\infty}a_n$、$\sum\limits_{n=1}^{\infty}c_n$ 发散，必有 $\sum\limits_{n=1}^{\infty}b_n$ 发散

C. $\sum\limits_{n=1}^{\infty}a_n\leqslant\sum\limits_{n=1}^{\infty}b_n\leqslant\sum\limits_{n=1}^{\infty}c_n$

D. 以上结论均不正确

(4) 幂级数 $\sum\limits_{n=1}^{\infty}\dfrac{\ln n}{n}x^n$ 的收敛域为(　　).

A. $(-1,1)$　　B. $[-1,1)$　　C. $(-1,1]$　　D. $[-1,1]$

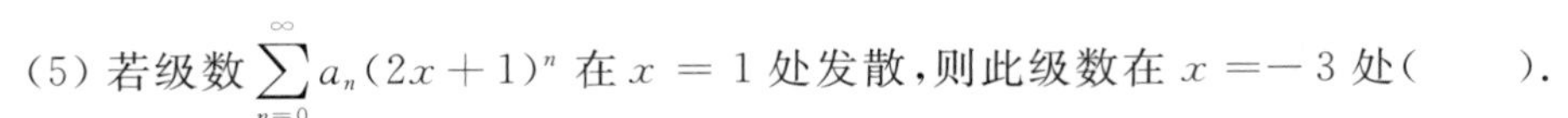

(5) 若级数 $\sum_{n=0}^{\infty} a_n(2x+1)^n$ 在 $x=1$ 处发散,则此级数在 $x=-3$ 处(　　).

A. 绝对收敛　　B. 条件收敛

C. 发散　　D. 收敛性不能确定

(6) 已知函数 $\ln(1+x^2)+\dfrac{1}{\sqrt{1-x}}$ 可以展开成 x 的幂级数,则 x 的取值范围是(　　).

A. $0\leqslant x<1$　　B. $-1<x\leqslant 1$　　C. $-1<x<1$　　D. $-1\leqslant x<1$

2. 填空题

(1) 设 $\lim\limits_{n\to\infty} n^p(\sqrt[n]{\mathrm{e}}-1)u_n=1$,且正项级数 $\sum_{n=1}^{\infty} u_n$ 收敛,则实数 p 的取值范围是________.

(2) 已知级数 $\sum_{n=1}^{\infty}\left(\dfrac{na}{n+1}\right)^n(a>0)$ 发散,则 a 的取值值范围是________.

(3) 已知 $\{u_n\}$ 为递减正数列,且 $\sum_{n=1}^{\infty}(-1)^n u_n$ 发散,则幂级数 $\sum_{n=1}^{\infty}\dfrac{nu_n}{u_{n+1}}x^n$ 的收敛半径为________.

(4) 设 $a_0=a_1=1, a_{n+1}=a_n+a_{n-1}(n=1,2,\cdots)$,若幂级数 $\sum_{n=0}^{\infty} a_n x^n$ 在收敛区间内的和函数为 $s(x)$,则 $s(x)=$ ________.

(5) 已知 $-1\leqslant x\leqslant 1$,将 $\int_0^x \ln(1+t^2)\mathrm{d}t$ 展开成 x 的幂级数为________.

(6) 已知 $f(x)=\begin{cases} x^2, 0\leqslant x<\pi, \\ -2x^2, -\pi\leqslant x<0,\end{cases}$ 则 $f(x)$ 的傅里叶级数在 $x=-\pi$ 处收敛于________.

3. 解答题

(1) 判定下列正项级数的敛散性:

① $\sum_{n=1}^{\infty} n^p\sin\dfrac{\pi}{3^n}$;　　② $\sum_{n=1}^{\infty}\left(1-\cos\dfrac{\pi}{n}\right)^p(p>0)$;

③ $\sum_{n=1}^{\infty}\dfrac{\sqrt{n+1}-\sqrt{n-1}}{n^p}$;　　④ $\sum_{n=1}^{\infty}\dfrac{n^{n-1}}{(2n^2+\ln n+1)^{\frac{n+1}{2}}}$.

(2) 判定下列级数的敛散性,若收敛,说明是绝对收敛还是条件收敛.

① $\sum_{n=1}^{\infty}(-1)^{n-1}\dfrac{n+a}{n^2}$;　　② $\sum_{n=1}^{\infty}\sin\left(n\pi+\dfrac{1}{n^2}\right)$;

③ $\sum_{n=1}^{\infty}\sin(\pi\sqrt{n^2+a^2})(a\neq 0)$;　　④ $\sum_{n=1}^{\infty}\dfrac{(-1)^{n-1}}{\ln(\mathrm{e}^n+\mathrm{e}^{-n})}$.

(3) 若正项级数 $\sum_{n=1}^{\infty} v_n$ 收敛,级数 $\sum_{n=1}^{\infty}(u_n-u_{n-1})$ 收敛,证明 $\sum_{n=1}^{\infty} u_n v_n$ 绝对收敛.

(4) 求下列幂级数的收敛域：

① $\sum\limits_{n=1}^{\infty} \dfrac{x^{-2n-1}}{2^n n}$； ② $\sum\limits_{n=1}^{\infty} \left(\dfrac{3^n}{n} + \dfrac{2^n}{n^2}\right)(2x+1)^n$.

(5) 求幂级数 $\sum\limits_{n=1}^{\infty} \dfrac{(x^2-1)^n}{n(n+1)}$ 的和函数.

(6) 设 $f(x) = \begin{cases} \dfrac{1+x^2}{x}\arctan x, & x \neq 0, \\ 1, & x = 0, \end{cases}$ 试将 $f(x)$ 展开成 x 的幂级数，并求级数 $\sum\limits_{n=1}^{\infty} \dfrac{(-1)^n}{1-4n^2}$ 的和.

(7) 设 $f(x) = x\ln(1-x^2)$.

① 求 $f(x)$ 在 $x=0$ 处的幂级数展开式；

② 利用展开式计算 $f^{(101)}(0)$；

③ 求定积分 $\int_0^1 f(x)\mathrm{d}x$.

(8) 将函数 $f(x) = \begin{cases} \mathrm{e}^x, & -\pi \leqslant x < 0, \\ x, & 0 \leqslant x \leqslant \pi \end{cases}$ 展开成傅里叶级数.

(9) 将函数 $f(x) = \begin{cases} 1, & 0 \leqslant x \leqslant \dfrac{\pi}{2}, \\ x+1, & \dfrac{\pi}{2} < x \leqslant \pi \end{cases}$ 展开成余弦级数.

(10) 设 $f(x)$ 是以 2π 为周期的连续函数，并且其傅里叶系数为 a_0、a_n、b_n $(n=1,2,\cdots)$.

① 求 $f(x+l)$(l 为常数) 的傅里叶系数；

② 求 $\dfrac{1}{\pi}\int_{-\pi}^{\pi} f(t)f(x+t)\mathrm{d}t$ 的傅里叶系数，并利用所得结果推出

$$\frac{1}{\pi}\int_{-\pi}^{\pi} f^2(x)\mathrm{d}x = \frac{a_0^2}{2} + \sum_{n=1}^{\infty}(a_n^2 + b_n^2).$$

复习题 7 详解